"十二五"辽宁省重点图书出版规划项目

国家社会科学基金项目（11BJY136）研究成果

三友会计论丛
SUNYO ACADEMIC SERIES IN ACCOUNTING

第**16**辑

A Study on Investment Efficiency
Evaluation of Enterprise
Environmental Protection

The Empirical Evidence Based on
China's Capital Market

企业环保投资效率评价研究

基于中国资本市场的经验证据

唐国平 李龙会 著

东北财经大学出版社
Dongbei University of Finance & Economics Press

大连

图书在版编目（CIP）数据

企业环保投资效率评价研究：基于中国资本市场的经验证
据 / 唐国平，李龙会著. 一大连：东北财经大学出版社，
2017.6

（三友会计论丛·第16辑）

ISBN 978-7-5654-2719-0

Ⅰ. 企… Ⅱ. ①唐… ②李… Ⅲ. 企业环境管理–环保
投资–研究 Ⅳ. X196

中国版本图书馆CIP数据核字（2017）第088155号

东北财经大学出版社出版

（大连市黑石礁尖山街217号 邮政编码 116025）

网 址：http://www.dufep.cn

读者信箱：dufep@dufe.edu.cn

大连图腾彩色印刷有限公司印刷 东北财经大学出版社发行

幅面尺寸：170mm×240mm 字数：230千字 印张：15.5 插页：1

2017年6月第1版 2017年6月第1次印刷

责任编辑：李智慧 徐 群 责任校对：贝 元

封面设计：冀贵收 版式设计：钟福建

定价：42.00元

教学支持 售后服务 联系电话：（0411）84710309

版权所有 侵权必究 举报电话：（0411）84710523

如有印装质量问题，请联系营销部：（0411）84710711

随着我国以社会主义市场经济体制为取向的会计改革与发展的不断深入，会计基础理论研究的薄弱和滞后已经产生了越来越明显的"瓶颈"效应。这对于广大会计研究人员而言，既是严峻的挑战，又是难得的机遇。说它是"挑战"，主要是强调相关理论研究的紧迫性和艰巨性，因为许多实践问题急需相应的理论指导，而这些实践和理论在我国又都是新生的，没有现成的经验和理论可资借鉴；说它是"机遇"，主要是强调在经济体制转轨的特定时期，往往最有可能出现"百花齐放，百家争鸣"的昌明景象，步入"名家辈出，名作纷呈"的理论研究繁荣期和活跃期。

迎接"挑战"，抓住"机遇"，是每一个中国会计改革与发展的参与者和支持者义不容辞的责任。为此，我们与中国会计学会财务成本分会、东北财经大学会计学院联合创办了一个非营利的学术研究机构——三友会计研究所，力求实现学术团体、教学单位、出版机构三方的优势互补，密切联系老、中、青三代会计工作者，发挥理论界、实务界、教育界的积极性，致力于会计、财务、审计三个领域的科学研究和专业服务，以期为我国的会计改革与发展作出应有的贡献。

三友会计研究所的重大行动之一就是设立了"三友会计著作基金"，用于资助出版"三友会计论丛"。它旨在荟萃名人力作及新人佳作，传播会计、财务、审计研究与实践的最新成果与动态。"三友会计论丛"于1996年推出第一批著作；自1997年起，本论丛定期遴选并分辑推出。

采取这种多方联合、协同运作的方法，如此大规模地遴选、出版会计著作，在国内尚属首次，其艰难程度不言而喻。为此，我们殷切地希望广大会计界同仁给予热情支持和扶助，无论作为作者、读者，还是作为评论者、建议者，您的付出都将激励我们把"三友会计论丛"的出版工作坚持下去，越做越好！

东北财经大学出版社

三友会计论丛编审委员会

2015年开始实施的、被称为史上最严厉的《中华人民共和国环境保护法》，已经使得保护环境成为我国的一项基本国策。同时，中国政府将"创新、协调、绿色、开放、共享"五大发展理念，作为"十三五"乃至更长时期我国经济社会发展的一个基本理念，体现了对经济社会发展规律认识的深化。然而，面对日益严重的世界性环境难题以及中国环境保护的现状，建立一套科学的环境保护机制（包括环境保护的投融资及其效率评价机制）才是关键。我们认为，作为市场经济主体的企业个体（特别是生产性企业）在环境污染与环境保护中扮演着重要角色。因此，如何针对企业个体建立一套相应的约束与激励机制，对于提高环境保护的整体效率具有重要意义。

环境保护需要巨额投入。随着我国市场经济制度的逐步建立与完善，除必要的政府环保投入外，环境保护也应该逐步"市场化"，充分调动企业个体在环境保护中的积极作用，发挥其主观能动性。基于此，我们认为，通过构建一套科学的"企业环保投资效率评价体系"来衡量企业在环境保护方面的"投入与产出比"，并以此作为外部（包括政府部门、投资人、信贷人等企业利益相关者）对企业绩效进行客观评价、决策的依据，既可以约束企业的环境破坏行为，又可以激励企业的环境保护动机。

本书在已有研究成果的基础上，主要运用实证研究方法，对"企业环保投资效率评价指标体系"、"我国企业环保投资及其效率现状"、"企业环保投资效率的影响因素"以及"企业环保投资效率的经济后果"等问题进行了系统研究。

本书的主要研究结论与创新如下：

第一，将企业个体作为环境责任主体来研究其环保投资绩效与投资效率问题。相比而言，以往对环保投资绩效与投资效率的研究没有明确区分是政府层面还是企业层面，或者还是单就某一项目而言。本书认为，在社会经济日益发展、环境问题日益严峻的当今，必须明确企业个体应该是环境问题的首要责任主体。无论是国有企业还是非国有企业，追求其自身价值最大化是其本源目标，这也无可厚非，但事实已经证明，大量的环境问题的产生（如环境污染、生态破坏、资源过度消耗等）也皆源于这种经济利益最大化的动机与行为。因此，本书的研究围绕企业这个环境责任主体，分析其环保投资绩效与投资效率问题。

第二，初步构建了一个体现经济效益、社会效益与环保效益三者有机结合的"企业环保投资效率评价体系"。该评价体系由企业环保投资绩效项目评价体系、企业环保投资绩效指数和企业环保投资效率指数等核心内容组成。本书的研究基于经济学与管理学中的"效率"概念和环保投资的"投资说"与多元化目标特征，将"环保投资效率"界定为环保投资绩效与环保投入之间的比率，其中，环保投资绩效包含环保投资环境绩效、环保投资社会绩效和环保投资经济绩效三部分，而环保投资环境绩效又由环境管理绩效、降污减排绩效、节能降耗绩效和生态保护绩效构成。该评价体系设计既体现了企业的"自然属性"，也体现了企业的"社会属性"，同时也可以充分反映企业环境责任的履行程度。

第三，本书对企业环保投资效率的影响因素与经济后果分别进行了系统研究。研究表明：影响企业环保投资效率的主要因素包括环保投资规模、政府环境管制强度、环境管理、行业属性、控股性质、产权性质、股权结构、控制权与现金流权的分离度等；同时，提高企业环保投资效率能够提升企业价值以及企业的融资能力和社会责任信息披露水平。上述研究成果，对于从环境保护宏观控制的政府监管层面、环境责任履行的企业主体层面以及关注环境问题的利益相关者层面等不同层面制定适宜、有效的环境政策，具有重要的指导意义。

此外，在研究方法上，本书也进行了一些新的尝试。如采用"披露评分法"和"达标基数"定性赋值的方法评价企业的环保投资绩效与投资效率，能真实、全面地衡量企业的环保投资绩效、了解企业环保投资的实际状况；在构建企业环保投资绩效指数时，首先采用调查问卷的形式对企业环保投资绩效评价项目进行了信度检验，进而采用加权汇总权数法对企业环保投资绩效评价项目进行了程度分析和权重分配，从而使所构建的企业环保投资绩效指数和环保投资效率指数更为客观和准确。

本书研究成果的学术价值和应用价值包括：

第一，可以为企业外部环境信息使用者提供比较和评价不同企业环保投资效率的依据。从企业外部环境信息使用者角度来看，基于环保意识增强与环保经济后果的考虑，企业环境信息已经成为除财务信息外的另一个重要信息，股东、银行等资金提供者及其他环保信息使用者迫切需要对不同企业环境保护的努力程度与效果进行有效的比较和评价。

第二，通过对环保投资基本理论的分析和界定，明确政府和企业在环保投资方面的异同，从而为政府出台环境政策和法规提供有益借鉴，这有助于指导和规范政府和企业之间的环保投资行为。政府和企业应在环保投资方面各司其职，二者的合理分工既可以缓解甚至解决当前我国环保投资资金投入不足、融资渠道单一、投资效益低下等方面的问题，又可以减轻当前我国面临的环境压力和改善资源短缺的现状。

第三，通过对企业环保投资结构的分类及环保资金配置情况的统计分析，可以了解我国企业环保投资结构的特征。从规模分布、行业属性、地区特征、控股性质、产权性质、股权差异、企业成长性等方面归纳和分析我国上市公司环保投资规模的特点，不仅可以发现我国企业环保投资存在的问题并总结出其规律，从而为探讨企业环保投资行为及效率的影响因素提供参考，而且有助于较全面地分析和理解企业环保投资行为的特性，发现和比较企业的环保投资决策与一般投资决策的异同，进而为企业投资决策和资源配置活动等提供参考。

第四，从环境管制、行业管制、股权结构、两权分离度等角度对企业环保投资行为及效率的影响因素进行较全面的理论分析，并以我国 A 股上市公司为研究样本进行实证分析，以及采用 Richardson 预期投资模型测量企业环保投资行为的非效率程度，从而找出真正影响企业环保投资行为及效率的影响因素，为政府完善环保政策和环保法律法规、为企业完善环境治理机制等提供有益的借鉴。

本书是本人 2011—2014 年承担的国家社会科学基金项目"企业环保投资效率评价体系构建与应用研究"（11BJY136）的最终成果。在课题研究过程中，我们参阅了大量的已有研究成果，十分感谢学者们的真知灼见给我们的启发！也感谢课题组每一位成员（吴德军副教授、李龙会博士、乔永波博士、陈琪博士、谢建博士、于绪文博士等）的艰苦付出与卓越贡献！以该课题研究为基础，我指导的三位博士研究生均以"环保投资"为课题顺利完成了其博士学位论文。同时，以这些研究成果为基础，学校还批准成立了"中南财经政法大学环境资源会计研究中心"。2016 年 8 月，本人十分幸运地入选财政部"会计名家培养工程"，并获得丰厚的研究经费支持，而被资助的项目就是"中国环境会计理论框架构建与应用研究"和"环境资源会计研究中心"建设。这样，包括环保投资在内的环境会计等问题的研究又可以持续、深入地进行了！在此，特别感谢国家社会科学基金和财政部"会计名家培养工程"的厚爱与支持！

最后，还要特别感谢中南财经政法大学会计学院和东北财经大学出版社对该书出版的支持！

4

唐国平

2016 年 12 月于武昌南波湾寒舍

目录

2

第 1 章

导 论

1.1 ———————— 研究背景与意义 ————————

历史已经证明，工业的快速发展不可避免地带来了人类生存环境的污染与破坏，人们在享受经济发展所带来的生活便利的同时，也在承受着环境不断恶化所带来的痛苦。20世纪80年代"可持续发展"概念的提出与全球可持续发展战略的推行，使得环境保护成为各国社会经济发展中的一个重大问题。我国"十二五"规划提出了"加快建设资源节约型、环境友好型社会，提高生态文明水平"的发展目标，彰显了我国政府对资源节约和环境保护战略的重视，社会各界对环境保护的关注与投入不断增强。2013年11月，党的十八届三中全会通过《中共中央关于全面深化改革若干重大问题的决定》，提出"紧紧围绕建设美丽中国深化生态文明体制改革，加快建立生态文明制度，健全国土空间开发、资源节约利用、生态环境保护的体制机制，推动形成人与自然和谐发展现代化建设新格局"，更加彰显了我国政府治理与美化环境的雄心壮志！

然而，环境问题的解决必须依赖于环保资金的投入，环保投资是解决环境问题的重要基础。2009—2012年，我国环保投资合计约为2.3万亿

元，其中环境污染治理设施运行费用为 7 800 亿元。国家环境保护部环境
规划院的《国家"十二五"环保产业预测及政策分析》报告指出，"十二
五"期间环保投资需求初步估算约为 3.1 万亿元人民币①。企业作为市场的
主要参与者和社会的主要经济主体，也是环境问题的主要制造者，理应在
环保投资方面发挥更大的作用。然而，由于环保投入增加了企业的经营成
本，企业往往缺乏环保投资的主动性和热情（Dasgupta 和 Laplante，
2001）。有关数据显示，我国 80% 以上的污染源于企业的生产经营活动，
但政府仍然是环保资金的主要提供者（沈红波等，2012）。

　　道理上讲，除政府出资对环境污染进行保护与治理外，作为环境污染
制造者的企业更应当承担起环境保护与治理的责任。已有研究表明，虽然
在政府重视与外界压力下，企业环保投资的数量在不断增加，但并未取
得较好的环境治理效果（韩强等，2009；颉茂华等，2010），而且这种环
境治理效果尚未有公认的评价机制来获得验证。从微观层面来看，企业
既承受了政府、媒体、消费者等外部的环保制度与利益相关者的压力，
也面临声誉、市场等方面的绿色形象经济后果的吸引。因此，企业具有
证明其在环保努力程度与效果的动机。从成本效益原则考虑，企业更需要
在合理的环保投入基础上获得更好的环保产出效果，即提高其环保投资效
率。因此，企业环保投资效率成为政府评判企业主体在环境保护与治理方
面绩效的重要标准，也是企业作为市场主体优化其环境保护与治理行为的
"底线"。

　　但是，目前我国的企业环保投资普遍不足，环保投资效率观念尚未得
到企业的一致认可，因而企业的环保投资行为仍然停留在粗放投入阶段。
从投资者、债权人、社会公众等环境信息使用者来看，其环保意识的不断
加强与对环保投资经济后果的权衡，使得企业的环境信息成为继财务信息
之后各界了解企业的另一个重要信息。企业环保投资效率的高低对企业资
金获得和声誉建设具有重要影响，进而会影响到企业业绩。然而，目前国
内外尚缺乏一个针对企业的科学的环保投资效率标准与评价机制，使得利
益相关者无法对不同企业环境保护的努力程度与效果进行客观评价。从政

---

　　① 国家环保部环境规划院.国家"十二五"环保产业预测及政策分析［EB/OL］.［2011-
10-10］.http://www.cinic.org.cn/site951/schj/2011-10-10/504653.shtml.

府监管部门来看，如何厘清企业环保投资效率的影响因素、评判企业环保投资效率提高所带来的经济后果，从而在制度层面为企业环保投资效率提升做出合理的安排，也迫切需要一个科学的环保投资效率评价机制以及相关的经验研究证据来进行支撑。

本书针对企业环保投资效率及其评价机制进行研究，构建一个适合我国社会经济发展和企业实际的环保投资效率评价体系，其重要意义在于：

1.1.1 理论意义

（1）构建了以企业为对象的微观经济主体的环保投资效率评价指标体系，完善了企业绩效评价体系。企业环保投资具有一般投资的特征，需要讲求投资效率，但企业环保投资效率评价又有别于一般项目投资效率的评价。已有研究成果多用主流经济学的效率理念评价企业环保投资效率，如用与最优投资规模的偏离表示企业环保投资的有效率和非效率、通过距离函数表达效率的 DEA 模型等。与已有研究不同的是，本书基于经济学与管理学视角将企业环保投资效率界定为企业环保总效益与企业环保总投入的比值，并以此为依据初步构建了企业环保投资效率评价指标体系，并利用该指标体系对企业环保投资过程的各种绩效进行评价，完善了企业绩效评价体系。

（2）通过实证研究方法检验了企业环保投资效率评价指标体系的科学性，也为微观层面研究环保投资及其效率提供了经验证据。本书借助于我国资本市场中的财务报告、社会责任和企业环境影响报告等公开报告数据，利用研究模型对所构建的企业环保投资效率评价指标体系的科学性、适用性进行了论证。在已有研究文献中，环保投资主体多以政府或项目为主，加上企业环保投资的相关信息非常稀少，因而环保投资及其效率的研究多集中在宏观层面上。因此，本书为微观层面以企业为主体的环保投资及其效率研究提供了经验证据。

（3）丰富了投资研究领域的学术文献并拓展了环保投资的研究视角。20 世纪 40 年代以前，由于环境问题并不突出，投资理论研究主要是为社会再生产服务，其核心是生产投资，尚未涉及环保投资。20 世纪 50 年

3

代，公害事件不断在一些工业发达的西方国家出现后，环保投资研究开始在投资理论研究中出现，并发展成为现代投资理论的重要组成部分。之后，环保投资理论从可持续发展观概念提出之前的"只研究投资规模和效益"，开始延伸到研究环保投资基本问题、环保投资与经济增长、环保投资优化配置等深层次问题。而企业环保投资效率的研究不仅关注企业环保投资带来的产出，还要结合其投入，追求高投入产出比。本书关于企业环保投资效率的研究使环保投资投资理论在微观层面上又有了深入发展，除关注企业环保投资的结果外，开始注重企业环保投资的过程，因此，本书也在一定程度上丰富了现代投资理论研究领域的学术文献。

1.1.2 实践意义

（1）可以为企业外部环境信息使用者提供比较、评价不同企业环保投资效率的依据。从企业外部环境信息使用者角度来看，基于环保意识增强与环保经济后果的考虑，企业环境信息已经成为除财务信息外的另一个重要信息，股东、银行等资金提供者及其他环保信息使用者迫切需要对不同企业环境保护的努力程度与效果进行有效的比较和评价。

（2）通过对环保投资基本理论的分析和界定，明确政府和企业在环保投资方面的异同，从而为政府出台环境政策和法规提供有益借鉴，这有助于指导和规范政府和企业之间的环保投资行为。政府和企业应在环保投资方面各司其职，二者的合理分工既可以缓解甚至解决当前我国环保投资存在资金投入不足、融资渠道单一、投资效益低下等方面的问题，又可以减轻当前我国面临的环境压力和改善资源短缺的现状。

（3）通过对企业环保投资结构的分类及其环保资金配置情况的统计分析，可以了解当前我国企业环保投资结构的特征。从规模分布、行业属性、地区特征、控股性质、产权性质、股权差异、企业成长性等方面归纳和分析我国上市公司环保投资规模的特点，不仅可以发现我国企业环保投资存在的问题并总结出其规律，从而为探讨企业环保投资行为及效率的影响因素提供参考，而且有助于较全面地分析和理解企业环保投资行为的特性，发现和比较企业的环保投资决策与一般投资决策的异同，进而为企业投资决策和资源配置活动提供参考。

（4）从环境管制、行业管制、股权结构、两权分离度等角度对企业环保投资行为及效率的影响因素进行较全面的理论分析，并以我国A股上市公司为研究样本进行实证分析，以及采用Richardson预期投资模型测量企业环保投资行为的非效率程度，从而找出真正影响企业环保投资行为及效率的影响因素，为政府完善环保政策和环保法律法规、企业完善环境治理机制等提供有益的借鉴。

1.2 国内外研究现状

1.2.1 环保投资效率的概念

在国外相关环境会计等研究文献中，尚未发现有学者直接提出环保投资效率的概念，而相近的概念有"环境绩效（Environmental Performance）"（Corbett 和 Pan，2002；Hughes 等，2001；Ingram 和 Frazier，1980；ISO，1999；MOE，2003）、"生态效率（Ecological Efficiency）"（Burnett 等，2007；Hoh 等，2002；OECD，1998；Schaltegger 和 Sturm，1990；Scholz 和 Wiek，2005；WBCSD，1999）等。其中，环境绩效是指企业环境治理的效果，如资源的消耗、污染物的排放以及其他环境管理方面取得的效果等。生态效率是指生态资源投入满足人类需求的效率。

在国内文献中，韩强等（2009）、颉茂华等（2010）、杨竞萌和王立国（2009）在研究中采用了"环保投资效率"的概念，并将其界定为环保投入与治理效果之间的比值。其他相近概念有"环境效率"（杨俊等，2010）、"环境绩效"（陈璇和淳伟德，2010；何丽梅和侯涛，2010；胡曲应，2010；李卫宁和陈桂东，2010；杨东宁和周长辉，2004；钟朝宏，2008）、"环保投资效益"（袁明，2007；张红军等，1995）等。其中，环境效率是指实际污染排放和潜在污染排放的一种度量；环境绩效大多采用与国外一致的内涵，是指企业进行环境管理所取得的成效；环保投资效益是指企业进行环保投资所带来的环境、经济和社会效益。

1.2.2 环保投资效率的评价方法

环保投资效率（或环境绩效、生态效率）评价方法的研究主要包括以下几类：

一是构建相关指数进行评价。如 Corbett 和 Pan（2002）构建环境处理能力指数（Environmental Capacity Indices）来评价环境绩效，Hoh 等（2002）从环境资源的投入与经济产出的角度创造了生产力指数（Productivity Indices）来度量生态效率，Ingram 和 Frazier（1980）使用美国经济优先权委员会（Council on Economic Priorities，CEP）的环境绩效指数得分（CEP Index Score）来度量环境绩效，Hughes 等（2001）在评价环境绩效时，在 CEP 的数据基础上进一步分为好、混合、差来度量环境绩效，袁明（2007）从项目建设成效和项目竣工投产后发挥的效能角度，设计项目完成指数和生产效能指数对环保投资效益的评价进行了探讨。

二是建立模型进行评价。Cortazar 等（1998）构建了实物期权模型（Real Options Model）对环境投资进行了评价，Burnett 等（2007）从生产改进的角度构建了生态效率模型，Scholz 和 Wiek（2005）通过环境效用和经济效用构建了公司经营层面生态效率的评价函数，刘立秋和刘璐（2000）、颜伟和唐德善（2007）利用数据包络分析（Date Envelopment Analysis，DEA）分别对我国环保投资的相对有效性和环保投入产出效率进行了研究。

三是建立评价体系进行评价。一些组织机构制定了框架性的环境绩效标准评价体系，如国际标准化组织（ISO）1999年制定的ISO14031（环境绩效评估）；日本环境厅（MOE）2003年发布的《组织环境绩效指标指南》；世界可持续发展工商理事会（WBCSD）2000年发布的《衡量生态效率：报告企业绩效指南》；全球报告倡议组织（GRI）2000年首次发布、2006年修订的《可持续发展报告指南》（第三版）；张红军等（1995）从环保投资项目预评价、后评价、运行评价三个角度对环保投资效益的评价体系与方法进行了探讨；唐欣（2010）在建立包括经济绩效、环境绩效和社会绩效在内的环境投资综合绩效指标体系的基础上，将模糊数学法运用于环保投资项目的绩效审计中；曹洪军和刘颖宇（2008）设计了环境保护经济手段和环保效果的指标体系，并运用灰色关联度评价模型对我国1995—2005年环保经济手段的应用效果进行了评价。

四是采用相关数据直接进行替代评价。如 Al-Tuwaijri 等（2004）在其实证研究中直接采用了废物循环使用百分比来度量环境绩效。

1.2.3 环保投资效率的影响因素

环保投资效率影响因素的研究主要体现在以下几个方面：

一是环境信息披露与环保投资效率。许多学者发现环境污染严重的企业更倾向于披露更多的环境信息（Cormier 和 Magnan，1999；Hughes 等，2001；王建明，2008），也有学者认为环境信息披露与环境绩效之间并不存在显著的相关关系（Ingram 和 Frazier，1980）。

二是经济发展与环保投资效率。杨俊等（2010）研究发现，人均GDP 对提高环境效率具有积极影响，而工业比重上升、财政分权度的提高以及贸易自由化对环境效率具有显著的负面影响。胡海青等（2008）研究发现 GDP 增量是环保投资增量的原因，即我国经济的增长带动了环保产业的增长。王金南等（2009）则认为环保投资增长率与经济增长率缺乏关联性。

三是公司特征与环保投资效率。何丽梅和侯涛（2010）研究发现，我国上市公司环境绩效信息披露的总体水平不高，上市公司规模与环境绩效信息披露水平显著正相关，资产负债率、盈利能力、实际控股人性质与所在地区对环境绩效信息披露水平影响不显著。安树民和张世秋（2004）认为，污染治理设施运营的低效率问题是由技术水平低、工艺质量差和设施运行管理方式的不合理造成的。

四是其他方面的影响因素研究。Liu 和 Wu（2009）研究了环境意识、环境声誉和自愿性环境投资之间的关系。他们研究发现，如果消费者具有环境意识，企业的环境投资将会增加其基于环境的声誉，并能够有效刺激消费者对产品的需求。因此，企业会进行自愿性环境投资。当消费者具有更强的环境意识时，企业的高投资与高产出之间存在稳定的联系。谢丽霜（2007）从生态环境建设资金挪用、地方政府与中央政府的博弈、生态环境建设资金切块分割管理、生态环境建设投资不当、生态环境建设投资主体单一化五个方面分析了西部生态环境建设投资的效率风险及其来源。毛如柏（2010）认为，由于我国环境与资源保护法律本身的缺陷和法律实施的缺失，法律在引导环保投资和环保产业方面的潜力和作用还没有有效地发挥出来。张雪梅和万骞（2010）从信息沟通渠道入手，提出了以建立环保投资信息库来提高环保投资效率的设想。

1.2.4　我国环保投资效率现状

从国内学者的研究成果来看，随着社会和企业对环保的重视以及社会经济的发展要求，我国企业的环保投资力度在不断加强，但环保投资的效率仍然不高。尹希果等（2005）发现，我国环保投资所取得的治污效果相对于其自身的高速增长不成比例，其运行效率非常低。韩强等（2009）发现，我国各地区环保投资效率与经济发展水平基本吻合，但环保投资效率仍然偏低。环保投资在总量和相对经济增长速度上的高速增长对环境污染的控制起到了一定的积极作用，但是效果并不明显。杨竞萌和王立国（2009）发现，我国环保投资的增长远超过了 GDP 的增长，但从环境改善的情况看，环保投资治理效果与巨大的投资总量不成比例。颉茂华等（2010）在利用2000—2007年我国环保投资数据对我国环保投资的效率进行实证检验时发现，我国的污染物排放量呈逐年上升趋势，且上升幅度较大，并认为造成这种结果的主要原因就是我国环保投资效率低下。

1.2.5　基本评价

随着整个社会环保意识的增强，企业的环保行为与效果愈来愈受到关注，学术界关于环境信息披露、环保投资及其效率的研究成果也不断涌现。然而，从环保投资效率及其评价的角度来看，现有研究成果仍存在以下不足：

一是缺乏一个针对微观经济市场主体（企业）的科学的环保投资效率评价体系。已有研究成果往往只注重从宏观层面（地区或项目）的角度探讨环保投资绩效与投资效率问题，而忽视了作为市场主体（企业）的环保投资效率问题。实际上，企业作为市场经济活动的主体，在环境保护与治理活动中，理应成为责任主体，因而如何评价企业主体的环保投资效率，对于环境保护与治理行为的企业自律与政府管制都具有重要意义。同时，现有的环保投资效率评价体系或方法，也缺少公认度与可操作性，从而不仅制约了企业环境信息的披露质量，也影响了企业提升环保投资效率的动力和政府进行环境管制的有效性。

二是体现"成本–效益"经济原则的环保投资效率评价研究成果并不多。现有研究多重"效果"而轻"效率"。从社会层面来看，政府和各环境利益相关者非常重视企业环保投资所带来的资源消耗节约和污染物排放减少等环境治理效果。但是，市场经济环境中的企业作为一个以营利为目标的经济组织，盈利是其生存与发展的前提条件，因此，其必然从会计上依照"成本–效益"经济原则考虑在环境保护与治理上的投入与产出关系。从社会资源的整体使用效率来看，政府同样也需要考虑企业的环保投资效率，以提高整个社会经济资源的使用效率。

三是国内已有研究文献中源自企业微观层面数据的环保投资效率实证研究尚不多。国内现有关于环保投资效率的实证研究较少，且大多是根据国家统计部门获得的数据进行相关研究，源自企业微观层面数据的实证研究鲜有发现，基于企业主体在整个环境保护与治理行动中的重要作用，这些研究成果对于企业自发性地提高其自身的环保投资效率、政府环境监管部门制定科学的环境管制制度与提高监管效率等，其指导意义甚微。

四是企业环保投资效率的影响因素与经济后果研究较少。来自学术界关于企业环保投资效率影响因素的经验证据是企业提高环保投资效率的重要参考，但现有研究中关于企业环保投资效率的影响因素研究较少，这对帮助企业完善环境管理体系、提高环保投资效率的作用较弱。环保投资效率的提升是否会带来良好的经济后果，是激发企业不断提升环保投资效率的重要动因，但国内外现有研究鲜有企业环保投资效率经济后果方面的文献。因此，企业环保投资效率经济后果的研究成果的缺乏也是影响企业环保投资效率提升的一个重要原因。

9

1.3 ———————— 研究目的、研究内容与思路 ————————

本书研究的主要目的在于构建一个以微观企业为评价对象的科学的环保投资效率评价体系，主要研究内容包括企业环保投资效率评价指标体系、企业环保投资效率现状分析、企业环保投资效率的影响因素、企业环保投资效率的经济后果等。具体包括以下研究内容：

（1）企业环保投资效率评价研究的理论基础。结合利益相关者理论、投资理论、效率理论、企业环境战略理论、竞争优势理论等进行分析，确立企业环保投资效率评价研究的理论基础。

（2）企业环保投资效率评价体系的构建。通过问卷调查、实地调研、专家访谈等，构建包含环保投资经济绩效、社会绩效、环境绩效在内的环保投资效率评价指标体系。在问卷调查基础上，本书通过选择若干家有代表性的大型企业、环保监管卓有成效的省级及以上环保管理部门以及相关证券监管部门等进行实地调研，并邀请业内专家进行访谈，初步完成并逐步完善所构建的企业环保投资效率评价体系。

（3）我国企业环保投资及其效率的现状分析。以2008—2011年间的《企业社会责任报告》《可持续发展报告》或年报披露环保投资数据的上市公司为样本，利用本书所构建的企业环保投资评价指标体系，对我国企业的环保投资及其效率现状进行统计分析，揭示了样本企业在整体、行业、地区、产权、股权等不同角度中的环保投资及其效率的现状。

（4）企业环保投资效率的影响因素分析与经济后果检验。通过构建模型、设置变量，实证检验了政府管制、企业环境管理、股权结构、行业属性、控股性质等企业环保投资效率的影响因素，以及企业环保投资效率可能对企业价值、融资和信息披露等所产生的经济后果，为提升企业环保投资效率提供经验证据。

（5）企业环保投资效率提升的政策建议。结合上述理论与实证研究结果，从政府、企业、其他利益相关者层面对如何提升企业环保投资效率提出了相应的对策建议。

本书的研究思路如图 1-1 所示。

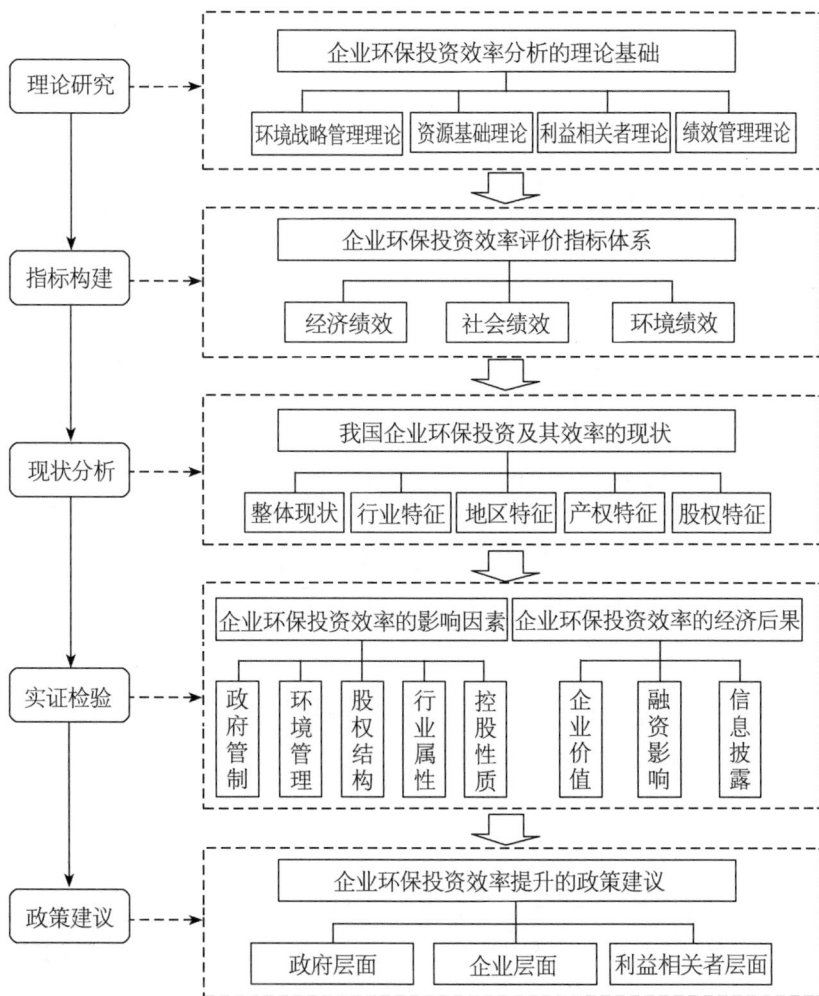

图 1-1　研究思路

第 2 章

企业环保投资效率分析的理论基础

本章对企业进行环保投资和提高环保投资效率进行理论基础层面的分析，主要阐述环境战略管理理论、资源基础理论、利益相关者理论、绩效管理理论及其对企业环保投资效率评价研究的影响。

2.1 环境战略管理理论

2.1.1 环境战略管理理论的内涵

企业环境战略（Environmental Strategy）起源于 20 世纪 90 年代。为应付日益严重的环境问题，政府颁布了一系列针对企业的环境管制政策，而企业为迎合和规避环境管制不得不重视和治理自身的环境污染问题，因而环境战略被视为企业政治战略的重要组成部分。关于环境战略的定义，目前并没有统一的界定。一般认为，环境战略就是组织解决环境问题的总体规划。在国外，Sharma（2000）对企业环境战略的定义作了较具体和准确的阐述，他认为环境战略是指企业为遵守环境管制和减少企业经营活动对自然环境的负面影响而采取的战略规划。我国学者也针对这一概念提出了不同的理解，如赵领娣和巩天雷（2003）认为，环境战略是指企业为实现其全部生产经营活动与生态环境之间的协调而制定的战略；徐建蓉

（2008）认为，企业实施环境管理战略的主要目的在于通过战略行动的选择来加强企业对环境的适应、调节和控制能力，从而帮助企业从环境管理中获取更大的竞争优势。

关于企业环境战略的内容，Hart（1995）的观点最具代表性。他认为环境战略管理主要包含四个方面的内容，即污染控制、污染防治、产品管理和可持续发展。具体而言，污染控制和污染防治的根本目标是促使污染排放量最小化。产品管理是将环境保护理念与产品的设计、开发与生产过程相结合。可持续发展则强调企业应具备可持续发展能力和承担实现可持续发展的责任。而且，每项环境战略内容都应含有价值性和稀缺性资源，以防被替代或模仿。

关于企业环境战略的分类，Sharma 和 Vredenburg（1998）按照企业在环境保护行动上所采取的态度（主动或被动、积极或消极），将企业环境战略分为"反应型"（Reactive）与"前瞻型"（Proactive）两类。在反应型环境战略下，企业消极执行环境管制政策，对环境治理主要采用末端管理方式；而在前瞻型环境战略下，企业通常会积极主动地解决自身的环境问题，并认为能够从环境战略管理中建立生产效率和行业竞争力的优势。多数学者在这一分类方法的基础上作了进一步分类，如 Henriques 和 Sadorsky（1999）提出了反应型战略、防御型战略、适应型战略和前瞻型战略四类环境战略；Tilley（2005）将企业环境战略细分为抵抗型战略、反应型战略、积极型战略和可持续型战略；胡美琴和骆守俭（2008）将环境战略划分为反应型、讨价还价型、主动型和合作型四类；徐建蓉（2008）依据企业对环境态度的差异，将企业环境管理战略分为塑造环境的战略、改变环境的战略、适应环境的战略和追随环境的战略；马中东等（2010）根据环境管理对企业竞争力的影响，将企业环境战略分为规制应对型、风险规避型、机会追求型三类。

2.1.2　环境战略管理理论与企业环保投资效率

传统经济学观点认为，企业对环保事业的投资完全不符合经济利益最大的财务管理目标。这是因为，企业对环境治理与环保项目的投入，以及政府对企业实施严格的环境管制，会迫使企业增加人力、物力和财力用于污染的预防与治理，从而挤占了其他经济性项目的投资资金，增加了企业环境治理成本，进而降低了企业的生产效率和竞争力。显然，这种观点从静态分析的角度将企业的环保投资视为一种额外费用。直到1991年，以Porter等人为代表的学者从动态分析的角度提出了与传统经济学截然相反的观点，即波特假说。他们认为对企业进行合理的环境管制可以激发"创新补偿"效应和"技术创新"效应，不仅能部分或全部弥补环境遵守成本、改善环境绩效，还能提高生产效率和行业竞争力，因而环境绩效与经济绩效呈现正相关关系，环境投资所带来的环境绩效和社会绩效会成为企业竞争优势的一个潜在来源。Hart（1995）、Reinhardt（2000）以及Earnhart（2006）的研究均赞成波特假说的观点。因此，多数学者建议企业选择前瞻型环境战略或机会追求型环境战略。

事实上，环境战略的内部驱动力是影响企业环境战略选择的关键，而环境战略的执行与落实影响着企业的环境治理效率、环保投资绩效和环保投资效率。而且，环境问题能否进入企业的战略层面，关键取决于高管的判断和认知。Banerjee（2001）和Kaplan（2008）认为，企业高管的管理认知水平对企业的环境变化反应产生重要影响，如果他们认为环境问题非常重要，那么环境战略所处企业战略中的管理层次就越高。同样地，就企业环保投资而言，在战略态度上重视环保事业的企业，大股东和管理层具有较强的环保意识，企业就有更大的动力和能力开展环保投资。可见，前瞻型环境战略与管理者的环境意识对企业的环境治理与环保投资行为具有正面作用。

企业实施积极的前瞻型环境战略，将环境因素纳入战略决策与生产经营决策的考虑之中，从长期来看，不仅可以确保企业有效实施循环经济和低碳经济理念、执行可持续发展战略、积极开展环境治理与环保投资，从而有效保护资源环境和生态环境，而且可以促进企业塑造环境管理能力、加大环境科技投入与研发的力度，从而提高生产效率和产品差异化程度、降低原材料成本和产品成本、提高企业环保形象、创建行业竞争优势，即产生"创新补偿"效应与"技术创新"效应。显然，积极的前瞻型环境战略既能确保企业对资源环境的可持续性利用，又能保证企业获取一定的经济回报（White，2005）。因此，企业应树立环境责任理念，实施积极的前瞻型环境战略，尤其需要采取积极主动的环境治理与环保投资行为，寻求提高环境绩效和环保投资效率的适应性途径，构建竞争性环境战略优势，以追求环境效益、社会效益和经济效益的统一，促进企业可持续发展与环境保护的和谐。从长期来看，环境战略管理理论既与可持续发展战略相辅相成，又为企业积极开展环保投资行为和提高环保投资效率提供了指引方向。

2.2   资源基础理论

2.2.1   资源基础理论的内涵

资源基础理论（Resource-Based View，RBV）是 20 世纪 80 年代以来企业战略管理领域中的重要理论和新的发展方向，该理论最早起源于亚当·斯密提出的劳动分工理论，劳动分工理论的中心思想在于劳动分工对提高生产效率和增进国民财富具有巨大作用。Wernerfelt（1984）对资源基础理论作了经典阐述，他对企业资源做出了如下假设：企业是各种资源构成的实体；每种资源具有异质性并可转变成独特的能力；资源在企业间既不可以自由流动，又具有不可复制性；这些异质性资源和独特能力恰恰是企业获得持久竞争力的源泉。因此，资源应具有价值性、稀缺性、不可复制性和不可替代性。上述观点在学术界得到了大多数学者的认同，如Barney（1986）认为，资源的差异性决定了企业间必然存在绩效差异；Rumelt（1991）指出，企业可以通过拥有异质性资源来提升竞争优势。显然，资源基础理论主要探讨的是企业资源与竞争优势之间的关系，因而属于竞争优势理论的范畴。

尽管如此，并非所有的资源都能成为企业获取竞争优势和高额回报率的源泉（刘亚军和陈国绪，2008），这是因为在完全竞争市场中资源通常具有很高的自由流动性，而且资源本身并不能产生竞争优势，因而对资源的开发、保护和整合往往成为企业获取竞争优势的深层来源。再者，并不是所有资源都能对企业业绩和竞争力产生有效作用，而将企业资源转化为竞争优势的关键步骤在于将各种资源进行有效配置并整合成能力（Madsen，2009）。可见，资源基础理论也在不断的发展和完善，尤其在当前已表现出从"资源论"向"能力论"的过渡和转变。

2.2.2 资源基础理论与环保投资效率

由资源基础理论的内涵可知，企业竞争优势的获得主要来源于内部资源的积累与独特的环境能力。企业不仅应追求与拥有具有价值性、稀缺性、不可复制性和不可替代性的资源，而且更需要具备将资源转化为竞争优势的核心能力。在有关资源基础理论的文献中，学者们逐渐意识到企业在创造特有能力时应在更宽泛的组织环境中进行环境投资决策的重要性，如管理决策权、环境治理机构、环境治理水平等组织因素常被看作企业改善环境绩效的驱动因素。Hart（1995）将企业环境战略内容区分为污染控制、污染预防、产品管理和可持续发展四大类，并特别要求每类环境战略都应具有特有的稀缺性资源，以免被替代或模仿。Verbeke 等（2006）在 Hart（1995）对企业环境战略内容分类的基础上，指出资源基础理论（RBV）不应局限于环境战略本身，应当对其加以适当扩展，即加入环境投资决策的组织背景、明确在具体资源范围的投资。对此，我们在构建、认知基于环境战略的资源基础理论（RBV）整体框架时，特别要求对特定资源领域的投资、企业特有环保能力与竞争优势之间的关系进行详细说明。同时认为，企业环境战略能通过在五个不同的 Hart 类型资源领域（Resource Domains，RDs）中进行非捆绑式的同时，投资的方式得以体现，即由产品和制造工艺投资导致的传统绿色竞争力（RD1）、在环境问题方面的员工参与和培训（RD2）、跨越企业职能领域的绿色组织能力（RD3）、在环境管理方面的正式管理系统和程序（RD4）以及包含环境问题的战略规划（RD5）。可见，企业环保投资不仅具有丰富的内容，而且有助于企业实施环境战略、创造竞争优势、完善公司治理。

就企业环保投资而言，资源基础理论的指导作用主要体现在环保投资与竞争性优势之间的关系上，因而如何在资源基础理论的指导下通过环保投资行为获取特有的环境能力和竞争优势对企业来说显得非常重要。Hart（1995）认为，环境能力作为一种企业能力，常表现为企业为最小化环境损害而对环境资源和生态环境进行有效利用的能力。在环境问题日益严重、资源能源日益紧张、政府环境管制政策与环保法律法规越来越完善的形势下，企业实施积极的环境战略决策，在生产过程中加强和完善环境管理与环境治理、采用先进的污染治理技术和清洁生产技术，可以获得其他企业所无可比拟的环境资源与环境能力。技术进步既是环保生产工艺的来源，也是有效污染治理方法产生的基础。具体而言：第一，有助于企业获得先进的环境管理方法和经验，完善企业环境治理机制，提高企业的生产效率和经营效率，从而帮助企业塑造高效的组织能力；第二，企业自主研发或引进先进污染治理技术和清洁生产技术，有助于企业产生和发挥"技术创新"效应和"创新补偿"效应，从而提高资源能源利用率、降低生产成本、获取可持续的竞争优势；第三，完善的环境管理体系和高效的环境管理有助于企业形成先进的环境文化和良好的社会声誉，从而获得广大利益相关者的支持。可见，在资本市场日益完善、市场竞争日益激烈的背景下，资源基础理论在激发和优化企业环境治理与环保投资的行为及效率方面具有非常重要的理论指导意义。

2.3　利益相关者理论

2.3.1　利益相关者理论的内涵

利益相关者理论（Stakeholder Theory）产生于20世纪60年代左右，当时的经济学家Ansoff认为企业在制定目标时应综合考虑与企业存在利益关系的各类索取权。到20世纪70年代，利益相关者理论逐步被企业接受。进入20世纪80年代后，企业社会责任运动在西方兴起并逐渐盛行起来，利益相关者理论也得到迅速发展。Freeman（1984）在《战略管理：一种利益相关者的方法》一书中第一次给利益相关者作了较全面而准确的定义，他认为利益相关者是指能对企业目标及其实现的过程构成影响的所有个人和群体。Freeman根据利益相关者所拥有的资源不同，将利益相关者理论分为所有权利益相关者（如企业股东、高管等）、经济依赖性利益相关者（如企业员工、债权人、消费者、供应商、代理商、社区等）和社会利益相关者（如政府、媒体等）。显然，Freeman 从广义上界定了利益相关者的内容。此后，不少学者从多个角度对利益相关者进行了细分，如Frederick（1992）根据各利益相关者对企业产生影响的方式，分为直接利益相关者和间接利益相关者；Clarkson（1995）依据各利益相关者与企业的关系紧密性程度，分为主要的利益相关者和次要的利益相关者；Wheeler 和 Maria（1998）采用社会性维度将利益相关者分为主要的社会性利益相关者、次要的社会性利益相关者、主要的非社会性利益相关者和次要的非社会性利益相关者。

利益相关者理论的企业管理思想是相对于传统的"股东至上主义"而言的。该理论认为企业的生存与发展离不开广大利益相关者的参与和支持，各利益相关者向企业投入了专用性投资资本（如人力资本、财务资本、实物资本等），并由此承担了相应的风险（Clarkson，1995），即企业与利益相关者之间存在"契约"，因而企业追求的应是包含了所有利益相关者的整体利益，而不仅仅是投资者的利益。从这个意义上讲，企业是一种治理和管理专用性投资的制度安排，即企业进行生产经营活动和管理活动的目的之一就是综合平衡和满足各利益相关者的利益要求。显然，利益相关者理论的企业管理思想也在一定程度上体现了绩效评价和管理的内容。

2.3.2 利益相关者理论与企业环保投资效率

正因为企业的生存与发展离不开广大利益相关者的参与和支持，所以追求经济利益最大化并不是企业的唯一目标，除经济目标外，企业还应承担相应的社会责任与环境责任。中国社会科学院经济学部企业社会责任研究中心在其编著的《中国企业社会责任报告编写指南》（2009）一书中明确指出，自 2006 年以来，我国企业社会责任运动呈现出全社会参与的特征，各企业利益相关者的社会责任意识逐渐增强，他们从各个角度以各种方式对企业施加压力，促使企业形成了形式各异的责任运动。随着世界性环境问题的日益严重，利益相关者也向企业提出了更多、更高的环保要求（Sharfman 和 Fernando，2008），因而企业不得不增加环境投资来满足利益相关者的诉求（杨德锋和杨建华，2009）。Bansal 和 Roth（2000）的研究表明，企业对环境问题做出反应的驱动因素包括：政府环境管制的要求、管理者的环保意识、利益相关者施加的环境压力和环保投资经济利益的诱使等。王京芳等（2008）将企业环境行为的驱动力归纳为体制环境因素、技术环境因素和利益相关者因素三种。可见，利益相关者因素对企业履行社会责任与环境责任具有重要作用。

　　自 2006 年以来，我国深圳证券交易所、上海证券交易所、国务院国有资产监督管理委员会和中华人民共和国环境保护部（以下简称"环境保护部"）等部门先后发布了一系列督促企业履行社会责任和环境责任的政策文件，如《深圳证券交易所上市公司社会责任指引》（2006）、《关于深化企业环境监督员制度试点工作的通知》（2008）、《上海证券交易所上市公司环境信息披露指引》（2008）、《关于中央企业履行社会责任的指导意见》（2008）、《关于加强上市公司环境保护监督管理工作的指导意见》（2008）、《审计署关于加强资源环境审计工作的意见》（2009）、《企业环境报告书编制导则》（2011）等，明确规定上市公司、重污染行业企业和国有企业应坚持科学发展观、积极履行社会责任、对利益相关者和环境负责、实现企业发展与社会、环境的协调统一。此外，政府以制定环保法律法规的形式约束企业的市场准入和督促企业加强环境保护，如向排污企业征收排污费、向资源能源消耗型企业征收资源税、对发生重大环境事故的企业进行环境整治等。显然，政府通过制定和执行环境管制政策、完善环保法律法规的形式对企业施加了履行社会责任与环境责任的压力。

　　政府监管部门为企业制定的社会责任（环境责任）信息披露指引和环境监管政策也为消费者、债权人、投资者、社会公众和其他利益相关者创造了了解和监督企业履行社会责任与环境责任的机会。广大利益相关者可以利用环境信息披露机制向企业施加改变其环境行为的压力（Arora 和 Cason，1996）。Baker 和 Sinkula（2005）发现，利益相关者重视环境保护的程度越高，对企业施加的环境压力越大，企业就越倾向于采取积极的环境战略并加强环境管理，从而企业的环境能力和竞争力得到改善。一般而言，广大利益相关者会关注企业的环境管理信息和环境绩效信息，如消费者主要关注企业是否生产绿色环保产品，产品是否获得相关环境质量体系认证；社会公众重点关注企业的生产经营活动是否对周边生态环境造成负面影响；投资者、债权人等根据企业的环境会计信息，了解企业是否按照环境政策和环保法律法规从事生产经营活动及其所存在的环境风险，从而决定其投资决策和信贷决策；员工会关注工作环境的安全性及其对个人健康状况的影响；新闻媒体可以通过社会调查和环保宣传等方式公开企业的环境信息、引导广大群众的环保意识和绿色消费理念等。可见，广大利益相关者从不同的利益角度对企业的生产经营活动和环境活动产生重要影响，企业不得不综合考虑利益相关者的利益，尤其随着利益相关者环保意识的逐渐增强，企业更应实施积极的环境战略管理决策，加强环境治理和环保投资，改善环保投资绩效和提高环保投资效率。

2.4 ——————— 绩效管理理论 ———————

2.4.1 绩效管理理论的内涵

自20世纪70年代以来，随着人力资源管理理论在实践中的广泛应用，"绩效管理"概念逐渐形成并发展成被广泛认可的管理理论。"绩效"（Performance）一词包含成绩（Achievement）和效益（Benefits）的含义。从管理学角度来看，绩效是组织和个人为实现其特定目标而在不同层面上所达到的结果和成效。关于绩效的概念主要有以下三种观点：第一，绩效是一种结果或产出。如Bernardin和Betty（1984）认为，绩效是某些活动在特定的时间里所产生的结果记录。这种观点受到越来越多的质疑，因为影响绩效的因素非常多，若单纯地强调组织行为的结果，容易导致短期行为或不正当行为，而且有些组织很难确定绩效的结果标准（王淑红和龙立荣，2002）。第二，绩效是一种行为。如Campbell（1990）认为，绩效应是组织行为特征的表现。这种观点也受到较多质疑，因为任何组织的活动都应具有价值性和效率性，否则组织活动是没有意义的。第三，绩效是由行为、过程和结果构成的综合概念。如Otley（1999）和Mwita（2000）认为，绩效是组织行为在工作过程中所达到的结果。显然，整合性的绩效概念更具合理性，但绩效结构的确定需要在绩效管理过程中根据具体的研究过程和绩效管理对象来确定（孙俊，2005）。

既然绩效是由组织的行为、过程和结果构成的集合体，那么就需要进行相应的绩效管理。绩效管理的主要目的在于促进组织绩效和保证组织战略与目标的实现。积极有效的绩效管理应是一个完整的系统，可由绩效评估指标体系的构建、绩效的沟通、绩效的评价与反馈、绩效评估结果的应用等子系统构成（徐红琳，2005）。然而，目标管理是绩效管理的基础，而组织目标需要"人"来执行和实现，因而绩效管理应以"员工"为中心和管理对象（Ainsworth和Smith，1993），即通过充分开发和利用员工资源、控制员工绩效来实现部门绩效和组织绩效。可见，绩效管理属于人力资源管理的重要组成部分，它是在特定的组织环境中，与组织战略和组织目标相联系，对组织行为在工作过程中所达到的结果进行的监管和评价，并通过管理者与员工之间的业务管理循环，实现绩效的改进。

2.4.2　绩效管理理论与企业环保投资效率

长期以来，企业在追逐经济利益过程中忽视对资源环境与生态环境的保护，从而导致资源枯竭与环境恶化的问题日益严重。随着利益相关者环保意识的提高，政府环境管制政策与环保法律法规的逐步完善以及环境管制力度的加强，企业不得不加强自身的环境治理和开展环境绩效评价。Clarkson（1995）明确指出，将社会责任与环境责任当成企业经营的重要目标无疑能把无形的社会责任与环境问题转换成有形的利益相关者的利益。而对企业进行环境业绩评价不仅有助于企业及利益相关者了解企业的环境治理状况、明晰企业在生产经营活动中所产生的相关环境成本与费用、收入与效益，而且可以揭示企业开展环境管理活动的重点及存在的风险，进而为企业及广大利益相关者的市场活动提供决策依据（赵丽丽等，2011）。

对企业而言，环境绩效（Environmental Performance）是企业在其从事的资源能源的节约与开发、环境治理与生态保护等环境行为中所取得的可测结果，因而企业的环境绩效管理需要对资源利用、污染治理与生态影响等方面的累计效果与综合效率进行衡量和评价。企业环境绩效管理不仅需要遵循政府环境管制政策和相关法律法规的规定，而且需要与企业的环境战略相联系。因此，环境绩效管理应成为企业绩效管理中的重要内容，环境绩效评价也应成为企业绩效评价中不可缺少的部分。具体而言，企业应实施积极的前瞻型环境战略，自觉地维护资源环境与生态环境，履行理应承担的社会责任与环境责任，加强环境治理与环保投资行为。同时，环保投资作为一种特殊性投资形式，在解决企业环境问题方面起着举足轻重的作用，因而环保投资也应追求绩效和效率。随着环境问题的日益严重和广大利益相关者越来越多的环境诉求，企业应在现代绩效管理理论与绩效评价理论的指导下，充分考虑环境因素，将其所应承担的环境责任与社会责任纳入到绩效评价的范围中，从而建立完善的环保投资绩效评价体系，最终起到激励企业积极开展环境治理与环保投资行为，提高环保投资绩效与投资效率的作用。

第 3 章

企业环保投资效率评价指标体系构建

本书认为，企业环保投资与一般投资存在较大差异，虽然企业的环保投资行为能获取一定的经济效益，但其主要目的在于追求环境效益和社会效益，而且其投资结果往往是环境效益和社会效益大于经济效益。企业环保投资效率不等同于环境绩效、环境效益、生态效率，它们的显著区别表现在两个方面：一是环保投资效率应体现出企业通过环保投资行为而取得了包含环境效益、社会效益和经济效益在内的综合效益，这三种效益之间存在重视程度上的差异；二是环保投资效率不仅注重环保投资效益或环境绩效，还需考虑环境成本费用，即企业环保投资效率更应体现环保投资产出的数量和质量。

从研究路径而言，本书先对企业环保投资绩效评价项目与环保投资绩效指数进行论证、设计，进而确定企业环保投资效率指数。在构建企业环保投资绩效评价项目与环保投资效率指数时，必须考虑以下两点要求：第一，基于环保投资总体目标战略化和具体目标多元化的要求，企业环保投资产出应包括环境性产出、社会性产出和经济性产出三方面的内容，同时应对环保投资的环境目标、社会目标与经济目标从多角度进行全面考核；第二，企业环保投资效率指数的构建应遵循"投入产出法"，用环保投资产出与环保资金投入之比的相对数形式表示。鉴于此，本书需要构建企业环保投资绩效评价的通用项目体系和企业环保投资绩效指数，进而确立企业环保投资效率指数。

3.1 ——— 企业环保投资绩效评价项目的界定与设计 ———

环保投资产出与环保投入是确立环保投资效率取值的关键，但是，现阶段我国还不具备将环保投资产出与环保投入进行一一配比的条件。本书将着重探讨如何有效地评价企业的环保投资绩效，并以环保投资总绩效与环保总投入之比来确定企业的环保投资效率，因此，实现这一目标或过程的前提和重点在于构建企业的环保投资绩效评价项目体系和环保投资绩效指数。

3.1.1 企业环保投资绩效评价内容的界定

国际标准化组织（ISO）于1993年6月成立了ISO/TC3207环境管理技术委员会，着手开展制定组织环境管理系列标准的工作，并于1996年之后陆续颁布了ISO14000环境管理体系系列标准，如ISO14001、ISO14004、ISO14010、ISO14011、ISO14012、ISO14031、ISO14040等标准。ISO14001是环境管理体系系列标准的龙头，主要起着纲领性作用，也是唯一可由第三方认证的标准。该标准由环境方针、规划、实施与运行、检查与纠正措施、管理评审五大部分构成，共包含17个要素[①]。1999年10月正式公告的ISO14031（环境绩效评估）标准是对组织环境绩效进行持续测量与评估的系统程序，其规定的环境绩效评价指标包括环境状态指标（ECIs）和环境绩效指标（EPIs），而环境绩效指标又分为管理绩效指标（MPIs）和经营绩效指标（OPIs）。然而，该环境绩效评价指标体系只是笼统地规定了组织环境绩效考核的范围与内容，并没有确定统一的评价标准，因而不能对组织环境绩效进行有效评价。企业在运用ISO14031标准评价自身环境绩效时，需要结合环境政策，设定环境目标与标的，并

[①] 具体包括环境方针、环境因素、法律与其他要求、目标和指标、环境管理方案、机构和职责、培训意识和能力、信息交流、环境管理体系文件、文件管理、运行控制、应急准备和响应、监测、不符合、纠正与预防措施、记录、环境管理体系审核和管理评审等。

根据各考核内容的计量属性选取合理的计量单位，进而评价其环境绩效指标是否达标。虽然国际标准化组织（ISO）制定的这些环境管理系列标准及环境绩效评价指标体系能在客观上促进企业对环境问题的重视，但因各国面临不同的经济发展状况和环境问题，这些标准对各国和各地区企业的环境管理与环境绩效评价只能起着指导性和框架性的作用。

在 ISO14031 标准出台之后，国内外不少研究机构已对企业环境绩效评价体系展开了研究，并取得一定成效。2006 年，全球报告倡议组织（GRI）发布了《可持续发展报告指南》（第三版），即 G3 标准，该指南从原料、能源、水、生物多样性、废气废水废弃物、产品和服务、合规、运输和总体情况九大方面设计了组织的环境绩效评价指标体系，包括 18 个核心指标和 12 个附加指标。然而，这些指标选取主要遵循了国际组织和发达国家或地区的研究和统计惯例，虽然该指标体系较全面地界定了组织环境绩效应包含的类别及其所属的核心指标与附属指标，但多适用于处于成熟资本市场中的组织。尽管全球环境绩效评估所选取的指标和采取的评估方法对我国具有一定的借鉴意义，可是仍不能完全反映我国的实际情况。由于 ISO14031 标准与 G3 标准与我国资本市场所处的发展阶段和企业特征存在较大差距，因而采用这些评价指标体系难以有效地衡量我国企业的环境绩效。

中国社会科学院经济学部企业社会责任报告研究中心出版的《中国企业社会责任报告编写指南（CASS-CSR2.0）》（2010）明确地将环境绩效的通用指标体系分成环境管理、节约资源能源和降污减排三大板块，每个板块下包含若干核心指标或扩展指标。其中，"环境管理"包含 9 个核心指标和 3 个扩展指标，"节约资源能源"包含 10 个核心指标和 2 个扩展指标，"降污减排"仅有 10 个核心指标。2011 年 6 月，环境保护部首次发布了《企业环境报告书编制导则》，要求企业环境绩效指标应涵盖环境管理状况、环保目标、降低环境负荷的措施及绩效、与社会及利益相关者关系五大板块的内容，各板块下的具体内容项目又被确定为基本指标或选择指标。虽然国内机构构建的以上环境绩效内容评价体系能较好地适用于我国资本市场，但均存在以下特点和突出问题：第一，各板块之间的内容存在部分重叠的情况，如《中国企业社会责任报告编写指南（CASS-

CSR2.0）》（2010）中的"环保培训与宣教"与"环保培训力度"、《企业环境报告书编制导则》中的"环境信息公开及交流情况"与"与社会及利益相关者关系"等内容存在重叠。第二，各评价指标体系下的内容项目由定性指标和定量指标组成，但定性指标所评价的内容多属于环境信息披露或环境绩效信息披露的范畴，因而不应将其用来评价企业的环境绩效。第三，缺乏对"生态环境保护"内容的单独分类，如《中国企业社会责任报告编写指南（CASS-CSR2.0）》（2010）将属于生态环境保护范畴的"保护生物多样性""厂区及周边生态环境治理"内容分别归入"环境管理"的扩展指标和"降污减排"的核心指标中；而《企业环境报告书编制导则》却缺乏对该项内容的明确分类，并笼统地将该项内容体现在"与社会及利益相关者关系"板块中。更为突出的现象是，以上国内外机构在构建环境绩效评价指标体系时，只单纯地考虑了组织的环境防治行为所产生的环境绩效，而未考虑环境治理行为所带来的社会绩效与经济绩效，这正是本书在探讨企业环保投资绩效时需要解决的问题。

　　由于各国和国际组织所处的环境不同，环境绩效评价指标体系的可操作性及重点也应有所差异，即环境绩效评价指标体系的建立应充分考虑国别和地区的政治经济、环境政策法规、企业文化等现实情况。我国至今尚未建立起系统合理的企业环境绩效评价理论与方法体系以及环境会计信息系统，缺乏可操作性的企业环境绩效评价体系和准则。鉴于此，本书在现有环境绩效评价指标体系研究的基础上，基于我国环境政策以及企业社会责任运动（履行）的现实状况，并以企业环保投资的"投资说"和追求综合效益的环保投资目标为假设前提，明确地将企业环保投资产出分为环境性产出、社会性产出和经济性产出三大板块，最终构建一套既符合我国国情又适用于各地区各行业的企业环保投资绩效评价项目体系。为区别于"环境绩效""环境效益""生态效率"等的表述，体现企业环保投资的特征，本书将企业环保投资总产出统称为"企业环保投资绩效"，相应地，将环保投资的环境性产出、社会性产出和经济性产出分别以"环保投资环境绩效"、"环保投资社会绩效"和"环保投资经济绩效"的表述代替[1]，

① 从企业环保投资的目的与特征来看，环保投资环境绩效和环保投资社会绩效更多地体现出由企业环保投资行为所产生的显性效益或直接结果，而环保投资经济绩效更多地表现为隐性效益或间接结果。

进而将企业环保投资绩效与环保投入之比称为"企业环保投资效率"。为保证衡量企业环保投资绩效与投资效率的科学性、可操作性与实用性，本书参考了全球报告倡议组织（GRI）和中国社会科学院经济学部企业社会责任报告研究中心发布的《环境绩效衡量指标》、《上海证券交易所上市公司环境信息披露指引》（2008）和《企业环境报告书编制导则》（2011）中的环保考核指标及内容，并结合我国 A 股上市公司公布的《企业社会责任报告》、《环境报告书》和《可持续发展报告》中有关环境防治与生态保护的信息披露内容，尝试性地构建了一套综合反映企业环保投资绩效评价的通用项目体系。

3.1.2　企业环保投资绩效评价项目的设计

构建科学、合理和实用的环保投资绩效评价指标体系是有效进行环境管理、客观评价企业环境绩效与环保投资效率的基本前提，而且环境绩效评价项目体系的完善与否关键取决于该指标体系构建是否有充分的理论依据、评价项目的可靠性和相关性程度、数据的可获得性。

本书在设计企业环保投资绩效评价项目及内容时，根据环保投资的本质和多元化目标要求，采用层次分析法把企业环保投资绩效分成三大板块，即环保投资经济绩效（X）、环保投资社会绩效（Y）和环保投资环境绩效（Z），而且各大板块由若干"定性"项目组成[①]，具体如下：

第一，环保投资经济绩效是基于企业的本质与营利目的而对其环保投资行为所带来的经济收入（经济效益）和所付出的成本（费用）进行的考察，具体包含 4 项评价内容（X01 ~ X04）。

第二，环保投资社会绩效是基于"全民性参与"的现代企业社会责任运动特征和利益相关者理论指导下的企业价值最大化（生态价值最大化）的财务管理目标，着重对以下两个方面内容进行的整体性评价：一是企业环保投资行为对社会形成的影响（Y01）；二是外部利益相关者对企业环保投资行为所作的反应和所持的态度（Y02 ~ Y06）。

---

①　根据层次分析法的递阶层次结构特征，在本书构建的企业环保投资绩效项目评价体系中，企业环保投资绩效的三大板块为最高层，每一板块下的分类为中间层，各类别下的具体项目为最底层。

第三，环保投资环境绩效是基于环保投资的本质特征与环境绩效考核的核心内容，客观地判定和评价企业环保投资行为在以下方面所作的努力和所取得的成效：环境管理（Z01～Z07）、降污减排（Z08～Z13）、节能降耗（Z14～Z18）和生态保护（Z19～Z20）。环境管理与生态保护的评价项目主要体现了环境管理绩效评价的内容，降污减排和节能降耗的评价项目侧重于衡量环境经营绩效。

考虑到企业环保投资绩效评价的有效性及其数据获取的可行性，本书对企业环保投资绩效评价项目的判定均采取"披露评分法"与"达标基数"定性赋值法相结合的方式，即如果企业达到或完成某项内容标准时，计1分；否则，计为0分。通过累计加总企业环保投资绩效评价项目的得分，从而可以计算出企业环保投资绩效的总分值。总分值代表着企业环保投资绩效的水平（质量），即总分值越高，说明企业环保投资绩效越高；总分值越低，说明企业环保投资绩效越差。企业环保投资绩效评价项目的分类标准与内容设计见表3-1。

表3-1　　　　　　　　**企业环保投资绩效评价项目的内容**

一级分类	二级分类	三级分类	
环保投资经济绩效（X）	经济效益	X01	企业环保投资带来收入的增加
		X02	企业环保投资带来费用的减少
		X03	企业环保投资带来成本的降低
		X04	企业环保投资带来综合产值或综合经济效益的增加
环保投资社会绩效（Y）	与外部利益相关者之间的互动	Y01	企业环保投资对社会产生正面影响
		Y02	消费者（顾客）对企业积极有效的环保投资行为具有良好的评价
		Y03	周边环境(社区、居民)对企业积极有效的环保投资行为具有良好的评价
		Y04	投资者（股东）对企业积极有效的环保投资行为具有良好的评价
		Y05	债权人（银行等）对企业积极有效的环保投资行为具有良好的评价
		Y06	政府对企业积极有效的环保投资行为具有良好的评价

一级分类	二级分类	三级分类	
环保投资环境绩效（Z）	环境管理	Z01	企业实施环境或生态保护规划、制度、政策或方案
		Z02	企业有效地推行绿色办公
		Z03	企业建立环境管理组织机构，完善环境经营管理体系
		Z04	企业按照国家环境保护相关标准、ISO14000环境管理认证体系或其他环境管理认证体系等开展环境管理工作
		Z05	企业强化环境守法，避免环境事故、环境诉讼或纠纷、环保行政处罚的发生
		Z06	企业进行环境管理创新，加强环保工作的有效管理
		Z07	企业开展关于环保方面的宣传、培训、教育和公益等工作，促进环境信息的公开与交流
	降污减排	Z08	企业环保投资使废气排放达标、减排或有效处理
		Z09	企业环保投资使废水排放达标、减排或有效处理
		Z10	企业环保投资使固体废弃物排放达标、减排或有效处理
		Z11	企业环保投资有效地控制和处理噪声污染
		Z12	企业环保投资强化对危险化学品和危险废弃物的管理，有效处理有毒有害的化学物质
		Z13	企业环保投资推进循环经济，开展资源、能源的回收与循环使用工作，提高资源和能源的利用率或重复利用率
	节能降耗	Z14	企业环保投资实现原材料和资源的节约，提高原材料的重复利用率和资源的利用效率
		Z15	企业环保投资努力地促进水资源的节约，提高水资源的利用效率
		Z16	企业环保投资实现能源（除水）的节约，提高能源的利用效率
		Z17	企业采用先进的环保设施，对环保设施和环保系统进行改造，以提高环保设备的运行效率，最大限度地减少资源和能源的消耗
		Z18	企业环保投资研发和采用先进的环保技术和环保工艺，积极开展清洁生产工作
	生态保护	Z19	企业开展厂区或周边生态环境治理工作
		Z20	企业参与保护生物多样性活动

29

注：表中的一级分类为最高层（目标层），二级分类为中间层（准则层），三级分类为最底层（方案层）。

　　本书采用这种"定性化"而非"定量化"，或者二者相结合的方式评价企业的环保投资绩效，主要是基于以下现实因素的考虑：

　　第一，定量化披露和评价企业环保投资绩效的前提是绩效计量技术与测度标准的全面和有效实行。然而，我国现阶段尚未建立企业环境会计准则和环境会计基本制度，企业在对相关环境会计业务与事项进行确认和计量时没有统一的执行标准。因此，本书不仅无法区分和获得企业环境治理的相关财务数据，而且难以对企业之间、行业之间、地区之间的环境治理定量数据进行横向比较。

　　第二，上市公司披露的《企业社会责任报告》、《环境报告书》和《可持续发展报告》是当前获取企业环保投资信息的主要来源，而这些报告中披露的环保信息多以定性描述为主，缺乏系统的定量化环保信息。因此，本书无法采用定量化数据来衡量和评价企业的环保投资绩效。

　　第三，政府针对企业的环境保护标准与环境管制要求存在着明显的行业性差异、地区性差异和企业个体性差异，造成不同行业、地区和企业个体在污染物类型、废物排放要求和有效治理标准等方面存在很大不同。若采用"定量化"评价标准来衡量企业的环保投资绩效，那么就应在考虑这些差异的基础上建立不同标准的企业环保投资绩效项目评价体系。显然，这种评价方法在实际操作中不仅针对性不强，而且可取性不大。因此，在通常情况下，若考虑全行业的评价标准，可以采用"定性化"评价方式；若只针对单一行业，则采用"定量化"评价方式较佳。此外，本书无法从企业公开披露的报告中将这些各类定量化环保信息存在的上述差异进行准确的区分与比较，加上本书只考虑构建适用于各地区和各行业的企业环保投资绩效评价项目标准。因此，在当前无法将不同量纲环保信息进行统一评价的情况下，采用"达标基数"这种"0-1"信息披露评分方式评价企业环保投资绩效无疑成为一种最可取、最可行、最有效的途径，而且本书在统计分析中充分考虑了样本间的行业性差异、地区性差异和个体性差异。

　　总而言之，本书设计的企业环保投资绩效评价项目体系既可以将企业环保投资绩效从抽象模糊的概念内容中找出可量化、可操作的评价项目，并能使之与企业披露的相关环境治理与环保投资信息相结合，从而真实和全面地考核企业环保投资绩效和了解企业环保投资的现状，同时又能全面综合地反映企业环保投资的"三重效益"，即环境效益、社会效益和经济效益，进而较好地评估和展现企业环保投资的成效、体现企业环保投资的重要性与价值、丰富企业投资的概念与外延。

3.2 ———— 企业环保投资绩效评价项目的问卷调查 ————

3.2.1　问卷设计与回收情况

在研究过程中，我们通过发放调查问卷的方式，让每一位被调查者根据自己的专业知识、工作经验和理解对企业环保投资绩效评价项目的重要性程度进行评分。其目的和意义在于：一方面，可以根据被调查者对环保投资绩效评价项目的打分情况以及对调查问卷的信度检验，判断本书构建的企业环保投资绩效评价项目是否具有合理性、完整性和有效性；另一方面，可以根据被调查者的打分对企业环保投资绩效评价项目进行程度分析，进而根据每一项目的重要性程度赋予相应的权重，从而为企业环保投资绩效指数和环保投资效率指数的构建提供更准确的计量。

在现代调查研究中，Likert量表法是用来测试人们对某事物进行评价时所持态度的一种常用方法。该量表的基本形式是由一系列陈述性项目组成，各项目均具有"非常同意""同意""不确定""不同意""非常不同意"五种选择性回答，并分别赋予5分、4分、3分、2分、1分。各被调查者对同一框架下的每个项目回答后，若将其分值累加起来，即可得到被调查者对该项目的态度总分值。若将所有被调查者的态度分值进行平均，则可以得出被调查者对该评价项目的整体态度。标准的Likert量表共有五个等级，但在实际运用中，可以根据需要适当简化或增加等级，如3级量表法、7级量表法和9级量表法。为更真实和准确地反映人们对本书所构建的企业环保投资绩效评价项目的认同度，本书采用7级Likert量表法。调查问卷的设计情况及内容见附录1。

在调查对象的选择上，我们主要针对以下群体：一是某财经类高校经济类和财会类专业的硕士生、博士生，具有这些专业背景的研究生对环境保护和环保投资具有较明确的认识和理解；二是企业工作人员，他们可以凭借自己的工作经验，甚至根据了解到的企业环保意识程度以及环境治理的实际情况，对企业环保投资绩效评价项目的认同度和重要性程度做出较客观而准确的回答。我们于2012年6月至8月间共发放了260份调查问卷，回收230份。其中，有效问卷222份，问卷总回收率为88.46%、有效回收率85.38%、回收问卷总有效率为96.52%。

3.2.2　问卷调查的数据特征

一般而言，被调查者之间具有许多差异特征，如处于不同年龄段、不同学历层次、不同专业背景、不同单位性质、不同行业属性、不同职位等。这些差异往往会造成他们在环境保护意识、企业环保投资行为等方面存在不同的认识和理解。因此，考虑被调查者的这些差异特征，扩大被调查者的范围，有助于更准确地对企业环保投资绩效评价项目的重要性程度进行分析。我们对回收的调查问卷进行了数据统计与整理，统计结果见表3-2至表3-7。

1）被调查者基本信息的描述性统计

表3-2的数据显示：被调查者的年龄段集中在20～29岁，占全部被调查者的比例为79.28%；30～39岁年龄段的被调查者位居其次，占比为16.22%。这两个年龄段的被调查者所占比例合计95.50%，这说明本次调查对象基本上属于中青年人群。

表3-2　　　　　　　　被调查者的年龄结构分布情况

序 号	年 龄	人 数	所占比例（%）
1	20岁以下	2	0.90
2	20～29岁	176	79.28
3	30～39岁	36	16.22
4	40～49岁	7	3.15
5	50岁及以上	1	0.45
合 计		222	100.00

表 3-3 的数据显示：被调查者的学历结构集中在专科或本科、硕士层次，二者所占全部被调查者的比例分别为 46.40%、44.59%，合计 90.99%，说明绝大多数的被调查者具有高校教育背景。

表 3-3　　　　　　　　**被调查者的学历结构分布情况**

序　号	学　历	人　数	所占比例（%）
1	专科或本科	103	46.40
2	硕　士	99	44.59
3	博　士	18	8.11
4	其　他	2	0.90
合　计		222	100.00

表 3-4 的数据显示：在被调查者的专业背景构成中，财会审计类的占比为 43.69%，是被调查者中占比最高的；其他专业分布情况为：理工类（18.92%）、经济类（12.61%）、"其他"类（12.62%）和企业管理类（12.16%）。显然，被调查者所学专业的结构分布较广。

表 3-4　　　　　　　　**被调查者所学专业的结构分布情况**

序　号	专　业	人　数	所占比例（%）
1	理工类	42	18.92
2	经济类	28	12.61
3	企业管理类	27	12.16
4	财会审计类	97	43.69
5	其　他	28	12.62
合　计		222	100.00

表 3-5 的数据显示：在被调查者所处单位性质的分布中，占比最高的是"其他"类（36.49%），因为这类被调查者主要是高校学生，他们还没有工作单位；其他各类单位性质的分布情况如下：国有企业（27.93%）、民营企业（17.12%）、行政事业单位（9.91%）、中外合资/合作企业（4.50%）和外商独资企业（4.05%）。显然，被调查者的工作单位性质分布非常全面。

表 3-5　　　　　　被调查者所处工作单位的性质分布情况

序　号	工作单位性质	人　数	所占比例（%）
1	国有企业	62	27.93
2	民营企业	38	17.12
3	中外合资/合作企业	10	4.50
4	外商独资企业	9	4.05
5	行政事业单位	22	9.91
6	其　他	81	36.49
合　计		222	100.00

　　表 3-6 的数据显示：在被调查者工作单位所属行业类别中，除比例最高的综合类（39.64%）和比例最低的采掘业（0.00%）外，其他行业的占比均不高，这说明被调查者所处工作单位的行业分布非常广泛。

表 3-6　　　　　　被调查者所处工作单位的行业分布情况

序　号	工作单位所属行业	人　数	所占比例（%）
1	农、林、牧、副业	14	6.31
2	采掘业	—	—
3	制造业	22	9.91
4	电力、煤气及水的生产和供应业	14	6.31
5	建筑业	16	7.21
6	交通运输、仓储业	6	2.70
7	信息技术业	29	13.06
8	批发和零售贸易业	8	3.60
9	金融、保险业	16	7.21
10	房地产业	3	1.35
11	社会服务业	4	1.80
12	传播与文化产业	2	0.90
13	综合（含行政事业单位、高校、医院）	88	39.64
合　计		222	100.00

表3-7的数据显示：在被调查者的职位情况中，除"其他"类的占比为43.69%外，环保管理人员和环保技术人员的占比非常低，而其他管理人员和其他技术人员的比例合计31.54%，财会审计人员的占比为24.32%，这说明2/3以上的被调查者没有从事环境保护的管理工作和技术工作。

表3-7 被调查者的工作职位分布情况

序 号	职 位	人 数	所占比例（%）
1	环保管理人员	1	0.45
2	其他管理人员	34	15.32
3	环保技术人员	—	—
4	其他技术人员	36	16.22
5	财会审计人员	54	24.32
6	其 他	97	43.69
合 计		222	100.00

2）企业环保投资绩效评价项目的程度分析

根据被调查者对企业环保投资绩效评价项目的认同程度，初步判断企业环保投资绩效中环境绩效、社会绩效与经济绩效之间的相对重要性程度。

从表3-8中可以发现以下规律：第一，除X02的平均值为4.96外，其他各项目的平均值都大于5.00；各项目的中位数都处于5.00～7.00的范围内，这在很大程度上反映出被调查者普遍对企业环保投资绩效评价项目具有较高的认同度。因而本书对企业环保投资绩效评价项目的设计具有合理性，环境绩效、社会绩效和经济绩效都应作为企业环保投资绩效考核的重要内容。第二，从企业环保投资绩效各板块的取值来看，经济绩效各项目的取值明显小于社会绩效和环境绩效相应项目的取值，这说明被调查者普遍认为企业通过环保投资行为所取得的环境绩效和社会绩效应大于经济绩效。可见，企业环保投资符合"投资说"和追求综合效益目标这两个假设前提。

表 3-8 企业环保投资绩效评价项目的基本情况

项 目	有效问卷数	最小值	最大值	中位数	平均值	标准差
X01	222	1	7	6	5.418919	1.568988
X02	222	1	7	5	4.959459	1.620897
X03	222	1	7	5	5.036036	1.608394
X04	222	1	7	6	6.130631	1.070399
Y01	222	1	7	7	6.630631	0.710973
Y02	222	4	7	7	6.436937	0.726415
Y03	222	3	7	7	6.454955	0.758212
Y04	222	2	7	6	6.058559	1.089312
Y05	222	1	7	6	6.031532	1.098702
Y06	222	3	7	7	6.630631	0.671702
Z01	222	2	7	7	6.324324	0.919002
Z02	222	1	7	7	6.360360	0.880074
Z03	222	2	7	6	6.193694	1.003774
Z04	222	2	7	7	6.315315	0.922146
Z05	222	3	7	7	6.540541	0.715488
Z06	222	3	7	6	6.310811	0.794649
Z07	222	2	7	6	6.220721	0.917859
Z08	222	4	7	7	6.509009	0.703842
Z09	222	3	7	7	6.522523	0.734993
Z10	222	2	7	7	6.509009	0.741412
Z11	222	3	7	7	6.477477	0.741124
Z12	222	3	7	7	6.675676	0.618891
Z13	222	1	7	7	6.463964	0.848773
Z14	222	4	7	7	6.558559	0.640767
Z15	222	4	7	7	6.590090	0.644146
Z16	222	3	7	7	6.563063	0.681418
Z17	222	2	7	6	6.261261	0.919489
Z18	222	3	7	7	6.252252	0.941439
Z19	222	2	7	7	6.315315	0.912279
Z20	222	1	7	6.5	6.076577	1.198978

3.2.3 问卷调查项目的信度检验与效度检验

信度与效度是评估问卷调查质量的两项重要指标，信度是效度的基础。因此，为保证研究成果的准确性和科学性，任何问卷调查都应进行信度检验和效度检验，只有问卷调查的可信度和有效度达到一定标准后才能进行正式测量。本书在此简要介绍信度分析与效度分析的基本原理和方法，并结合前文对企业环保投资绩效评价项目的设计，采用SPSS13.0统计软件，对本书设计的企业环保投资绩效评价项目进行必要的信度检验和效度检验。

1）企业环保投资绩效评价项目的可信度检验

限于调查对象的局限性，我们既无法自由选择测量时间，也不能很好地设计出两套内容相当、难度相近的调查问卷。因此，本书采用Cronbach α 系数法来测量企业环保投资绩效评价项目之间的内部一致性，其检验结果见表3-9。从环保投资绩效的总维度来看，标准化前与标准化后的 α 值均大于0.90；从环保投资绩效三大板块的子维度来看，标准化前与标准化后的 α 值均大于0.80；这充分表明本书设计的企业环保投资绩效评价项目达到了信度要求，评价项目之间具有相当高的内部一致性和同构性。因此，整体而言，本书构建的企业环保投资绩效评价项目具有较高的可信度。但从构成企业环保投资环境绩效的四大板块来看，只有生态保护这一维度的 α 值大于0.70，但仍处于可接受的取值范围。正如前文所述，生态保护应是企业环保投资环境绩效评价的重要组成部分，而这也正是当前许多研究机构和学者在探讨企业环境绩效时未加考虑之处。为较全面和有效地评价企业的环保投资绩效，本书并没有单纯为提高 α 值而对已构建的企业环保投资绩效评价项目进行选择性删减。

此外，一份调查问卷的信度除受其研究对象本身特征的影响之外，还会受到被调查者差异的影响。一般而言，被调查者间的差异越大，对问题的看法和评价越不一致，从而问卷的信度也就越高（林震岩，2007）。此时，Cronbach α 系数与被调查者的异质性存在联系。我们从被调查者的角度对调查问卷可信度进行了一定的检验，检验结果见表3-10。从企业

表3-9 调查问卷的信度检验结果

测量维度	项目构成	项目题数	标准化前的 α 值	标准化后的 α 值
环保投资经济绩效（X）	X01~X04	4	0.835	0.836
环保投资社会绩效（Y）	Y01~Y06	6	0.834	0.840
环保投资环境绩效（Z）	Z01~Z20	20	0.949	0.952
其中：环境管理	Z01~Z07	7	0.897	0.897
降污减排	Z08~Z13	6	0.906	0.910
节能降耗	Z14~Z18	5	0.849	0.863
生态保护	Z19~Z20	2	0.705	0.722
企业环保投资总绩效		30	0.934	0.947

38 环保投资绩效评价项目各维度下的弗里德曼（Friedman）检验结果可知，Friedman 卡方值均在1%的显著性水平上通过了统计检验，这说明本书的调查对象之间具有较大差异，问卷调查的可信度得到了保证。

表3-10 被调查者异质性的 Friedman 检验结果

测量维度	项目构成	平方和	自由度	平方和均值	Friedman 卡方值	P 值
环保投资经济绩效（X）	X01 ~ X04	190.913	3	63.638	65.481	0.000
环保投资社会绩效（Y）	Y01 ~ Y06	79.703	5	15.941	39.409	0.000
环保投资环境绩效（Z）	Z01 ~ Z20	107.089	19	5.636	15.567	0.000
其中：环境管理	Z01 ~ Z07	16.896	6	2.816	8.078	0.000
降污减排	Z08 ~ Z13	6.481	5	1.296	6.245	0.000
节能降耗	Z14 ~ Z18	26.373	4	6.593	23.200	0.000
生态保护	Z19 ~ Z20	6.327	1	6.327	12.246	0.001
环保投资总绩效		1162.450	29	40.084	65.008	0.000

2）企业环保投资绩效评价项目的效度检验

针对本书构建的企业环保投资绩效评价项目体系，我们主要采用专家判断法对调查问卷的项目构成进行内容效度检验。

本书在初步设计企业环保投资绩效的通用项目评价体系时，首先，以企业环保投资的"投资说"和追求综合效益的环保投资目标为假设前提，结合《可持续发展报告指南》、《中国企业社会责任报告编写指南（CASS-CSR2.0）》、《企业环境报告书编制导则》和《上海证券交易所上市公司环境信息披露指引》等中有关企业环境绩效评价的内容，明确地将企业环保投资绩效分为环境绩效、社会绩效和经济绩效三大板块，其中环境绩效板块包含环境管理、降污减排、节能降耗和生态保护四个小板块，各大小板块又由若干具体项目组成。可以说，本书构建的企业环保投资绩效评价项目内容既具有坚实的理论基础，又参考和完善了国内外知名研究机构相关研究成果，这在一定程度上保证了调查问卷的内容效度。

其次，我们组织了一次小型学术研讨会议，邀请环境管理与环境会计领域多名专家、研究人员和学者对本书构建的企业环保投资绩效评价项目体系和环保投资效率指数的思路与方法进行了讨论与交流。在研讨过程中，各位与会者对企业环保投资绩效评价的理论依据、问卷调查项目设计的合理性和完整性等进行了评价，并提出了中肯的修改建议。

最后，我们通过咨询统计专家对企业环保投资绩效评价项目的完整性、有效性和可操作性进行了分析和预测。

经过以上程序，我们对初步设计的企业环保投资绩效评价项目体系所涵盖的范围和具体项目进行了修改和完善，最终将企业环保投资绩效评价内容界定为三大板块共30个项目。因此，本书研究过程的问卷调查项目具有很好的内容效度。

目前，国内外有关企业环保投资研究的文献有限，而且对企业环保投资绩效评价的探讨仍处于空白状态。因此，我们无法选取合适的效标和采用因子分析法对企业环保投资绩效评价项目的测量结果进行效标关联效度检验和建构效度检验。然而，从企业环保投资绩效评价项目之间的相关性强度来看，同一层次下的项目之间具有较高的相关性，而不同层次下的项目之间表现出较低的相关性，这在一定程度上可以表明本书构建的企业环保投资绩效评价项目具有较高的收敛效度与区别效度。

3.3 ——— 企业环保投资效率评价指数的确立 ———

基于本书设计企业环保投资绩效评价项目的思路与方法，结合前文对调查问卷的信度检验与效度检验结果，可以说明本书构建的企业环保投资绩效评价项目体系既具有坚实的理论基础，又有较高的可信度和有效度。因此，可以根据环保投资绩效评价标准，对企业环保投资行为所取得的实际成效与环保投资绩效评价项目进行一一比照，并将符合要求的项目赋值，从而确定出企业环保投资绩效指数。这种以项目打分和分值汇总形式得出的企业环保投资绩效指数是计量企业环保投资绩效水平和企业环保投资效率的基础。通常情况下，被调查者对各项目的认同度存在差异，即人们对环保投资绩效评价项目之间的重要性程度有着不同的认识。因此，本书对各项目赋予不同的权重，以区分各项目的相对重要性，从而更准确地反映企业环保投资绩效的水平。

3.3.1 企业环保投资绩效指数的确定

本书确定企业环保投资绩效指数（EPIP）的过程如下：

首先，确定环保投资绩效评价项目的权重（W）。本书采用加权汇总权数的方法来设置企业环保投资绩效评价项目的权重①。结合前文对企业环保投资绩效评价项目采用的 7 级 Likert 量表法，将 222 份有效问卷中的每个环保投资绩效评价项目进行加权平均，计算出每个项目的均值指数，进而确定出每个项目的指数权重。企业环保投资绩效评价项目的指数权重见表 3-11。

---

① 国内学者王建明（2008）采用同样的方法确定环境信息披露项目的权重，但他采用 6 级 Likert 量表法，缺少"不确定"这一程度评价选项，而本书采用的是 7 级 Likert 量表法。

表 3-11　　　　　　　企业环保投资绩效评价项目的指数权重

项目	平均值	指数数值	指数权重	项目	平均值	指数数值	指数权重
X01	5.418900	2.885030	0.865509	Z06	6.310800	3.359873	1.007962
X02	4.959500	2.640414	0.792124	Z07	6.220700	3.311909	0.993573
X03	5.036000	2.681184	0.804355	Z08	6.509000	3.465394	1.039618
X04	6.130600	3.263946	0.979184	Z09	6.522500	3.472589	1.041777
Y01	6.630600	3.530145	1.059044	Z10	6.509000	3.465394	1.039618
Y02	6.436900	3.427023	1.028107	Z11	6.477500	3.448607	1.034582
Y03	6.455000	3.436616	1.030985	Z12	6.675700	3.554127	1.066238
Y04	6.058600	3.225574	0.967672	Z13	6.464000	3.441412	1.032424
Y05	6.031500	3.211185	0.963356	Z14	6.558600	3.491774	1.047532
Y06	6.630600	3.530145	1.059044	Z15	6.590100	3.508562	1.052568
Z01	6.324300	3.367068	1.010120	Z16	6.563100	3.494172	1.048252
Z02	6.360400	3.386254	1.015876	Z17	6.261300	3.333493	1.000048
Z03	6.193700	3.297520	0.989256	Z18	6.252300	3.328697	0.998609
Z04	6.315300	3.362272	1.008681	Z19	6.315300	3.362272	1.008681
Z05	6.540500	3.482181	1.044654	Z20	6.076600	3.235167	0.970550

41

注："平均值"一栏是根据被调查者的打分对每个项目求出的平均数，各项目打分平均数的总分值为187.828829；为将项目总权重调整为100，须根据总分值求出权重调整值（100/187.828829=0.532399）；"指数数值"一栏是各项目打分平均值乘以权重调整值（0.532399）而来，各项目指数数值的平均数为3.333333；"指数权重"一栏是各项指数数值与平均指数数值相除而得出的数值，该值代表各项目的权重。

从表 3-11 中可以看出，企业环保投资经济绩效评价项目（X01～X04）被赋予的指数权重基本上小于社会绩效评价项目（Y01～Y06）和环境绩效评价项目（Z01～Z20）的指数权重，这说明被调查者普遍认为企业环保投资取得的环境绩效和社会绩效应优先于经济绩效。此外，本书计算出的各类环保投资绩效权重之和如下：3.441172（经济绩效）、6.108207（社会绩效）、7.070123（环境管理绩效）、6.254257（降污减排绩效）、5.147009（节能降耗绩效）、1.979232（生态保护绩效）、20.450621（环境绩效）。

其次，确定企业环保投资绩效的初始得分值（T）。本书以所构建的30个企业环保投资绩效评价项目为标准，从每个企业披露的《企业社会责任报告》、《可持续发展报告》和《环境报告书》中查阅有关企业环境治理和环保投资的信息。如前文所述，本书对企业环保投资绩效项目的评价采取"定性"赋值的方式，即如果企业达到或完成某项项目的标准时，计1分；否则，计为0分。

最后，计算企业环保投资绩效指数的取值（EPIP）。将每个企业的环保投资绩效评价项目得分与相应项目的指数权重相乘，得出各项目的指数取值，然后将各项目指数数值进行累加，汇总后的取值就是每个企业的环保投资绩效指数值。其计算公式如下：

$$EPIP = \sum_{i=1}^{30} T_i \times W_i \quad （其中，i 为项目个数，1 \leqslant i \leqslant 30） \qquad 公式（3-1）$$

3.3.2　企业环保投资效率指数的确定

从理性"社会经济人"的角度来看，企业需要表现出"社会人"的一面，但在现实中企业更多地体现为"经济人"特征，追求经济利益、提高经营效率和业绩质量是企业永恒的目标。若企业单纯地考虑企业环保投资的绩效，而忽视环保投资绩效与环保投入之间的内在关联，这不仅不符合企业财务管理的目标和投资的根本特征，而且有悖于企业的本质特征。可见，企业环保投资行为既应保证环保投资绩效最大化，也应追求环保投资效率最优化。本书依据经济学中的"效率"概念和经济计量模型中的"投入产出法"核心思想，将企业环保投资效率界定为企业的环保投资产出与环保资金投入之比，即：环保投资效率=环保投资绩效/环保投入。将环保投资绩效和环保资金投入同时纳入企业环保投资绩效考核中能更准确地衡量和评价企业环保投资绩效的质量。

构建企业环保投资效率指数（EPIE）的关键之处体现在以下两方面：一是确定企业环保投资绩效与环保投入各自的取值，本书将企业环保投资绩效指数值和实际环保投资金额分别作为企业环保投资效率指数公式中的分子与分母；二是因企业环保投资绩效指数的计量单位是分，环保投资额的单位是人民币元，二者存在不同的量纲，因此需要解决环保投资绩效与环保投入之间的量纲问题。为解决这一问题，本书采用如下两种方法：第一，以二者相比的形式直接确定企业环保投资效率指数值，但环保投资额的单位为人民币万元，这能在很大程度上减弱环保投资额对环保投资效率指数公式的规模影响；第二，对企业环保投资绩效指数和环保投入均进行无量纲化处理，由于环保投资效率指数公式中的分子与分母可能存在较强的相关性，而且常用的"极值法"和"标准化法"并不能有效解决无量纲化处理后该公式单调性变化的问题。基于此，考虑到企业环保投资与环保投资绩效之间存在紧密的内在联系，本书采取求二者自然对数的办法实现数据的无量纲化，然后直接将二者的自然对数取值进行相比，其比值代表企业环保投资效率。为确保企业环保投资与环保投资绩效的相关性以及环保投资效率指数为正的取值，还必须满足环保投资效率指数公式中分子大于0和分母大于1的硬性要求。具体的计算公式如下：

$$EPIE = \frac{EPIP}{EPI}$$（其中，$EPIP$、EPI的单位分别为分、万元）　　　公式（3-2）

$$EPIE = \frac{LnEPIP}{LnEPI}$$（其中，$EPIP > 1$，$EPI > e$，e为自然对数的底数）公式（3-3）

第 4 章

企业环保投资及其效率的现状分析

本章以披露环保投资信息的上市公司为样本，对我国上市公司的环保投资及其效率的现状与特点进行描述分析，主要包括企业环保投资的结构与分布特征和企业环保投资效率的行业特征、地区特征、产权特征、股权特征等。

4.1 —————— 企业环保投资的结构与分布特征 ——————

企业环保投资决策作为企业投资决策的重要组成部分，其投资行为与投资效率不仅受到企业自身特征的影响，还受到行业属性、地区特征、国家宏观调控政策和资本市场环境的影响。

4.1.1　样本选择与数据来源

《企业社会责任报告》、《可持续发展报告》和《环境报告书》是本书从公开渠道中获取上市公司环境治理与环保投资信息的主要来源。本书从深圳证券交易所（以下简称"深交所"）与上海证券交易所（以下简称"上交所"）的官方网站、巨潮网、企业社会责任网中共下载了近2 000份A股上市公司的《企业社会责任报告》、《可持续发展报告》和《环境报告书》。

第4章　企业环保投资及其效率的现状分析

　　本书以自愿披露了《企业社会责任报告》、《可持续发展报告》和《环境报告书》的我国A股上市公司为初始研究样本，并对样本进行了以下筛选：第一，在近2 000份《企业社会责任报告》、《可持续发展报告》和《环境报告书》中，经过统计发现，2008—2011年间披露环保投资额的样本量占披露报告总样本量的比例在30%左右，说明大部分上市公司没有披露企业环保投资额的数据，因而我们剔除了这些未披露环保投资额数据的企业；第二，由于金融证券类企业具有特殊的行业属性与经营特征，本书剔除了这些企业；第三，因为本书需要采用某些财务数据作为参考依据，所以剔除了这些财务数据缺失的企业。此外，部分上市公司虽未披露某年度的《企业社会责任报告》，或者在某年度的报告中没有披露当年的环保投资额数据，但它们在其他年份的报告中进行了附带披露，如格林美（证券代码：002340）虽然没有披露2008年《企业社会责任报告》，但是在2011年的报告中披露了2008年的环保投资额数据。为保证样本量，本书保留了这些企业。经过以上样本筛选程序，本书最终获得2008—2011年间共计574个样本观测值。

　　2001年，中国证监会发布了《上市公司行业分类指引》，该指引以上市公司的营业收入为分类标准，将上市公司行业属性分为13个大类。本书采用这一行业分类方法，剔除金融证券业后，按照12个大类和10个制造业二级分类的标准对所有样本企业进行归类。从表4-1和表4-2中可以看出，样本企业的行业分布与年度分布具有以下特征：第一，虽然各年样本企业的行业分布较广泛，但多集中于采掘业、金属非金属、机器设备仪表、石油化学塑胶塑料、食品饮料等重污染行业；第二，各行业样本观测值随年份变动的幅度较小，这一方面说明上市公司对环保投资额数据的披露存在行业稳定性，另一方面表明上市公司对环保投资信息披露的重视程度在所观测年份中并未得到实质性提高；第三，在各年样本企业的行业分布中，制造业企业所占总样本的比例远高于非制造业企业，重污染行业企业所占总样本的比例高于非重污染行业企业，这在一定程度上反映出我国上市公司环保投资行为具有一定的行业性差异。

企业环保投资效率评价研究

表4-1　　　　　　　　　企业的行业与年度分布

行业及代码	年　份				合　计
	2008年	2009年	2010年	2011年	
农、林、牧、渔业（A）	0	1	4	2	7
采掘业（B）	13	10	15	18	56
电力、煤气及水的生产和供应业(D)	9	5	4	8	26
建筑业(E)	2	4	4	5	15
交通运输、仓储业(F)	7	10	9	8	34
信息技术业(G)	2	0	2	2	6
批发和零售贸易(H)	4	3	2	5	14
房地产业(J)	0	0	3	4	7
社会服务业(K)	0	2	4	5	11
传播与文化产业(L)	0	0	0	0	0
综合类(M)	3	1	3	3	10
食品、饮料(C0)	8	6	7	18	39
纺织、服装、皮毛(C1)	3	2	4	5	14
木材、家具(C2)	1	1	0	0	2
造纸、印刷(C3)	4	3	3	2	12
石油、化学、塑胶、塑料(C4)	12	6	15	17	50
电子(C5)	6	6	5	6	23
金属、非金属(C6)	27	26	30	30	113
机械、设备、仪表(C7)	16	20	29	30	95
医药、生物制品(C8)	9	9	10	11	39
其他制造业(C9)	1	0	0	0	1
全样本合计	127	115	153	179	574

46

表4-2　　　　　　　　　企业的行业属性分布

行　业	年　份				合　计
	2008年	2009年	2010年	2011年	
制造业	87（68.50%）	79（68.70%）	103（67.32%）	119（66.48%）	388（67.59%）
非制造业	40（31.50%）	36（31.30%）	50（32.68%）	60（33.52%）	186（32.41%）
重污染行业	82（64.57%）	66（57.39%）	86（56.21%）	105（58.66%）	339（59.06%）
非重污染行业	45（35.43%）	49（42.61%）	67（43.79%）	74（41.34%）	235（40.94%）

本书研究所采用的数据来源于以下几种途径：（1）上市公司环保投资额数据来自其披露的《企业社会责任报告》、《可持续发展报告》和《环境报告书》，并经过手工收集和整理；（2）市场化指数取自《中国市场化指数——各地区市场化相对进程2011年报告》（樊纲等，2011），由于该报告没有2010—2011年的市场化指数值，本书采用趋势预测法确定了2010—2011年的市场化指数值[①]；（3）财务数据来自于CSMAR数据库，数据的处理与统计分析采用了Excel 2003、SPSS 13.0和STATA 10.0软件。

4.1.2　企业环保投资的结构特征

1）企业环保投资结构的内容界定

为较全面地了解我国企业环保投资的现状，明确企业主体的环保投资行为所面临的内外部环境，有必要对企业环保投资的结构进行界定与分析，并在此基础上，进一步探讨企业在行业属性、行业发展阶段、地区差异、地区市场化进程、股权集中度、成长性等方面所体现出的环保投资分布特征，从而为后文探讨企业环保投资行为及效率的影响因素奠定基础。

根据第1章对企业环保投资的理论分析，企业环保投资体现出"投资说"和多元化目标的特征。就环保投资结构和内容而言，国家环保总局（1999）提出，环保投资资金主要用作污染防治费用、保护和改善生态环境支出以及与环保活动相关的其他资金支出。企业作为资源能源的消耗者和环境污染的制造者，其环保投资支出主要包括环保设备的投资、清洁生产技术的研发投资（王京芳等，2008）以及缴纳的环境税（陆旸和郭路，2008）。2012年7月，国务院发布《"十二五"国家战略性新兴产业发展规划》，明确将节能环保产业列为国家七大战略性新兴产业之首，提出环保产业应着重开展污染物防治与安全处置活动，采用高效节能技术和装备，推行清洁生产和低碳技术，强化资源回收与循环利用。本书结合我国上市公司在《企业社会责任报告》中披露的环境治理信息与环保投资信

47

---

① 具体而言，将各省（市、区）2007—2009年市场化指数的平均增长率作为2010年市场化指数值的增长率，并以2009年的市场化指数值作为2010年取值的计算基础。同样地，2011年的市场化指数值由2008—2010年市场化指数的平均增长率与2010年市场化指数计算而来（下同）。该方法已得到我国多数学者的认可，如俞红海等（2010）。

息,研究发现上市公司的环保投资支出多集中在环保技术研发支出、环保设施及系统改造支出、污染治理支出等方面。结合前文对企业环保投资结构的分析,基于实用性和合理性的原则,本书将企业环保投资支出分为以下七类:环保技术的研发与改造支出、环保设施及系统的投入与改造支出、污染治理支出、清洁生产支出、环境税费、生态保护支出和其他①。不难看出,现阶段的上市公司环保投资结构多体现出"费用说"和以"降污减排、节能降耗"为导向的特征。

2)企业环保投资结构的样本分布

根据统计结果见表4-3,可以发现我国A股上市公司的环保投资结构具有以下现象和特点:在574家总样本中,近2/3的企业进行了环保设施及系统的投入与改造,多于1/3的企业开展了污染治理,1/4左右的企业对清洁生产和环保技术的研发与改造进行了投入,而企业在环境税费、生态保护和其他三方面的投入很少。而且,从年度变化趋势来看,每项环保投资结构在各年所含的样本比例比较接近。以上统计分析表明:"环保设施及系统的投入与改造支出"是上市公司环保投资的主要内容,而"污染治理支出""清洁生产支出""环保技术的研发与改造支出"构成了企业环保投资的重要内容。同时,我国上市公司的环保投资结构明显地表现出以"降污减排、节能降耗"为导向的特征,这或许与现行的政府环境政策强调治污的重要性有关(沈能,2012),因而我国企业环保投资行为表现出明显的"费用说"特征。

3)企业环保投资结构的资金配置

为了解我国上市公司环保投资资金的配置情况与投资的侧重点,本书进一步探讨了企业环保投资结构的资金分布特征。然而,我们在查阅企业环保投资和环境治理相关信息时发现,虽然不少样本企业披露了环保投资总额,但并没有完整地披露每项环保投资结构的明细金额。鉴于此,我们

---

① 需要特别说明的是,《中国21世纪议程》(1994)中对"清洁生产"定义为:既可满足人们的需要又可合理使用自然资源并保护环境的实用生产方法和措施,其实质是通过对物料、能耗和产品进行全过程的规划与管理,最终实现废物减量化、资源化和无害化,甚至将污染物消灭于生产过程之中。因此,为区别于"环保技术的研发与改造支出"、"环保设施及系统的投入与改造支出"和"污染治理支出",本报告将"清洁生产支出"界定为对企业的(产品)生产过程进行的环境污染控制而发生的成本费用,具体而言,清洁生产过程主要涉及原材料、能源和中间产品的回收与循环利用。显然,"清洁生产支出"体现出"节能降耗"的特征。"生态保护支出"是指企业直接或间接参与生态保护活动而发生的支出。"其他"反映的是企业间接参与环境保护而发生的支出,如因参与开发新能源、向环保基金会捐款、投资环境公司等而发生的支出。

表 4-3　　　　　企业环保投资结构的内容构成与样本分布

环保投资内容	2008 年		2009 年		2010 年		2011 年		合计	
	样本量	比例	样本量	比例	样本量	比例	样本量	比例	样本量	比例
环保技术的研发与改造支出	29	22.83%	26	22.61%	45	29.41%	41	22.91%	141	24.56%
环保设施及系统的投入与改造支出	88	69.29%	77	66.96%	103	67.32%	110	61.45%	378	65.85%
污染治理支出	50	39.37%	34	29.56%	60	39.22%	72	40.22%	216	37.63%
环境税费	3	2.36%	4	3.48%	7	4.58%	8	4.47%	22	3.83%
清洁生产支出	24	18.90%	30	26.09%	54	35.29%	49	27.37%	157	27.35%
生态保护支出	10	7.87%	20	17.39%	25	16.35%	37	20.67%	92	16.03%
其 他	5	3.94%	6	5.22%	11	7.19%	18	10.06%	40	6.97%

注：2008—2011 年的样本量分别为 127 家、115 家、153 家、179 家，四年合计 574 家。表中的"比例"表示各年的样本量与当年总样本量的比值。

从总样本中剔除了这些没有披露或者无法区分环保投资结构明细支出金额的样本，最终得到 404 家研究样本。

49

对我国企业环保投资结构的规模分布进行描述性统计分析见表4-4。

表4-4　　　　　企业环保投资结构的规模分布1

环保投资结构	年份	观测值	平均值	标准差	中位数	最小值	最大值
环保技术的研发与改造支出	2008	91	0.078418	0.245424	0.000000	0.000000	1.000000
	2009	91	0.131942	0.322375	0.000000	0.000000	1.000000
	2010	98	0.184541	0.373308	0.000000	0.000000	1.000000
	2011	124	0.155459	0.353110	0.000000	0.000000	1.000000
	小计	404	0.139863	0.331189	0.000000	0.000000	1.000000
环保设施及系统的投入与改造支出	2008	91	0.604911	0.440131	0.824561	0.000000	1.000000
	2009	91	0.559683	0.468174	0.806189	0.000000	1.000000
	2010	98	0.463277	0.464635	0.265187	0.000000	1.000000
	2011	124	0.471757	0.464349	0.407426	0.000000	1.000000
	小计	404	0.519498	0.462023	0.562957	0.000000	1.000000
污染治理支出	2008	91	0.184930	0.347441	0.260902	0.000000	1.000000
	2009	91	0.106748	0.274283	0.000000	0.000000	1.000000
	2010	98	0.075966	0.215628	0.000000	0.000000	1.000000
	2011	124	0.124285	0.291361	0.000000	0.000000	1.000000
	小计	404	0.122274	0.286922	0.556329	0.000000	1.000000
环境税费	2008	91	0.010238	0.077633	0.000000	0.000000	0.708707
	2009	91	0.000155	0.001477	0.000000	0.000000	0.014085
	2010	98	0.000000	0.000000	0.000000	0.000000	0.000000
	2011	124	0.005927	0.051450	0.000000	0.000000	0.540482
	小计	404	0.004160	0.046599	0.000000	0.000000	0.708707
清洁生产支出	2008	91	0.051952	0.202535	0.000000	0.000000	1.000000
	2009	91	0.095484	0.267646	0.000000	0.000000	1.000000
	2010	98	0.135988	0.324597	0.000000	0.000000	1.000000
	2011	124	0.086947	0.249837	0.000000	0.000000	1.000000
	小计	404	0.092883	0.265353	0.000000	0.000000	1.000000
生态保护支出	2008	91	0.052997	0.214045	0.000000	0.000000	1.000000
	2009	91	0.072503	0.238648	0.000000	0.000000	1.000000
	2010	98	0.108052	0.297039	0.000000	0.000000	1.000000
	2011	124	0.092131	0.275886	0.000000	0.000000	1.000000
	小计	404	0.082757	0.260431	0.000000	0.000000	1.000000
其他	2008	91	0.011581	0.104863	0.000000	0.000000	1.000000
	2009	91	0.032674	0.177176	0.000000	0.000000	1.000000
	2010	98	0.030670	0.170793	0.000000	0.000000	1.000000
	2011	124	0.061870	0.232900	0.000000	0.000000	1.000000
	小计	404	0.036398	0.182736	0.000000	0.000000	1.000000

从表4-4中可以发现，我国上市公司环保投资结构的资金配置及其规模分布存在以下现象和特征：

第一，从全样本中各项环保投资内容支出额所占环保投资总额的比例来看，"环保设施及系统的投入与改造支出"所占比例最高，平均值达0.519498，说明企业把一半以上的环保资金用来购买和改造环保设施及系统；"环保技术的研发与改造支出"和"污染治理支出"的平均值分别为0.139863、0.122274，二者取值基本相当；"清洁生产支出"和"生态保护支出"的平均值分别为0.092883、0.082757，二者取值不仅偏低，而且相差不大；"环境税费"和"其他"的平均值分别为0.004160、0.036398，二者取值均很低。可见，"环保设施及系统的投入与改造支出"是企业环保投资的重点。这与前文统计得出的"近2/3的企业进行了环保设施及系统的投入与改造"结论呈现出一致性，因而我国上市公司环保投资的主要方向和侧重点是对环保设施及系统的投入与改造。

第二，从全样本中各项环保投资内容支出额所占环保投资总额的平均值与中位数来看，"环保设施及系统的投入与改造支出"和"污染治理支出"的中位数（平均值）分别为0.562957（0.519498）、0.556329（0.122274）。显然，二者各自的中位数高于相应的平均值，这在一定程度上说明一半以上的企业在这两项环保投资内容方面投入了较多的资金；而其他各项环保投资内容的中位数小于平均值，说明多数企业在这些环保投资内容方面的投入力度不大。

第三，各项环保投资内容支出额所占环保投资总额比例的标准差较大，而且最小值与最大值相差也较大，这在一定程度上表明我国上市公司环保投资结构具有较突出的个体性差异。

此外，本书对上市公司环保投资结构的样本分布和规模分布作了进一步的统计与分析。因不少企业没有完整披露环保投资结构中各项内容的明细金额，本书只能从以上404家样本中选出对某项环保投资内容支出金额作了披露的企业作为研究样本，进而对该项环保投资内容的规模分布进行描述性统计分析见表4-5。

表4-5　　　　　　　企业环保投资结构的规模分布2

环保投资结构	年 份	观测值	平均值	标准差	中位数	最小值	最大值
环保技术的研发与改造支出	2008	13	0.610977	0.384975	0.714286	0.007458	1.000000
	2009	19	0.667032	0.403359	0.856375	0.004160	1.000000
	2010	23	0.806639	0.309595	1.000000	0.081448	1.000000
	2011	27	0.789330	0.364668	1.000000	0.004387	1.000000
	小计	82	0.737572	0.364441	0.984910	0.004160	1.000000
环保设施及系统的投入与改造支出	2008	65	0.862260	0.230687	1.000000	0.032258	1.000000
	2009	60	0.849263	0.289873	1.000000	0.009676	1.000000
	2010	63	0.754682	0.361722	1.000000	0.004602	1.000000
	2011	77	0.802546	0.315782	1.000000	0.005076	1.000000
	小计	265	0.816392	0.304701	1.000000	0.004602	1.000000
污染治理支出	2008	29	0.622946	0.367362	1.000000	0.011974	1.000000
	2009	17	0.571413	0.375586	0.522804	0.025608	1.000000
	2010	21	0.497387	0.339461	0.437701	0.046729	1.000000
	2011	28	0.584958	0.370793	0.559136	0.015733	1.000000
	小计	95	0.574773	0.360979	1.000000	0.011974	1.000000
清洁生产支出	2008	10	0.549079	0.408924	0.631579	0.021697	1.000000
	2009	15	0.582195	0.395910	0.431035	0.043934	1.000000
	2010	20	0.740089	0.343431	0.896689	0.010091	1.000000
	2011	18	0.641958	0.325011	0.745843	0.027635	1.000000
	小计	63	0.644139	0.360739	0.763158	0.010091	1.000000
生态保护支出	2008	7	0.688966	0.419571	1.000000	0.032033	1.000000
	2009	15	0.503940	0.440695	0.477196	0.002644	1.000000
	2010	16	0.667448	0.414969	0.965405	0.007379	1.000000
	2011	24	0.516661	0.447349	0.501816	0.004786	1.000000
	小计	62	0.571950	0.431268	0.792034	0.002644	1.000000
其 他	2008	3	0.351292	0.561982	1.000000	0.012553	1.000000
	2009	5	0.598918	0.531343	1.000000	0.013003	1.000000
	2010	5	0.605709	0.521486	1.000000	0.022911	1.000000
	2011	12	0.696828	0.404044	1.000000	0.060924	1.000000
	小计	25	0.617558	0.453461	1.000000	0.012553	1.000000
环境税费	小计	6	0.288201	0.277886	0.208710	0.014085	0.708707

注：由于明确披露了"环境税费"金额的样本只有6家，因而本书没有按年份对该项支出的基本统计量进行统计。

从表4-5中可以发现，我国上市公司的环保投资行为和环保投资结构还存在以下现象和特征：

第一，披露了"环保技术的研发与改造支出"金额的样本企业共有82家，该项投资的平均值与中位数分别为0.737572、0.984910，说明这些样本中的绝大多数企业把"环保技术的研发与改造支出"作为环保投资的主要内容。

第二，共有265家企业披露了"环保设施及系统的投入与改造支出"金额，该项环保投资支出的平均值与中位数分别为0.816392、1.000000，这表明这些样本中的绝大多数企业将其环保资金的绝大部分用于"环保设施及系统的投入与改造"方面。同时，这与前文"近2/3的企业进行了环保设施及系统的投入与改造"和"环保设施及系统的投入与改造支出所占环保投资总额的比例最高"的统计结论具有一致性。

第三，披露了"污染治理支出"金额的企业共有95家，该项支出的平均值（0.574773）远远小于中位数（1.000000）。可见，"污染治理支出"是这些样本中多数企业环保投资的重点。

第四，在总样本中共有63家企业披露了"清洁生产支出"金额，该项支出的平均值（0.644139）小于中位数（0.763158）。显然，这些样本中多数企业将"清洁生产支出"作为环保投资的重要内容。

第五，披露了"生态保护支出"金额的企业共有62家，该项支出的平均值（0.571950）远远小于中位数（0.792034），这表明这些样本中的多数企业将"生态保护支出"作为环保投资的重要内容。

第六，仅有6家样本企业披露了"环境税费"金额，而且该项环保投资支出的平均值（0.288201）与中位数（0.208710）均较低。可见，"环境税费"只是这些样本企业环保支出中的小部分。

第七，共有25家企业披露了"其他"环保投资支出的金额，该项环保支出的平均值（中位数）为0.617558（1.000000）。这表明，虽然少数企业并不存在或较少存在污染治理的问题，但企业也积极参与本企业外的环境保护活动。

本书的统计结果充分表明：第一，从环保投资结构中各项内容所含的样本量和环保投资支出比例来看，"环保设施及系统的投入与改造支出"既是企业环保投资的主要内容，也是多数企业环保投资的主要方向或重点；第二，除"环境税费"外，环保投资结构中的其他内容都有不少企业将其作为环保投资的主要方向，这表明环保投资结构在企业间具有突出的个体性差异；第三，绝大多数企业都有各自环保投资的重点，即企业间的环保投资方向具有较大差异。

4.1.3 企业环保投资的分布特征

根据前文对我国上市公司环保投资结构的统计结果，不仅环保投资结构在企业间具有突出的个体性差异，而且企业间的环保投资方向也存在较大差异。因此，为真实统计和反映出企业环保投资的现状及特征，本书采用"投资/资本存量"的相对数形式度量企业环保投资支出的水平[1]，进而探讨导致企业间环保投资存在差异性的客观因素。另外，由于样本量有限，本书无法对企业环保投资规模的总体分布形态进行简单的正态性假定，但可以采用非参数检验方法并利用样本数据对企业环保投资规模的差异性进行初步统计检验[2]。

1）企业环保投资的规模分布

通常，企业规模对投资行为产生很大影响，企业规模越大，表明企业越有能力掌控投资机会，参与多元化投资。企业投资规模有绝对数和相对数两种表现形式：一是一般以投资总额的自然对数表示绝对数的表现形式；二是以投资总额与资本存量的比率表示相对数的表现形式。可见，投资规模与企业规模是确定企业投资水平的关键因素。衡量企业规模的指标比较多，如总资产、营业收入等，但国内外多数学者选择企业年末总资产或年初与年末总资产的算术平均值作为企业规模的替代变量。为很好地分析企业环保投资规模的分布特征，本书采用年末总资产、年初与年末总资产的平均值、营业收入作为企业的资本存量，进而以企业的环保投资规模与资本存量之比来衡量企业的环保投资水平。同时，为全面地了解企业对环保投资和环境治理的重视程度，本书也将企业环保投资规模与企业总投资规模进行比较分析。需要特别说明的是，在企业总投资规模的指标选取

---

① 采用这种经过标准化处理的度量方式，一方面可以消除企业规模的影响，另一方面可以平滑数据波动，从而增强数据检验的稳健性。

② 非参数检验（Nonparametric Tests）因不限定总体正态分布的假设，而且对样本量的要求也不高，故成为分组检验和方差检验的常用方法。对多组独立样本而言，可以采用 Kruskal Wallis H检验法来检验独立样本之间是否具有一致的总体，或是否存在差异性，而 Median 检验法是对多组独立样本的中位数进行的差异检验。对两组独立样本而言，Mann-Whitney U检验法（M-W法）是检验来自总体的两组样本是否具有相同的中位数，或是否具有一致的总体，Kolmogorov-Smirnov Z检验法（K-S法）是检验两组样本是否来自同一总体。本报告采用以上方法对企业环保投资规模的差异性进行初步检验。

上，本书采用了以下两种常用方法：第一，企业投资活动产生的现金流出总额（Total-Invest1），该指标由现金流量表中的以下项目构成：购建固定资产、无形资产和其他长期资产支付的现金、投资支付的现金、质押贷款净增加额、取得子企业及其他营业单位支付的现金净额、支付其他与投资活动有关的现金等①；第二，购建固定资产、无形资产和其他长期资产支付的现金（Total-Invest2）（花贵如等，2010）。以上两种衡量企业环保投资规模的方法能在很大程度上反映企业环保投资规模的分布特征。

我国企业环保投资的规模分布见表4-6。

表4-6 **企业环保投资的规模分布**

环保投资规模	年 份	观测值	平均值	标准差	中位数	最小值	最大值
EPI/Total-Invest1	2008	123	0.078477	0.112882	0.040117	0.000188	0.725827
	2009	112	0.094082	0.152928	0.036260	0.000040	0.877359
	2010	148	0.073122	0.123869	0.029416	0.000086	0.816327
	2011	178	0.064718	0.102081	0.021956	0.000017	0.524823
	小 计	561	0.075814	0.121829	0.029375	0.000017	0.877359
EPI/Total-Invest2	2008	123	0.097509	0.131273	0.056782	0.000311	0.802372
	2009	112	0.135548	0.271762	0.049932	0.000049	2.268293
	2010	148	0.110810	0.190738	0.039213	0.000096	1.412711
	2011	178	0.090773	0.128792	0.033389	0.000038	0.673401
	小 计	561	0.106475	0.182910	0.044355	0.000038	2.268293
EPI/Income	2008	127	0.011570	0.016306	0.004665	0.000026	0.071304
	2009	115	0.016972	0.053325	0.004683	0.000009	0.517834
	2010	153	0.021112	0.089181	0.004762	0.000002	1.025210
	2011	179	0.012647	0.032806	0.003226	0.000002	0.241429
	小 计	574	0.015532	0.055526	0.004013	0.000002	1.025210
EPI/End-Size	2008	127	0.008901	0.013842	0.003421	0.000047	0.078740
	2009	115	0.007839	0.012457	0.002641	0.000005	0.092246
	2010	153	0.009696	0.023575	0.002809	0.000005	0.191223
	2011	179	0.006751	0.013863	0.002328	0.000003	0.103738
	小 计	574	0.008230	0.016779	0.002610	0.000003	0.191223
EPI/Ave-Size	2008	127	0.009500	0.014771	0.003446	0.000048	0.082988
	2009	115	0.008511	0.014250	0.002809	0.000005	0.112930
	2010	153	0.010903	0.027199	0.003020	0.000005	0.229323
	2011	179	0.007354	0.015167	0.002372	0.000003	0.108824
	小 计	574	0.009007	0.018921	0.002811	0.000003	0.229323

注：在统计和分析环保投资规模与总投资规模的比例时，本书剔除了EPI/Total-Invest1大于1的样本，故表中EPI/Total-Invest1与EPI/Total-Invest2的样本量为561家。

① "购建固定资产、无形资产和其他长期资产支付的现金"不包括"为购建固定资产而发生的借款利息资本化"的部分，以及融资租入固定资产支付的租赁费；"投资支付的现金"是指企业进行权益性投资和债权性投资支付的现金；"质押贷款净增加额"是指本期发放保户质押贷款的净额；"取得子公司及其他营业单位支付的现金净额"表示企业本期购买和处置子公司及其他营业单位所支付的现金；"支付其他与投资活动有关的现金"是指公司除了上述各项以外支付的其他与投资活动有关的现金。企业总投资数据直接取自现金流量表。

从表4-6中可以发现，我国上市公司环保投资的规模分布呈现出的主要现象与特征：

第一，从合并数据的统计结果来看，EPI/Total-Invest1、EPI/Total-Invest2的平均值分别为0.075814、0.106475。这说明，样本企业的环保投资规模占其投资支出总额的比例普遍偏低。同时，EPI/Total-Invest1、EPI/Total-Invest2的中位数分别为0.029375、0.044355，显然，二者取值均远远低于各自的平均值，这表明绝大多数企业的环保投资规模处于低水平状态。若从环保投资规模分布的时间趋势来看，自2009年以来，EPI/Total-Invest1与EPI/Total-Invest2的平均值、中位数均呈现出明显的单调递减趋势，这在一定程度上表明多数企业开展自身环境治理与环保投资活动的积极性不高，环保投资对企业来说是一种"被动"投资行为。

第二，EPI/Income整体平均值、中位数分别为0.015532、0.004013，二者相差较大，这既说明企业的环保投资规模占其营业收入的比重非常低，又表明绝大多数企业的环保投资规模处于低水平状态。若从环保投资规模分布的时间趋势来看，EPI/Income的平均值与中位数均呈现倒"U"形的分布特征。

第三，EPI/End-Size与EPI/Ave-Size的整体平均值分别为0.008230、0.009007，中位数分别为0.002610、0.002811。显然，EPI/End-Size与EPI/Ave-Size的取值基本相当，这说明企业的环保投资规模占其总资产的比例非常低，绝大多数企业的环保投资规模远低于平均水平。总而言之，我国上市公司环保投资总额占其总投资、营业收入、总资产的比例均非常低，而且环保投资规模的平均值远低于中位数，这在很大程度上表明我国多数企业的环保投资额存在不足。

2）企业环保投资的行业特征

一般而言，同一行业的企业有着相似的生产经营特征与财务结构，而不同行业间的企业具有不同的财务与会计结构（Scott和Martin，1975；Charlton，2002）、不同的商业风险与回报（Veliyath，1996）。因此，企业在做投资决策时应考虑行业异质性的影响（Charlton，2002），这是因为，一方面，不同行业特征影响着企业的资本结构、资产构成、经营特征等，从而造成企业投资决策存在一定的行业性差异；另一方面，不同的行业通常面临着不同的市场环境与政府管制强度，这必然使得行业间存在市场竞争程度与业绩水平方面的差异，进而影响到企业的投资决策及行为（Bulan，2005；徐磊，2007；刘星等，2008）。更为重要的是，各行业在资源禀赋、污染类型、排放标准、环保技术要求、投资周期等方面均存在巨大差异。《国家环境保护"十二五"规划》（2011）明确提出"应因地制宜，在不同地区和行业实施有差别的环境政策"的基本原则，这说明企业所属行业的性质和行业间的异质性均对企业的生产经营活动与投资行为形成重要影响。

（1）企业环保投资规模的行业分布

我国企业环保投资规模的行业分布见表4-7和图4-1。

表4-7　　　　　　　　企业环保投资规模的行业分布情况

行业及代码	2008年		2009年		2010年		2011年		合计	
	N	EPI	N	EPI	N	EPI	N	EPI	N	EPI
农、林、牧、渔业（A）	—	—	1	0.004561	4	0.003496	2	0.005530	7	0.004229
采掘业（B）	13	0.012552	10	0.009907	15	0.011369	18	0.007796	56	0.010234
电力、煤气及水的生产和供应业（D）	9	0.005316	5	0.018242	4	0.058366	8	0.008555	26	0.016960
建筑业（E）	2	0.006424	4	0.003847	4	0.002580	5	0.002689	15	0.003467
交通运输、仓储业（F）	7	0.001667	10	0.001367	9	0.003463	8	0.002431	34	0.002234
信息技术业（G）	2	0.004909	—	—	2	0.008225	2	0.006706	6	0.006613
批发和零售贸易（H）	4	0.002999	3	0.000799	2	0.003414	5	0.000585	14	0.001725
房地产业（J）	—	—	—	—	3	0.001905	4	0.013852	7	0.008732
社会服务业（K）	—	—	2	0.004125	4	0.026663	5	0.029786	11	0.023985
传播与文化产业（L）	—	—	—	—	—	—	—	—	—	—
综合类（M）	3	0.001963	1	0.000564	3	0.017136	3	0.000244	10	0.005859
食品、饮料（C0）	8	0.006450	6	0.004566	7	0.002469	18	0.007953	39	0.006139
纺织、服装、皮毛（C1）	3	0.015399	2	0.000945	4	0.008037	5	0.006226	14	0.007955
木材、家具（C2）	1	0.000933	1	0.000074	—	—	—	—	2	0.000504
造纸、印刷（C3）	4	0.011098	3	0.018157	3	0.010891	2	0.002887	12	0.011443
石油、化学、塑胶、塑料（C4）	12	0.024331	6	0.029974	15	0.024072	17	0.019285	50	0.023215
电子（C5）	6	0.004237	6	0.001668	5	0.003704	6	0.000689	23	0.002525
金属、非金属（C6）	27	0.010555	26	0.009104	30	0.011700	30	0.005957	113	0.009304
机械、设备、仪表（C7）	16	0.009185	20	0.006621	29	0.005611	30	0.003775	95	0.005846
医药、生物制品（C8）	9	0.005346	9	0.011202	10	0.004614	11	0.003479	39	0.005983
其他制造业（C9）	1	0.002697	—	—	—	—	—	—	1	0.002697
制造业合计	87	0.010842	79	0.009413	103	0.009918	119	0.007078	388	0.009151
非制造业合计	40	0.006581	36	0.006531	50	0.012930	60	0.007902	186	0.008704
重污染行业合计	82	0.011804	66	0.011969	86	0.011801	105	0.008857	339	0.010923
非重污染行业合计	45	0.005301	49	0.003853	67	0.009749	74	0.005222	235	0.006242
全样本合计	127	0.009500	115	0.008511	153	0.010903	179	0.007354	574	0.009007

注：由于EPI/End-Size与EPI/Ave-Size的取值非常接近，本书采用EPI/Ave-Size表示企业环保投资规模或水平。下同。

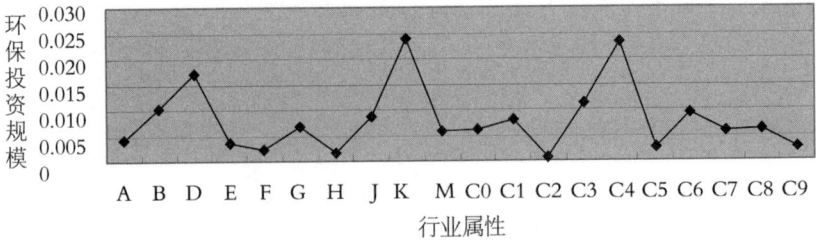

图 4-1 企业环保投资规模的行业分布

注：因传播与文化产业（L）在所有年份里都没有数据，故该行业未在图中予以反映。

从表 4-7 和图 4-1 中可以发现，我国上市公司环保投资规模的行业分布所具有的分布特征：

第一，从年份数据和合并数据的分布情况来看，制造业与非制造业的环保投资规模相差不大，二者与整体平均值基本相当，但重污染行业的环保投资规模远远超过非重污染行业的环保投资规模，而且重污染行业的环保投资规模高于整体平均值，非重污染行业的环保投资规模低于整体平均值。

第二，各行业之间的环保投资规模存在较大差异，如环保投资规模较大的行业集中在采掘业、电力煤气及水的生产与供应业、造纸印刷、石油化学塑胶塑料、金属非金属等重污染行业，而农林牧渔业、建筑业、交通运输仓储业、信息技术业、房地产业、传播与文化业、木材家具、电子等非重污染行业的环保投资规模相对较小。

第三，环保投资规模较大的制造业多属于重污染行业，环保投资规模较小的非制造业多属于非重污染行业。以上统计结果表明，企业环保投资规模具有一定的行业差异，尤其表现出与行业污染程度的正相关性。

针对以上统计结果所发现的企业环保投资规模具有行业性差异的结论，本书采用"K组独立样本检验法"（K Independent Samples Test）中的 Kruskal Wallis H 检验法与 Median 检验法，以检验样本企业的环保投资规模在统计上是否存在显著的行业差异。

Kruskal Wallis H 检验与 Median 检验结果（见表 4-8）表明：两个卡方

值均在1%的显著性水平上拒绝了各行业环保投资规模无差异的假设，这说明我国企业环保投资规模具有显著的行业差异。

表4-8　　　　　企业环保投资规模的行业性差异检验结果1

统计检验	观测值	卡方值	自由度	显著性
Kruskal Wallis H检验	571	102.608	17	0.0000
Median检验	571	85.306	17	0.0000

注：由于样本中没有传播与文化产业的企业，而且家具制造业、其他制造业分别只有2家、1家样本企业，这不满足K组独立样本检验法所需的样本量要求，故剔除了这些样本企业。下同。

为检验和判断不同行业的企业环保投资行为的显著性差异是否因个别行业的异常值所致，本书进一步使用"两独立样本检验法"（Two Independent Samples Test）中的Mann-Whitney U检验法（M-W法）与Kolmogorov-Smirnov Z检验法（K-S法），来检验两两行业之间环保投资规模是否具有显著差异，其非参数检验结果见表4-9、表4-10和表4-11。Mann-Whitney U检验与Kolmogorov-Smirnov Z检验结果表明：重污染行业企业与非重污染行业企业之间的环保投资规模存在显著性差异，但制造业企业与非制造业企业之间的环保投资规模并无显著性差异。这也与前文统计得出的"重污染行业投入了更大规模的环保资金"结论呈现一致性。此外，样本企业环保投资规模的行业性差异是普遍存在的，特别是采掘业、电力煤气及水的生产和供应业、建筑业、交通运输仓储业、批发和零售贸易、石油化学塑胶塑料、金属非金属、机械设备仪表等重污染行业或制造业与其他行业之间的显著性差异尤为突出。显然，这些行业性差异主要体现在重污染行业企业与非重污染行业企业之间。

表4-9　　　　　企业环保投资规模的行业性差异检验结果2

行业属性	观测值	Mann-Whitney U检验		Kolmogorov-Smirnov Z 检验	
		Z 值	显著性	Z 值	显著性
重污染行业与非重污染行业	574	−8.860	0.000	4.437	0.000
制造业与非制造业	574	−1.172	0.241	1.090	0.185

表4-10　　　　企业环保投资规模行业间广泛性差异的检验结果1

Z值	A	B	D	E	F	G	H	J	K
A		0.802	0.632	0.853	0.952	0.642	1.08	0.802	0.564
B	−1.378		1.106	1.695***	2.309***	0.956	2.271***	1.381**	0.95
D	−0.396	−1.046		1.052	1.389**	0.679	1.343*	0.981	0.651
E	−0.881	−2.831***	−1.786*		0.816	0.897	0.718	0.562	1.115
F	−1.732*	−4.819***	−2.775***	−0.499		1.063	0.939	0.476	1.102
G	−0.143	−0.81	−0.435	−1.246	−1.553		1.025	0.728	0.806
H	−2.014**	−4.082***	−2.751***	−1.004	−1.111	−1.732*		0.463	1.241*
J	−1.342	−2.340***	−1.497	−0.529	−0.381	−1	−0.448		0.994
K	−0.408	−0.542	−0.332	−1.687*	−2.113**	−0.704	−2.464***	−1.675*	
M	−1.757*	−2.987***	−2.119**	−0.61	−0.56	−1.41	0	0	−2.113**
C0	−0.229	−2.754***	−1.018	−1.226***	−2.322**	−0.267	−2.441**	−1.544	−0.738
C1	−0.448	−0.675	−0.028	−1.44	−2.472**	−0.082	−2.297**	−1.641*	−0.493
C3	−0.676	−0.483	−0.251	−1.708*	−2.326**	−0.468	−2.623***	−1.437	−0.123
C4	−2.213**	−2.215**	−2.255**	−3.628***	−5.367***	−1.642*	−4.352***	−2.456**	−1.182
C5	−1.299	−4.122***	−2.344***	−0.134	−0.114	−1.131	−1.127	−0.27	−1.822*
C6	−0.7	−1.433	−0.167	−2.434**	−4.451***	−0.534	−3.718***	−2.088**	−2.758***
C7	−1.582	−5.393***	−2.840***	−0.179	−0.31	−0.718	−1.268**	−0.51	−2.346**
C8	−0.046	−2.262**	−0.777	−1.265	−2.754***	−0.334	−2.784***	−1.575	−0.574

注：（1）表的左下半部分表示Mann-Whitney U检验结果的Z值，右上半部分表示Kolmogorov-Smirnov Z检验结果的Z值；（2）*、**、***分别表示10%、5%、1%的显著性水平（双尾检验）。

表4-11 企业环保投资规模行业间广泛性差异的检验结果2

Z值	M	C0	C1	C3	C4	C5	C6	C7	C8
A	1.131	0.402	0.617	0.551	1.388**	0.921	0.659	1.113	0.375
B	1.779***	1.453**	0.837	0.73	1.318*	2.078***	1.023	3.338***	1.350*
D	1.261*	0.760−	0.547	0.404	1.298*	1.274*	0.559	1.637***	0.658
E	0.653	1.165	0.846	1.119	1.744***	0.681	1.490**	0.758	1.046
F	0.67	1.334*	1.561**	1.139	2.710***	0.512	2.039***	0.838	1.652***
G	0.839	0.848	0.586	0.667	0.972	0.996	0.898	0.863	0.789
H	0.38	1.352*	1.323*	1.392**	2.306***	0.742	1.901***	0.938	1.599**
J	0.348	1.08	1.08	0.851	1.529**	0.518	1.263**	0.733	1.026
K	1.165	0.724	0.677	0.653	1.037	0.916	0.779	1.226*	0.799
M		1.259*	1.139	1.246*	1.790***	0.73	1.532***	0.918	1.179
C0	−1.985**		0.911	0.738	2.261***	1.124	0.977	1.554**	0.679
C1	−2.108**	−0.888		0.484	1.276*	1.383**	0.634	1.584**	0.993
C3	−1.912*	−1.044	−0.36		1.016	1.241*	0.59	1.552**	0.602
C4	−3.213***	−4.044***	−2.062**	−1.532		2.326***	1.838***	3.187***	1.995***
C5	−0.548	−1.699*	−1.879*	−2.189**	−4.584***		1.835***	1.04	1.484**
C6	−3.05***	−1.901*	−0.131	−0.134	−3.527***	−3.309***		2.953***	1.017
C7	−0.972	−2.505**	−1.974**	−2.369**	−5.878***	−0.296	−5.267***		1.956**
C8	−1.885*	−0.385	−0.767	−3.671***	−3.52***	−2.266**	−1.415	−2.545**	

注：（1）表的左下半部分表示Mann-Whitney U检验结果的Z值，右上半部分表示Kolmogorov-Smirnov Z检验结果的Z值；（2）*、**、***分别表示10%、5%、1%的显著性水平（双尾检验）。

（2）行业发展阶段与企业环保投资规模

任何行业的发展都会经历快速成长、稳定增长、缓慢增长等阶段，而在行业发展的不同阶段，企业会因所属行业不同而面临不同的市场环境与财务状况，这不可避免地会影响到企业的生产经营活动与投融资行为。国内学者徐磊（2007）参考范从来和袁静（2002）采用的增长率产业分类法，并根据部分行业特性对其所属发展阶段进行了一定调整，最终将全部行业划分为成长性行业、成熟性行业与衰退性行业三类[①]。本书采用这一行业分类标准，统计出在不同行业发展阶段下企业环保投资规模的分布情况，进而探讨企业环保投资行为是否因行业发展阶段的不同而表现出差异性。

各行业发展阶段的企业环保投资规模见表4-12。

表4-12　　　　　各行业发展阶段的企业环保投资规模

行业发展阶段	年份	观测值	平均值	标准差	中位数	最小值	最大值
成长性行业	2008	33	0.004329	0.004980	0.002766	0.000048	0.018824
	2009	32	0.006999	0.010959	0.002468	0.000005	0.042618
	2010	37	0.012381	0.040178	0.002368	0.000027	0.229323
	2011	44	0.007910	0.017148	0.001666	0.000023	0.080095
	小计	146	0.008034	0.022963	0.002308	0.000005	0.229323
成熟性行业	2008	91	0.011181	0.016625	0.003711	0.000107	0.082988
	2009	80	0.009354	0.015575	0.003269	0.000062	0.112930
	2010	108	0.010776	0.022427	0.003301	0.000005	0.137205
	2011	128	0.007236	0.014844	0.002675	0.000003	0.108824
	小计	407	0.009474	0.017682	0.003003	0.000003	0.137205
衰退性行业	2008	3	0.015399	0.017002	0.006173	0.005005	0.035019
	2009	3	0.002151	0.002148	0.001452	0.000439	0.004561
	2010	8	0.005766	0.005609	0.005095	0.000111	0.017460
	2011	7	0.006027	0.006959	0.004167	0.000439	0.019317
	小计	21	0.006713	0.008359	0.004561	0.000111	0.035019

[①]　将各行业归类如下："成长性行业"包括电子、医药生物制品、交通运输仓储业、电力煤气及水的生产和供应业、房地产业、信息技术业、传播与文化产业、社会服务业8类；"成熟性行业"包括采掘业、石油化学塑胶塑料、金属非金属、木材家具、造纸印刷、食品饮料、批发和零售贸易、机械设备仪表、其他制造业、建筑业、综合类11类；"衰退性行业"包括农林牧渔业、纺织服装皮毛2类。

从表4-12中可以发现，各行业不同发展阶段的上市公司环保投资规模状况存在以下特点：

第一，在样本构成中，成长性行业、成熟性行业与衰退性行业所含样本企业数分别为146家、407家和21家。显然，成熟性行业样本量所占总样本量的比例最大，达70.91%，说明我国大多数企业从事的是成熟性行业。

第二，从企业环保投资规模的整体均值来看，成熟性行业最大、成长性行业次之、衰退性行业最小，这在一定程度上表明企业环保投资行为在不同的行业发展阶段表现出一定的差异性。

第三，各年各行业发展阶段的企业环保投资行为具有以下特点：企业环保投资规模的平均值远高于相应的中位数，说明各行业中的绝大多数企业普遍存在环保投资额偏低的现象；企业环保投资规模的标准差大于平均值和中位数，而且最小值与最大值相差非常大，说明我国各行业发展阶段下的企业环保投资行为存在较突出的个体性差异。

为验证企业环保投资规模是否因行业发展阶段的不同而存在统计差异，本书采用了非参数检验法，检验结果见表4-13和表4-14。Kruskal Wallis H检验与Median检验的卡方值分别为6.112、5.216，二者分别在5%、10%的显著性水平上通过了统计检验，说明各行业发展阶段的企业环保投资规模存在显著性差异。而且，Mann-Whitney U检验与Kolmogorov-Smirnov Z检验的结果发现：环保投资规模在成长性行业企业与成熟性行业企业之间存在显著性差异，但成熟性行业企业与衰退性行业企业之间的环保投资规模不存在显著性差异；虽然成长性行业企业与衰退性行业企业之间的环保投资规模存在一定的差异，但在统计检验上不是很显著。在衰退性行业企业与成长性行业企业之间、衰退性行业企业与成熟性行业企业之间的环保投资规模不存在显著差异，其原因可能是由于衰退性行业所含样本量非常少，仅占总样本量的3.66%，这必然会对统计检验造成较大影响。可见，各行业发展阶段的企业环保投资规模存在显著性差异的情况主要体现在成长性行业企业与成熟性行业企业之间。

表4-13　　行业发展阶段之间企业环保投资规模的差异检验结果1

统计检验	观测值	卡方值	自由度	显著性
Kruskal Wallis H检验	574	6.112	2	0.047
Median检验	574	5.216	2	0.074

表4-14　　行业发展阶段之间企业环保投资规模的差异检验结果2

行业发展阶段	观测值	Mann-Whitney U 检验		Kolmogorov-Smirnov Z 检验	
		Z 值	显著性	Z 值	显著性
成长性行业与成熟性行业	553	−2.385	0.017	1.557	0.016
成长性行业与衰退性行业	167	−1.419	0.156	1.214	0.105
成熟性行业与衰退性行业	428	−0.294	0.769	0.680	0.744

3）企业环保投资的地区特征

改革开放以来，中央政府实行区域经济不平衡发展的战略，这造成不同区域之间的社会经济发展水平、市场化进程、资源禀赋、环境状况、技术构成等具有明显的不均衡性和差异性。同时，地方政府制定的环境政策标准以及执行环境管制的强度等也有所差异。《中国21世纪议程》（1994）和《国家环境保护"十二五"规划》（2011）明确提出，应因地制宜，在不同地区和行业实施有差别的环境政策。可见，企业所处空间的异质性也会对企业的生产经营活动与投资行为构成影响。

（1）企业环保投资规模的地区分布

本书根据国家统计局编制《中国统计年鉴》和环境保护部编制《中国环境统计年鉴》，采用的"四大经济板块"划分标准[①]，按照企业的注册地将样本企业分为东部地区企业、中部地区企业、西部地区企业和东北地区

---

① 1986年，全国人大六届四次会议通过"七五"计划，公布了我国东部、中部、西部的划分标准；1997年，全国人大八届五次会议决定设立重庆市，并将其划入西部地区；2000年，国家制定的"西部大开发"战略中又将内蒙古和广西并入西部地区；2004年，温家宝总理在《政府工作报告》中提出，坚持推进西部大开发、振兴东北地区等老工业基地、促进中部地区崛起、鼓励东部地区加快发展，这样就出现了基于东、中、西部和东北地区的"四大经济板块"地域观念。具体而言，东部地区包括北京、天津、河北、山东、江苏、上海、浙江、福建、广东、海南10省（市）；中部地区包括山西、河南、安徽、江西、湖北、湖南6个省；西部地区包括四川、重庆、贵州、云南、西藏、陕西、甘肃、青海、宁夏、新疆、内蒙古、广西12个省（市、区）；东北地区包括辽宁、吉林、黑龙江3个省。

企业四类。

我国企业环保投资规模的地区分布见表4-15。

表4-15　　　　　　　　　企业环保投资规模的地区分布

地区	年份	观测值	平均值	标准差	中位数	最小值	最大值
东部地区	2008	85	0.008702	0.014327	0.003141	0.000048	0.073323
	2009	71	0.008628	0.011943	0.002584	0.000005	0.042618
	2010	98	0.010092	0.027104	0.002867	0.000005	0.229323
	2011	116	0.005994	0.014237	0.001872	0.000003	0.108824
	小计	370	0.008207	0.018238	0.002505	0.000003	0.229323
中部地区	2008	18	0.011530	0.012545	0.008534	0.000192	0.047727
	2009	23	0.007825	0.008040	0.006094	0.000224	0.025773
	2010	27	0.008554	0.009796	0.004460	0.000127	0.039000
	2011	25	0.010025	0.015173	0.004123	0.000548	0.073276
	小计	93	0.009345	0.011556	0.005780	0.000127	0.073276
西部地区	2008	19	0.012035	0.019879	0.002452	0.000109	0.082988
	2009	16	0.009725	0.027741	0.001074	0.000074	0.112930
	2010	23	0.018652	0.040915	0.002033	0.000014	0.137205
	2011	31	0.010996	0.019266	0.002653	0.000039	0.064800
	小计	89	0.012968	0.027730	0.002166	0.000014	0.137205
东北地区	2008	5	0.006130	0.006187	0.003571	0.000440	0.013631
	2009	5	0.006115	0.005818	0.003520	0.000564	0.015552
	2010	5	0.003820	0.002267	0.003236	0.001818	0.007699
	2011	7	0.004230	0.004165	0.002793	0.000074	0.010622
	小计	22	0.004997	0.004561	0.003496	0.000074	0.015552

从表4-15中可以发现，我国企业环保投资规模的地区分布呈现出以下特点：

第一，东部、中部、西部、东北地区所包含的样本企业数分别为370家、93家、89家和22家。显然，东部地区所含样本量占总样本量的比例最高，达64.46%，这说明近2/3的样本企业位于东部地区，而涵盖了21个省（市、区）的中部、西部与东北地区样本量合计约占1/3的总样本量。

第二，从环保投资规模的整体平均值来看，最大的是西部地区，其次是中部地区，再者是东部地区，最小的是东北地区，这在一定程度上表明企业环保投资行为具有一定的地区差异。

　　第三，各年各地区的企业环保投资行为表现出以下特征：企业环保投资规模的平均值远高于相应的中位数，说明各地区的多数企业普遍存在环保投资额偏低的现象；企业环保投资规模的标准差大于平均值和中位数，而且最小值与最大值相差非常大，说明我国各地区企业的环保投资行为存在突出的个体性差异。

　　Kruskal Wallis H 检验与 Median 检验的结果（见表 4-16）表明：两个卡方值均在 1% 的显著性水平通过了统计检验，说明企业环保投资规模存在显著的地区性差异。同时，Mann-Whitney U 检验与 Kolmogorov-Smirnov Z 检验的结果（见表 4-17）表明：东部地区企业与中部地区企业之间、中部地区企业与西部地区企业之间的环保投资规模存在显著性差异，而其他地区之间的环保投资规模在统计上不存在差异性。显然，企业环保投资规模的地区性差异多体现在中部地区企业与非中部地区企业之间。

表 4-16　　　　　　**企业环保投资规模的地区性差异检验结果 1**

统计检验	观测值	卡方值	自由度	显著性
Kruskal Wallis H 检验	574	14.622	3	0.002
Median 检验	574	14.268	3	0.003

表 4-17　　　　　　**企业环保投资规模的地区性差异检验结果 2**

地　区	观测值	Mann-Whitney U 检验		Kolmogorov-Smirnov Z 检验	
		Z 值	显著性	Z 值	显著性
东部地区与中部地区	463	−3.743	0.000	1.927	0.001
东部地区与西部地区	459	−0.650	0.948	0.665	0.769
东部地区与东北地区	392	−0.832	0.405	0.927	0.356
中部地区与西部地区	182	−2.715	0.007	1.755	0.004
中部地区与东北地区	115	−1.422	0.155	1.097	0.180
西部地区与东北地区	111	−0.784	0.433	1.070	0.202

（2）市场化进程与企业环保投资规模

地区市场化进程在很大程度上反映了地区的经济发展水平、资本市场完善程度以及法制环境状况。省（市、区）的市场化水平与市场化进程作为影响企业市场竞争能力和规避风险能力的重要外部因素，对企业经营决策与投资决策产生不可忽视的影响。鉴于此，本书根据樊纲等（2011）构建的"市场化指数"，深入探讨各地区之间的市场化差异以及各地区市场化进程下的企业环保投资行为是否存在显著差异。

①市场化水平的地区分布。本书根据我国31个省（市、区）的市场化指数值，统计和分析各地区之间的市场化水平是否存在显著差异。由于樊纲等（2011）构建的市场化指数值只统计到2009年，而本书的样本期间是截至2011年，对此，本书借鉴多数学者采用的趋势预测法对2010—2011年的市场化指数值进行有效估计[①]（2006—2011年我国各省（市、区）市场化指数值见附录2）。从表4-18中可看出：第一，东部地区各年市场化指数值均高于中部、西部和东北地区相应的市场化指数值；第二，中部地区与东北地区之间的各年市场化指数值基本相当；第三，从各年市场化指数值的基本统计量（平均值、中位数、最小值和最大值）来看，东部地区最高，东北地区、中部地区次之，西部地区最小。以上统计结果显示，我国各地区之间市场化水平存在一定的差异，而这种差异特征更多地表现在东部地区与非东部地区之间、中部地区与西部地区之间、东北地区与西部地区之间。

此外，Kruskal Wallis H检验与Median检验的结果（见表4-19）表明：两个卡方值均在1%的显著性水平通过了统计检验，说明我国各省（市、区）的市场化水平存在显著的地区差异。Mann-Whitney U检验与Kolmogorov-Smirnov Z检验结果（见表4-20）表明：只有中部地区与东北地区之间的市场化水平不存在显著性差异，而其他地区之间的市场化水平均呈现出非常高的显著性差异。该统计检验结果与上述统计分析的结论呈现一致性，即地区之间的市场化水平呈现显著性差异。这为本书进一步

---

① 具体而言，本书以各省（市、区）2007—2009年市场化指数的年平均增长率作为各省（市、区）2010年市场化指数的增长幅度，并以各省（市、区）2009年市场化指数值作为计算2010年市场化指数值的基数。同理，本书也以2008—2010年市场化指数的年平均增长率和2010年市场化指数值为基础，计算出2011年各省（市、区）的市场化指数值。

表4-18 各地区市场化指数的基本统计量

地 区	年 份	观测值	平均值	标准差	中位数	最小值	最大值
东部地区	2008	85	9.78	1.07	10.25	7.16	11.16
	2009	71	10.12	1.20	10.42	7.27	11.80
	2010	98	10.55	1.38	10.66	6.68	12.36
	2011	116	11.13	1.39	10.86	7.59	13.21
	小 计	370	10.47	1.38	10.42	6.68	13.21
中部地区	2008	18	7.05	0.73	7.41	6.18	7.78
	2009	23	7.28	0.83	7.65	6.11	8.04
	2010	27	7.68	0.78	7.94	6.31	8.38
	2011	25	8.06	0.86	8.35	6.45	8.78
	小 计	93	7.56	0.88	7.88	6.11	8.78
西部地区	2008	19	6.34	0.75	6.04	5.23	7.87
	2009	16	5.61	1.25	5.65	3.25	8.14
	2010	23	6.56	0.87	6.23	5.21	8.46
	2011	31	6.44	1.64	6.49	0.95	8.84
	小 计	89	6.30	1.26	6.23	0.95	8.84
东北地区	2008	5	7.33	0.97	6.99	6.07	8.31
	2009	5	7.56	1.16	7.09	6.11	8.76
	2010	5	7.91	1.27	7.42	6.29	9.20
	2011	7	8.19	1.46	7.73	6.47	9.65
	小 计	22	7.79	1.21	7.58	6.07	9.65

研究地区市场化进程与企业环保投资行为之间的关系提供了必要条件。

表4-19 市场化水平的地区性差异检验结果1

统计检验	观测值	卡方值	自由度	显著性
Kruskal Wallis H检验	574	354.553	3	0.000
Median检验	574	297.460	3	0.000

表4-20 市场化水平的地区性差异检验结果2

地 区	观测值	Mann-Whitney U 检验		Kolmogorov-Smirnov Z 检验	
		Z 值	显著性	Z 值	显著性
东部地区与中部地区	463	−13.699	0.000	7.689	0.000
东部地区与西部地区	459	−14.278	0.000	7.845	0.000
东部地区与东北地区	392	−6.703	0.000	3.287	0.000
中部地区与西部地区	182	−6.911	0.000	3.491	0.000
中部地区与东北地区	115	−0.495	0.621	0.979	0.293
西部地区与东北地区	111	−4.427	0.000	2.212	0.000

②各市场化进程地区下企业环保投资的规模分布。根据樊纲等（2011）编制的2006—2009年各省（市、区）市场化指数值，结合国家"四大经济板块"的地域概念，本书较准确地将31个省（市、区）分别归入高市场化进程地区、中市场化进程地区与低市场化进程地区[1]，进而探讨各类市场化进程地区之间的企业环保投资行为是否存在显著性差异。

各市场化进程地区的企业环保投资规模分布见表4-21。

表4-21 各市场化进程地区的企业环保投资规模

地 区	年 份	观测值	平均值	标准差	中位数	最小值	最大值
高市场化进程地区	2008	80	0.008470	0.014496	0.002814	0.000048	0.073323
	2009	66	0.008567	0.012285	0.002418	0.000005	0.042618
	2010	92	0.010203	0.027939	0.002670	0.000005	0.229323
	2011	113	0.006047	0.014422	0.001823	0.000003	0.108824
	小计	351	0.008163	0.018643	0.002287	0.000003	0.229323
中市场化进程地区	2008	29	0.012635	0.017261	0.005780	0.000109	0.082988
	2009	28	0.006452	0.006510	0.005400	0.000141	0.021391
	2010	40	0.009346	0.022026	0.003688	0.000127	0.137205
	2011	42	0.007336	0.013576	0.002908	0.000039	0.073276
	小计	139	0.008842	0.016296	0.003693	0.000039	0.137205
低市场化进程地区	2008	18	0.009026	0.011307	0.006016	0.000561	0.047727
	2009	21	0.011079	0.024431	0.003666	0.000074	0.112930
	2010	21	0.016931	0.032851	0.003236	0.000014	0.128068
	2011	24	0.013542	0.019762	0.005496	0.000074	0.064800
	小计	84	0.012806	0.023379	0.004014	0.000014	0.128068

---

[1] 本书在整理2006—2009年市场化指数值时发现以下现象：第一，各省（市、区）的指数取值基本上在每年都有所增长，而且各省（市、区）之间的排列次序基本保持不变；第二，除山西、黑龙江之外，中部地区与东北地区的市场化指数取值基本相当；第三，西部地区的重庆、四川、广西、内蒙古以及东部地区的河北、海南的市场化指数值位于中部地区与东北地区的取值范围内。因此，在综合考虑这些情况时，本书根据各省（市、区）的市场化指数取值，对各地区所包含的省（市、区）所属市场化进程地区进行了划分。具体而言，高市场化进程地区包括北京、天津、山东、江苏、上海、浙江、福建、广东8个省（市）；中市场化进程地区包括辽宁、吉林、河北、河南、安徽、江西、湖北、湖南、重庆、四川、内蒙古、广西、海南13个省（市、区）；低市场化进程地区包括黑龙江、山西、云南、贵州、西藏、陕西、宁夏、甘肃、青海、新疆10个省（区）。

从表4-21中可以发现，各类市场化进程地区下企业环保投资的规模分布存在以下特点：

第一，高、中、低市场化进程地区所含样本企业分别为351家、139家、84家。高市场化进程地区所含样本量占总样本量的比例达61.15%，这与东部地区样本量占总样本量比例的64.46%非常接近，其原因在于，绝大多数东部地区的省（市、区）处于高市场化进程地区的范围内。

第二，从企业环保投资规模的平均值与中位数来看，低市场化进程地区高于中市场化进程地区和高市场化进程地区，而中市场化进程地区与高市场化进程地区的取值基本相当。由于低市场化进程地区主要涵盖了西部地区的省（市、区），二者的样本量相差不大（低市场化进程地区84家、西部地区89家）。因此，这在一定程度上反映出低市场化进程地区和西部地区的企业比其他市场进程地区的企业面临着更多的环境治理压力和更高的环境管制强度，这迫使企业不得不投入更多的环保资金。

第三，企业环保投资规模的平均值均高于中位数，说明各市场化进程地区的绝大多数企业普遍存在环保投资额偏低的现象。企业环保投资规模的标准差大于平均值和中位数，而且最小值与最大值相差非常大，说明各市场化进程地区的企业环保投资行为存在突出的个体性差异。

Kruskal Wallis H检验与Median检验结果（见表4-22）表明：两种统计检验方法下的卡方值分别在1%、5%的显著性水平上通过了统计检验，各市场化进程地区之间的企业环保投资规模具有显著性差异。Mann-Whitney U检验与Kolmogorov-Smirnov Z检验结果（见表4-23）表明：企业环保投资规模在高市场化进程地区与中市场化进程地区之间、高市场化进程地区与低市场化进程地区之间存在显著性差异，但在中市场化进程地区与低市场化进程地区之间的企业环保投资规模无显著性差异。显然，各市场化进程地区之间的环保投资规模差异主要体现在高市场化进程地区企业与非高市场化进程地区企业之间。

表4-22 各市场化进程地区之间企业环保投资规模的差异检验1

统计检验	观测值	卡方值	自由度	显著性
Kruskal Wallis H 检验	574	12.319	2	0.002
Median 检验	574	8.033	2	0.018

表4-23 各市场化进程地区之间企业环保投资规模的差异检验2

地 区	观测值	Mann-Whitney U 检验		Kolmogorov-Smirnov Z 检验	
		Z 值	显著性	Z 值	显著性
高市场化进程地区与中市场化进程地区	490	−2.384	0.017	1.477	0.025
高市场化进程地区与低市场化进程地区	435	−3.059	0.002	1.590	0.013
中市场化进程地区与低市场化进程地区	223	−0.975	0.330	0.896	0.398

4）企业环保投资的产权特征

71

产权是以国家法律确认和保护的财产所有权为基础，由所有制表现形式所决定的，反映不同利益主体对某项财产享有占有、使用、收益和处分的权利、义务和责任。我国资本市场存在大量国有产权性质的企业，它们通过控股和参股的形式控制着国民经济命脉，成为国民经济的中流砥柱，尤其是大型、特大型国有企业已成为我国支柱产业和战略性产业的主要力量。为实现国家经济目标和追求国有资产的保值增值，国有企业往往比民营企业享有更多国家给予的政策性优惠和特权，但同时也面临更多的政府干预，承担更多的社会责任和政策性负担（Shleifer 和 Vishny，1994；林毅夫和李志赟，2004）。改革开放30多年来，民营经济已成为我国国民经济的重要组成部分和最为活跃的经济增长点。从总体上来看，民营企业比国有企业具有市场化运作程度高、生产经营灵活、社会负担较轻等优势。因此，企业所属的产权性质在很大程度上影响着企业的生产经营活动和投资行为。

本书根据企业的产权性质将样本企业区分为国有产权企业和民营产权企业两类，其环保投资规模见表4-24。

表4-24 各产权性质下的企业环保投资规模

产权性质	年 份	观测值	平均值	标准差	中位数	最小值	最大值
国有产权	2008	98	0.010462	0.015513	0.003858	0.000048	0.082988
	2009	94	0.008520	0.014613	0.003157	0.000005	0.112930
	2010	120	0.011849	0.030169	0.003029	0.000005	0.229323
	2011	127	0.007592	0.014470	0.002793	0.000003	0.080095
	小 计	439	0.009595	0.020227	0.003058	0.000003	0.229323
民营产权	2008	29	0.006249	0.011573	0.001790	0.000153	0.054585
	2009	21	0.008470	0.012825	0.002336	0.000074	0.042189
	2010	33	0.007461	0.010659	0.002920	0.000111	0.051213
	2011	52	0.006773	0.016884	0.001861	0.000004	0.108824
	小 计	135	0.007093	0.013736	0.001977	0.000004	0.108824

从表4-24的描述性统计结果中可以发现，企业环保投资规模呈现出以下现象和特征：

第一，从样本分布情况来看，国有产权企业和民营产权企业的样本量（比例）分别为439家（76.48%）、135家（23.52%），说明绝大多数企业属于国有产权企业，国有企业在国民经济和资本市场中具有非常重要的地位。

第二，从环保投资规模在各年和整体的取值来看，国有产权企业的平均值和中位数均高于民营产权企业的相应取值，说明国有产权企业比民营产权企业投入了更大规模的环保资金，二者的环保投资规模存在一定的差异。

第三，无论是国有产权企业还是民营产权企业，其环保投资规模的中位数远小于平均值，最小值与最大值相差较大，说明多数企业的环保投资规模偏低，而且各类产权企业的环保投资规模存在较突出的个体性差异。

为检验国有产权企业与民营产权企业之间的环保投资规模是否在统计上存在显著性差异，本书进行了非参数检验见表4-25，结果发现：虽然Mann-Whitney U检验表明两组样本环保投资规模的中位数没有显著性差异，但Kolmogorov-Smirnov Z检验却发现两组样本并不来自于同一总体，即国有产权企业与民营产权企业之间的环保投资规模存在一定的差异性。

表4-25　　　　　　　**企业环保投资规模的产权差异检验结果**

统计检验	观测值	Z 值	显著性
Mann-Whitney U 检验	574	−1.274	0.203
Kolmogorov-Smirnov Z 检验	574	1.288	0.072

5）企业环保投资的股权特征

股权结构是企业治理机制的基础，不同的股权结构决定着企业需要不同的组织机构和治理结构，进而影响到企业的生产经营活动、投资行为和企业绩效。在现代企业治理机制中，各股东之间主要通过持股比例来确立各自在企业中的地位和发挥公司治理的作用。尽管"股权分置改革"后我国上市公司曾经普遍存在的"一股独大"和股权集中的状况得到明显改善，但控股股东或大股东控制依然是我国上市公司内部治理机制的基本特征，大股东还是在很大程度上控制着上市公司的投融资决策权、剩余索取权和控制权，影响着上市公司的财务决策行为及其投资支出（徐磊，2007；郝颖等，2009）。同样，环保投资决策作为企业投资决策的重要组成部分，必然会受到控股股东或大股东的影响。

（1）大股东性质与企业环保投资

本书对大股东性质的界定与区分是根据第一大股东股份性质类型来判断的，具体分为以下三类：国家股、国有法人股和民营股。其中，民营股包括（非国有）法人股、高管股、境内自然人持有股份、境内法人持股股份、流通A股、流通H股、募集法人股、未流通股、优先股或其他等。根据对企业环保投资规模的描述性统计结果见表4-26，可以发现各类大股东控制下的上市公司环保投资规模具有以下现象和特征：

第一，国家股企业、国有法人股企业和民营股企业的样本量分别有55家、182家和337家，显然，民营股企业所占总样本的比例最高（58.71%）。结合前文的统计结果，国有产权企业所占总样本的比例达76.48%，说明不少国有产权企业存在民营大股东。

73

表 4-26 　　　　　　　　各大股东性质下的企业环保投资规模

大股东性质	年 份	观测值	平均值	标准差	中位数	最小值	最大值
国家股	2008	24	0.008054	0.008628	0.004137	0.000048	0.028571
	2009	15	0.006043	0.007566	0.002611	0.000062	0.024645
	2010	13	0.004567	0.006658	0.002064	0.000176	0.024920
	2011	3	0.024009	0.031142	0.008627	0.003551	0.059849
	小 计	55	0.007552	0.010500	0.003207	0.000048	0.059849
国有法人股	2008	59	0.011970	0.018660	0.003571	0.000058	0.082988
	2009	37	0.011499	0.020755	0.002352	0.000005	0.112930
	2010	45	0.020351	0.045210	0.004460	0.000030	0.229323
	2011	41	0.005656	0.013488	0.001604	0.000014	0.064800
	小 计	182	0.012524	0.027578	0.002814	0.000005	0.229323
民营股	2008	44	0.006977	0.010667	0.002694	0.000153	0.054585
	2009	63	0.007343	0.010107	0.002890	0.000031	0.042189
	2010	95	0.007294	0.013129	0.003020	0.000005	0.101198
	2011	135	0.007500	0.015155	0.002644	0.000003	0.108824
	小 计	337	0.007344	0.013163	0.002766	0.000003	0.108824

第二，从各年及整体的环保投资规模平均值来看，国有法人股企业均高于国家股企业和民营股企业，而国家股企业与民营股企业的取值基本相当，这在一定程度上表明国有法人股企业与非国有法人股企业在环保投资规模方面存在一定的差异，但从中位数看，三者的取值基本相当。

第三，各类大股东企业的环保投资规模在各年具有以下现象：环保投资规模的中位数远低于平均值，最小值与最大值相差很大，说明各类大股东企业的环保投资规模均存在偏低的现象，而且企业之间的环保投资规模呈现突出的个体性差异。

Kruskal Wallis H 检验和 Median 检验结果（见表 4-27）表明：两个卡方值对应的显著性水平均未符合统计要求，这在一定程度上表明各类大股东控制企业的环保投资规模不存在显著性差异。同时，Mann-Whitney U 检验和 Kolmogorov-Smirnov Z 检验结果（见表 4-28）表明：两两大股东控制企业之间的环保投资规模均未表现出显著性差异。

表 4-27 　　各大股东性质之间企业环保投资规模的差异检验结果 1

统计检验	观测值	卡方值	自由度	显著性
Kruskal Wallis H 检验	574	1.644	2	0.439
Median 检验	574	0.529	2	0.768

表4-28　　各大股东性质之间企业环保投资规模的差异检验结果2

大股东性质	观测值	Mann-Whitney U 检验		Kolmogorov-Smirnov Z 检验	
		Z 值	显著性	Z 值	显著性
国家股与国有法人股	237	−0.305	0.760	0.680	0.744
国家股与民营股	392	−0.976	0.329	0.935	0.346
国有法人股与民营股	519	−1.027	0.304	0.835	0.488

（2）控股性质与企业环保投资

本书根据企业的控股性质，将样本企业区分为国有控股企业和民营控股企业两类，进而统计这两类企业环保投资的规模分布和检验二者是否存在显著性差异。根据统计结果见表4-29，可以发现：第一，国有控股企业与民营控股企业的样本量分别为237家、337家，显然，在总样本量中，有不少企业的大股东属于民营股性质；第二，国有控股企业的环保投资规模平均值要高于民营控股企业的取值，但二者中位数取值相差不大；第三，两类控股企业各年的环保投资规模同样存在标准差高于平均值、平均值高于中位数、最大值与最小值相差较大的现象，说明企业环保投资规模存在突出的个体性差异。此外，非参数检验结果（见表4-30）表明：国有控股企业与民营控股企业之间的环保投资规模不存在显著性差异。

表4-29　　各控股性质下的企业环保投资规模

控股性质	年份	观测值	平均值	标准差	中位数	最小值	最大值
国有控股	2008	83	0.010838	0.016443	0.003688	0.000048	0.082988
	2009	52	0.009925	0.018056	0.002535	0.000005	0.112930
	2010	58	0.016813	0.040388	0.002916	0.000030	0.229323
	2011	44	0.006907	0.015370	0.002065	0.000014	0.064800
	小计	237	0.011370	0.024758	0.002988	0.000005	0.229323
民营控股	2008	44	0.006977	0.010667	0.002694	0.000153	0.054585
	2009	63	0.007343	0.010107	0.002890	0.000031	0.042189
	2010	95	0.007294	0.013129	0.003020	0.000005	0.101198
	2011	135	0.007500	0.015155	0.002644	0.000003	0.108824
	小计	337	0.007344	0.013163	0.002766	0.000003	0.108824

表4-30 **企业环保投资规模的控股差异检验结果**

统计检验	观测值	Z值	显著性
Mann-Whitney U检验	574	−1.245	0.213
Kolmogorov-Smirnov Z检验	574	0.872	0.433

（3）股权分布状态与企业环保投资

股权集中度是根据企业股权结构对股权分布状态进行有效确认的指标。在实际中，股权集中度的替代指标较多，如第一大股东持股比例、前三大股东持股比例、前五大股东持股比例、前十大股东持股比例、Z指数（第一大股东与第二大股东持股比例之比）、S指数（第二大股东至第十大股东的持股比例之和）、H指数（赫芬达尔指数），而多数学者在学术研究中采用赫芬达尔指数作为衡量股权集中度的替代指标。由于我国上市公司仍然存在明显的"大股东现象"，可以通过第一大股东持股比例来划分和判断企业股权集中或分散的程度。具体而言，企业股权分布状态可分为以下几种类型：股权高度集中（绝对控股股东拥有70%及以上的企业股份）、股权集中（绝对控股股东的持股比例在50%～70%之间）、股权分散（相对控股股东的持股比例在30%～50%之间）、股权高度分散（单个股东的持股比例均在30%以下）。本书根据以上标准对样本企业的股权分布状态所属类型进行了准确区分。

根据统计结果见表4-31，可以发现各股权分布状态下的企业环保投资规模呈现出以下现象和特征：

第一，从各股权分布状态所含样本量的情况来看，股权高度集中、股权集中、股权分散和股权高度分散的样本量分别为31家、160家、226家和157家。显然，股权分散企业在总样本量中的比例最高（39.37%），其次是股权集中企业（27.87%）与股权高度分散企业（27.35%），而股权高度集中企业所占比例最小（5.41%）。然而，股权高度集中企业与股权集中企业所占总样本量的比例合计为33.28%，这表明1/3的样本企业拥有绝对控股股东。股权高度集中企业、股权集中企业和股权分散企业所占总样本量的比例合计为72.65%，说明我国多数企业拥有绝对控股股东或相对控股股东。因此，我国企业股权结构普遍呈现出"一股独大"和股权集中的情况。

表4-31　　　　　　　　**各股权集中度下的企业环保投资规模**

股权集中度	年份	观测值	平均值	标准差	中位数	最小值	最大值
股权高度集中	2008	5	0.010153	0.007413	0.008046	0.002564	0.021592
	2009	7	0.017040	0.010510	0.013512	0.002485	0.030992
	2010	11	0.004606	0.004653	0.004626	0.000032	0.016560
	2011	8	0.006232	0.009752	0.001799	0.000105	0.027679
	小计	31	0.008728	0.009120	0.005714	0.000032	0.030992
股权集中	2008	36	0.007651	0.013315	0.002214	0.000048	0.073323
	2009	34	0.008159	0.011655	0.002316	0.000005	0.042618
	2010	39	0.011814	0.029370	0.002764	0.000005	0.137205
	2011	51	0.006001	0.008935	0.002988	0.000014	0.048688
	小计	160	0.008248	0.017415	0.002645	0.000005	0.137205
股权分散	2008	49	0.010715	0.016699	0.004000	0.000058	0.082988
	2009	44	0.008030	0.010919	0.003092	0.000031	0.039407
	2010	63	0.009417	0.018059	0.003038	0.000014	0.101198
	2011	70	0.010164	0.020793	0.002777	0.000003	0.108824
	小计	226	0.009660	0.017481	0.003131	0.000003	0.108824
股权高度分散	2008	37	0.009602	0.014418	0.002691	0.000153	0.054585
	2009	30	0.007625	0.020619	0.002212	0.000083	0.112930
	2010	40	0.014085	0.038636	0.003227	0.000088	0.229323
	2011	50	0.004980	0.010613	0.001633	0.000004	0.064800
	小计	157	0.008894	0.023406	0.002314	0.000004	0.229323

　　第二，从环保投资规模的整体平均值来看，各股权分布状态下的取值基本相当，这在一定程度上说明各股权分布状态下的企业环保投资规模不存在明显的差异。同时，各年各股权分布状态下的平均值均远远高于中位数，说明绝大多数企业的环保投资规模普遍偏低；企业环保投资规模的标准差基本上高于平均值与中位数，而且最小值与最大值取值相差较大，这充分表明各股权分布状态下的企业环保投资行为存在明显的个体性差异。

　　非参数检验结果（见表4-32）表明：不同股权集中度下的企业环保投资规模只存在细微的差异。Mann-Whitney U 检验和 Kolmogorov-Smirnov Z 检验结果（见表4-33）表明：这种细微差异体现在股权高度集中企业与股权集中企业之间、股权高度集中企业与股权高度分散企业之间。

表4-32　　　各股权集中度下企业环保投资规模的差异检验结果1

统计检验	观测值	卡方值	自由度	显著性
Kruskal Wallis H检验	574	5.465	3	0.141
Median检验	574	6.655	3	0.084

表4-33　　　各股权集中度下企业环保投资规模的差异检验结果2

股权集中度	观测值	Mann-Whitney U 检验		Kolmogorov-Smirnov Z 检验	
		Z 值	显著性	Z 值	显著性
股权高度集中与股权集中	191	−1.743	0.081	1.117	0.165
股权高度集中与股权分散	257	−1.268	0.205	1.091	0.185
股权高度集中与股权高度分散	188	−1.992	0.046	1.174	0.127
股权集中与股权分散	386	−0.983	0.326	0.931	0.351
股权集中与股权高度分散	317	−0.481	0.630	0.540	0.933
股权分散与股权高度分散	383	−1.571	0.116	1.113	0.168

6）企业成长性与企业环保投资

一般而言，企业成长性在很大程度上代表了企业的投资机会、增长潜力和市场价值。在不考虑其他因素的情况下，企业的投资需求是其成长机会的单调递增函数，二者具有正相关关系。在学术研究与投资决策实务中，托宾Q（Tobin's Q）是衡量企业的成长性、业绩表现和市场价值的重要指标，而且该指标能够有效帮助企业和投资者辨别投资项目的优劣（Wurgler，2000）。具体而言，托宾Q是企业的市场价值与其资产重置成本的比值，其中，市场价值包括权益资本价值和债务资本价值。然而，由于我国资本市场还不发达，重置资本的计量技术还不成熟，甚至不少上市公司仍存在非流通股，这使得本书无法准确计算出托宾Q。鉴于此，国内多数学者和研究机构以年末总资产代替资产重置成本，以每股净资产代替非流通股的市场价格。托宾Q计算公式如下：

$$Tobin'Q = \frac{E_1 + E_2 + L}{C} = \frac{(S_1 \times P_1 + S_2 \times P_2 + L)}{C} \qquad 公式（4-1）$$

其中，E_1、E_2分别代表流通股市值、非流通股市值；L为净债务市值，以负债账面价值表示；C 为重置成本，以年末总资产表示；S_1、S_2 分别为年末流通股股数、年末非流通股股数；P_1、P_2 分别为每股股价、每股净资产。

从本质上看，托宾 Q 是企业的市场价值与资产重置成本这两种不同价值估计的比值，反映的是企业的股票价格与投资支出之间的相互关联性。当托宾 Q 等于1时，企业的市场价值（股票价格）与资产重置成本相等，表明企业的投资支出与资本成本达到了动态平衡；当托宾 Q 大于1时，企业的市场价值高于重置成本，此时企业具有较多投资机会，应该增加投资支出以提高市场价值；当托宾 Q 小于1时，企业资产重置成本高于市场价值，此时企业在具备较少投资机会的情况下通常会减少投资支出。基于此，本书分别将托宾 Q<1、1≤托宾 Q<2、托宾 Q≥2的上市公司定义为低成长性企业、中成长性企业、高成长性企业，进而探讨企业投资机会与环保投资行为之间的关系。

各成长性阶段下的企业环保投资规模见表4-34。

表4-34　　　　　**各成长性阶段下的企业环保投资规模**

企业成长性	年份	观测值	平均值	标准差	中位数	最小值	最大值
低成长性	2008	37	0.009623	0.015240	0.004264	0.000048	0.073323
	2009	9	0.013147	0.013541	0.009963	0.000005	0.042618
	2010	18	0.009232	0.020249	0.003362	0.000235	0.086957
	2011	36	0.006202	0.011941	0.001556	0.000023	0.059849
	小计	100	0.008638	0.014984	0.003114	0.000005	0.086957
中成长性	2008	86	0.009752	0.014909	0.003310	0.000107	0.082988
	2009	63	0.009140	0.017157	0.002485	0.000031	0.112930
	2010	85	0.012646	0.032217	0.002764	0.000005	0.229323
	2011	115	0.007531	0.015970	0.002646	0.000003	0.108824
	小计	349	0.009615	0.021084	0.002764	0.000003	0.229323
高成长性	2008	3	0.003795	0.004868	0.001345	0.000639	0.009402
	2009	40	0.005521	0.007071	0.002788	0.000125	0.025773
	2010	47	0.008927	0.019548	0.003236	0.000027	0.128068
	2011	27	0.008088	0.016189	0.002372	0.000014	0.073276
	小计	117	0.007437	0.015169	0.002814	0.000014	0.128068

注：因8家样本企业的托宾 Q 存在缺失，故样本只有566家。

从表4-34中可以发现，我国上市公司的环保投资规模在各成长阶段下呈现出以下特征：

第一，在总样本的构成中，低成长性企业、中成长性企业和高成长性企业的样本量分别为100家、349家和117家。显然，中成长性企业所占比例最高（60.80%），低成长性企业与高成长性企业的样本比例基本相当，这说明多数企业处于中成长性阶段。

第二，从企业环保投资规模的整体平均值来看，中成长性企业最高、低成长性企业次之、高成长性企业最小，然而三者的取值相差不大，这在一定程度上表明各成长性阶段下的企业环保投资行为不存在明显的差异。

第三，各年各成长性阶段下的企业环保投资规模均呈现出以下特点：在环保投资规模的基本统计量中，不仅标准差高于平均值、平均值高于中位数，而且最小值与最大值相差较大，这既说明多数企业的环保投资规模占其总资产的比例偏低，又反映出处于各成长性阶段的企业在环保投资方面存在突出的个体性差异。

根据 Kruskal Wallis H 检验和 Median 检验的结果（见表4-35），可以发现：两种统计检验下的卡方值均未呈现出显著性，这表明处于各成长性阶段的企业环保投资规模不存在显著性差异。Mann-Whitney U 检验和 Kolmogorov-Smirnov Z 检验结果（见表4-36）也充分表明：各成长性阶段下的企业环保投资规模不具有显著性差异。

表4-35　　各成长性阶段下企业环保投资规模的差异检验结果1

统计检验	观测值	卡方值	自由度	显著性
Kruskal Wallis H 检验	566	0.234	2	0.890
Median 检验	566	0.189	2	0.910

表4-36　　各成长性阶段下企业环保投资规模的差异检验结果2

企业成长性	观测值	Mann-Whitney U 检验		Kolmogorov-Smirnov Z 检验	
		Z 值	显著性	Z 值	显著性
低成长性与中成长性	449	−0.350	0.720	0.926	0.358
低成长性与高成长性	217	−0.473	0.636	1.241	0.092
中成长性与高成长性	466	−0.236	0.814	0.705	0.703

4.1.4 我国企业环保投资现状总结

自 2006 年以来，我国环境保护部和证监会强化了对上市公司社会责任信息披露、环境信息披露及其信息披露质量的监管，广大利益相关者的社会责任意识和环保意识逐渐增强。在这种时代背景下，我国企业社会责任运动得到广泛开展，越来越多的企业已经认识到履行企业社会责任和环境责任的重要性和必要性，企业纷纷以披露《企业社会责任报告》的方式向资本市场公开自身在"促进社会可持续发展""环境及生态可持续发展""经济可持续发展"等方面的责任履行情况。而企业环保投资行为作为社会责任活动的重要组成部分，也是连接企业生产经营活动与环境保护活动的纽带，已经表现出明显的必要性与紧迫性。为全面了解我国企业环保投资的现状和特征，本章着重探讨了我国 A 股上市公司环保投资的结构及其分布特征，得到的主要结论如下：

第一，自 2008 年以来，虽然深交所和上交所出台的有关社会责任与环境保护的政策文件在很大程度上提高了企业环保意识，促进了企业对社会责任履行情况的自愿披露行为，但是我国多数上市公司自愿披露《企业社会责任报告》、《可持续发展报告》或《环境报告书》的意愿不强。而且，我国《企业社会责任报告》是在借鉴《可持续发展报告》——G3 标准的基础上发展而来，而《环境报告书》是对《企业社会责任报告》中"环境保护与生态可持续发展"部分的细化与详解。

第二，我国上市公司环保投资结构的内容及特征如下：

（1）本书将企业环保投资结构界定为环保技术的研发与改造支出、环保设施及系统的投入与改造支出、污染治理支出、清洁生产支出、环境税费、生态保护支出及其他七大类，该分类方法较全面地反映了当前我国企业环保投资支出的实际情况。经统计分析发现，"环保设施及系统的投入与改造支出"是企业环保投资的主要内容，而"污染治理支出"、"清洁生产支出"和"环保技术的研发与改造支出"构成了企业环保投资的重要内容。显然，我国企业环保投资结构表现出明显的"费用说"和以"降污减排、节能降耗"为导向的特征。

（2）从企业环保投资资金的配置情况来看，多数企业将大量环保资金用来购买和改造环保设施及系统，说明"环保设施及系统的投入与改造支出"是企业环保投资的主要方向和侧重点。同时，多数企业在"环保设施及系统的投入与改造"和"污染治理支出"方面投入了较多的环保资金，而在"环保技术的研发与改造支出"、"环境税费"、"清洁生产支出"、"生态保护支出"和"其他"方面投入的环保资金相对较少。从每项环保投资结构的资金配置情况来看，除"环境税费"外，其他每项环保投资结构都有企业将其作为环保投资的主要方向，表明环保投资结构在企业间具有突出的个体性差异；而且绝大多数企业都有各自环保投资的重点，说明企业间的环保投资方向具有较大差异。

第三，我国上市公司环保投资的分布特征如下：

（1）从企业环保投资的规模分布来看，环保投资总额占其总投资额、营业收入、总资产的比重均非常低，而且环保投资规模的平均值远低于中位数，这在很大程度上表明我国绝大多数企业存在环保投资额偏低的现象。

（2）从企业环保投资规模的行业分布来看，制造业企业与非制造业企业的环保投资规模基本相当。重污染行业企业的环保投资规模远超过非重污染行业企业的环保投资规模，环保投资规模较大的制造业企业多属于重污染行业企业，环保投资规模较小的非制造业企业多属于非重污染行业企业。同时，非参数统计检验结果表明，各行业间的企业环保投资规模存在显著性差异，而且这种行业性差异是广泛存在的，尤其体现在重污染行业企业与非重污染行业企业之间，因而企业环保投资规模表现出与行业污染程度的正相关性。从各行业不同发展阶段下的企业环保投资规模分布来看，成熟性行业企业环保投资规模最大、成长性行业企业次之、衰退性行业企业最小，而且非参数检验结果表明，各行业发展阶段下企业环保投资规模存在显著性差异的情况主要体现在成长性行业企业与成熟性行业企业之间。

（3）从企业环保投资规模的地区分布来看，环保投资规模最大的是西部地区，其次是中部地区，再者是东部地区，最小的是东北地区，但各地区的绝大多数企业普遍存在环保投资额偏低的现象。非参数检验结果表明，企业环保投资规模存在显著的地区性差异，但这种差异多体现在中部地区企业与非中部地区企业之间。本书考虑到各地区之间在经济发展水平、资源环境、环境容量等方面存在的差异，也考虑了各地区市场化进程下企业环保投资的规模分布，并根据各地区和各省（市、区）的市场化水平，将市场化进程地区划分为高市场化进程地区、中市场化进程地区和低市场化进程地区三类，研究发现：低市场化进程地区的企业环保投资规模高于中市场化进程地区和高市场化进程地区的企业环保投资规模，而中市场化进程地区与高市场化进程地区的企业环保投资规模基本相当。非参数检验结果表明，各市场化进程地区之间的企业环保投资规模存在显著性差异，而且这种差异多体现在高市场化进程地区企业与非高市场化进程地区企业之间。

（4）本书根据企业的产权性质，将样本企业区分为国有产权企业与民营产权企业。统计发现，国有产权企业比民营产权企业投入了更大规模的环保资金，但非参数检验结果表明，虽然二者之间的环保投资规模存在差异性，但这种差异性在统计上的显著性较弱。

（5）本书根据股权特征将企业区分为国家股企业、国有法人股企业和民营股企业三类，其中前两类属于国有控股企业。统计发现，在环保投资规模方面，国有法人股企业高于国家股企业和民营股企业，国有控股企业高于民营控股企业，这在一定程度上表明国有法人股企业与非国有法人股控制企业之间、国有控股企业与民营控股企业之间的环保投资规模存在一定的差异。但非参数检验结果表明，各类大股东性质和控股性质下的企业环保投资规模并不具有显著性差异。同时，本书根据第一大股东持股比例将企业的股权分布状态（股权集中度）区分为股权高度集中、股权集中、股权分散、股权高度分散四类。统计发现，我国上市公司仍然存在"一股独大"和股权集中的股权分布状态，且比例较高，但是各股权分布状态下的企业环保投资规模不具有明显的差异性。而且非参数检验结果也表明，各股权分布状态下的企业环保投资规模只存在细微差异，而这种差异性主要体现在股权高度集中企业与股权集中企业之间、股权高度集中企业与股权高度分散企业之间。

（6）从成长性阶段的企业环保投资规模来看，低成长性企业、中成长性企业和高成长性企业的环保投资规模基本相当，而且非参数检验结果也表明，处于各成长性阶段下的企业在环保投资规模方面不存在显著性差异。

4.2 —— 企业环保投资绩效与投资效率的现状和特征 ——

本节主要从行业属性、地区差异、控股性质、产权性质等角度分析企业环保投资绩效与投资效率的现状和特征。环保投资绩效是构成环保投资效率的最主要因素，因此，本书在统计分析企业环保投资效率时也对企业环保投资绩效进行了相应的统计分析。

4.2.1 企业环保投资绩效与投资效率的基本分布

1）企业环保投资绩效的基本分布

企业环保投资绩效的基本分布统计结果见表4-37。

表4-37 　　　　企业环保投资绩效的基本分布统计结果

环保投资绩效	年 份	观测值	平均值	标准差	中位数	最小值	最大值
经济绩效 （X01～X04）	2008	127	0.452415	0.612691	0.000000	0.000000	2.649048
	2009	115	0.434985	0.599448	0.000000	0.000000	2.649048
	2010	153	1.490837	1.136286	1.596479	0.000000	3.441172
	2011	179	0.584024	0.745281	0.000000	0.000000	3.441172
	小计	574	0.766757	0.929249	0.792124	0.000000	3.441172
社会绩效 （Y01～Y06）	2008	127	0.583283	0.675173	0.000000	0.000000	3.149072
	2009	115	0.789247	0.868607	1.059044	0.000000	3.149072
	2010	153	1.366516	0.926645	1.059044	0.000000	3.149072
	2011	179	0.773547	0.891984	1.028107	0.000000	3.149072
	小计	574	0.892652	0.901685	1.059044	0.000000	3.149072
环境管理绩效 （Z01～Z07）	2008	127	2.505609	1.815303	2.033911	0.000000	7.070123
	2009	115	3.589825	1.793506	4.000911	0.000000	7.070123
	2010	153	2.895028	1.660385	3.041873	0.000000	7.070123
	2011	179	2.928640	1.847627	3.010216	0.000000	7.070123
	小计	574	2.958551	1.811954	3.026764	0.000000	7.070123

续表

环保投资绩效	年 份	观测值	平均值	标准差	中位数	最小值	最大值
降污减排绩效 (Z08～Z13)	2008	127	3.223227	1.485573	3.121013	0.000000	6.254257
	2009	115	3.915083	1.502130	4.153437	0.000000	6.254257
	2010	153	3.508501	1.668074	3.147633	0.000000	6.254257
	2011	179	3.326581	1.754088	3.121013	0.000000	6.254257
	小计	574	3.470110	1.639572	4.148400	0.000000	6.254257
节能降耗绩效 (Z14～Z18)	2008	127	3.272014	1.425045	3.094393	0.000000	5.147009
	2009	115	3.632986	1.314079	4.094441	0.000000	5.147009
	2010	153	2.877685	1.503173	3.051225	0.000000	5.147009
	2011	179	2.544963	1.305445	3.046909	0.000000	5.147009
	小计	574	3.012497	1.443684	3.051225	0.000000	5.147009
生态保护绩效 (Z19～Z20)	2008	127	0.276182	0.514104	0.000000	0.000000	1.979232
	2009	115	0.418694	0.561799	0.000000	0.000000	1.979232
	2010	153	0.432874	0.593086	0.000000	0.000000	1.979232
	2011	179	0.381482	0.552218	0.000000	0.000000	1.979232
	小计	574	0.379338	0.558916	0.000000	0.000000	1.979232
环境绩效 (Z01～Z20)	2008	127	9.277032	3.226863	9.222025	2.081395	16.437480
	2009	115	11.556590	3.862961	11.314930	4.057749	18.464200
	2010	153	9.714088	3.859763	9.256559	1.000048	19.416040
	2011	179	9.181667	3.735885	8.268742	3.046909	18.471390
	小计	574	9.820496	3.787745	9.268790	1.000048	19.416040
环保投资 总绩效	2008	127	10.312730	3.455106	10.224950	3.060578	20.015350
	2009	115	12.780820	4.418570	13.043070	4.080052	21.557870
	2010	153	12.571440	5.168939	12.066050	3.008777	25.140770
	2011	179	10.539240	4.470991	10.206240	3.057701	23.401120
	小计	574	11.479900	4.587236	11.150540	3.008777	25.140770

从表4-37中可以发现，企业环保投资绩效的基本分布存在以下特点：

第一，从整体统计数据来看，环保投资的经济绩效、社会绩效、环境绩效和总绩效的平均值（中位数）分别为0.766757（0.792124）、0.892652（1.059044）、9.820496（9.268790）、11.479900（11.150540）。其中，环境绩效中环境管理绩效、降污减排绩效、节能降耗绩效、生态保护绩效的平均值（中位数）分别为 2.958551（3.026764）、3.470110（4.148400）、3.012497（3.051225）、0.379338（0.000000）。显然，企业各类环保投资绩效的平均值与中位数基本相当，但企业环保投资总绩效偏低。

第二，从环保投资绩效的平均值来看，企业环保投资绩效中的经济绩效、社会绩效和环境绩效各自所占总绩效的比例分别为 6.68%、7.78%、85.54%。可见，在全部环保投资绩效评价项目中，占 2/3 比例的环境绩效评价项目却取得了 85.54% 的环保投资绩效，这说明在企业环保投资行为所取得的各类绩效中，环境绩效远高于经济绩效和社会绩效，而经济绩效与社会绩效基本相当。因此，环境绩效是当前企业环保投资的主要目标，这与企业环保投资的多元化目标特征基本吻合。

第三，虽然各类环保投资绩效的平均值与中位数基本相当，但其最小值与最大值相差很大，这说明企业环保投资绩效存在较突出的个体性差异。

从企业各类环保投资绩效取值与环保投资总绩效取值的对比中可以发现，各类环保投资绩效在总绩效构成中的重要程度，但若要得知企业每类环保投资绩效的实际完成情况，还需进一步计算每类环保投资绩效在该类绩效评价项目总数中的比例，统计结果见表 4-38。

表 4-38　　　　　　　**企业环保投资绩效的完成情况**

类　别	平均值	项目权重	比　例
经济绩效	0.766757	3.441172	0.222819
社会绩效	0.892652	6.108207	0.146140
环境管理绩效	2.958551	7.070123	0.418458
降污减排绩效	3.470110	6.254257	0.554840
节能降耗绩效	3.012497	5.147009	0.585291
生态保护绩效	0.379338	1.979232	0.191659
环境绩效	9.820496	20.450621	0.480205
总绩效	11.479900	30.000000	0.382663

第4章　企业环保投资及其效率的现状分析

从表4-38中可以看出，企业各类环保投资绩效的实际完成情况如下：经济绩效（22.28%）、社会绩效（14.61%）、环境管理绩效（41.85%）、降污减排绩效（55.48%）、节能降耗绩效（58.53%）、生态保护绩效（19.17%）、环境绩效（48.02%）、总绩效（38.27%）。显然，企业环保投资行为所带来的环保绩效实际完成情况具有如下特点：第一，环保绩效总体水平偏低，仅为38.27%；第二，在各类环保投资绩效中，环境绩效远高于经济绩效和社会绩效，经济绩效稍高于社会绩效，这基本符合企业环保投资的目标要求，也与前文的统计结论相一致；第三，在各类环境绩效中，降污减排绩效和节能降耗绩效完成情况最高、环境管理绩效次之、生态保护绩效最低，这与前文探讨企业环保投资结构时得出的结论呈现一致性，即我国企业环保投资多体现出"费用说"和以"降污减排、节能降耗"为导向的特征。

2）企业环保投资效率的基本分布

本书选取公式（3-2）计算企业环保投资效率指数值，进而对我国企业环保投资效率的基本分布进行统计分析见表4-39。

87

表4-39　　　　　　　**企业环保投资效率的基本分布统计**

环保投资效率	年份	观测值	平均值	标准差	中位数	最小值	最大值
经济效率（X01~X04）	2008	127	0.001742	0.006451	0.000000	0.000000	0.048959
	2009	115	0.001930	0.006722	0.000000	0.000000	0.040218
	2010	153	0.003050	0.012633	0.000246	0.000000	0.128783
	2011	179	0.005225	0.028280	0.000000	0.000000	0.268118
	小计	574	0.003215	0.017635	0.000014	0.000000	0.268118
社会效率（Y01~Y06）	2008	127	0.001374	0.005956	0.000000	0.000000	0.052952
	2009	115	0.001870	0.006191	0.000022	0.000000	0.042362
	2010	153	0.002900	0.010072	0.000309	0.000000	0.075646
	2011	179	0.003302	0.018819	0.000005	0.000000	0.211809
	小计	574	0.002481	0.012368	0.000048	0.000000	0.211809
环境管理效率（Z01~Z07）	2008	127	0.008511	0.026180	0.000594	0.000000	0.203859
	2009	115	0.011448	0.027932	0.001065	0.000000	0.201823
	2010	153	0.006877	0.025676	0.000740	0.000000	0.263286
	2011	179	0.023696	0.118960	0.000994	0.000000	1.016116
	小计	574	0.013399	0.070196	0.000830	0.000000	1.016116
降污减排效率（Z08~Z13）	2008	127	0.009695	0.027395	0.001275	0.000000	0.207672
	2009	115	0.010721	0.032684	0.001037	0.000000	0.312713
	2010	153	0.009314	0.035065	0.001038	0.000000	0.296828
	2011	179	0.021773	0.126279	0.001387	0.000000	1.394072
	小计	574	0.013565	0.075420	0.001162	0.000000	1.394072

环保投资效率	年份	观测值	平均值	标准差	中位数	最小值	最大值
节能降耗效率 (Z14～Z18)	2008	127	0.009624	0.025455	0.001450	0.000000	0.204974
	2009	115	0.012462	0.034842	0.001000	0.000000	0.257350
	2010	153	0.007207	0.030047	0.000867	0.000000	0.296314
	2011	179	0.012955	0.051601	0.001332	0.000000	0.404004
	小计	574	0.010587	0.038162	0.001072	0.000000	0.404004
生态保护效率 (Z19～Z20)	2008	127	0.000664	0.003311	0.000000	0.000000	0.033623
	2009	115	0.001042	0.005426	0.000000	0.000000	0.050434
	2010	153	0.000427	0.001972	0.000000	0.000000	0.019792
	2011	179	0.001873	0.010490	0.000000	0.000000	0.100868
	小计	574	0.001054	0.006621	0.000000	0.000000	0.100868
环境效率 （Z01～ Z20）	2008	127	0.028494	0.076053	0.004452	0.000033	0.513838
	2009	115	0.035673	0.093392	0.003730	0.000015	0.771404
	2010	153	0.023825	0.085157	0.003060	0.000009	0.739912
	2011	179	0.060297	0.283019	0.004761	0.000017	2.743537
	小计	574	0.038605	0.173330	0.004116	0.000009	2.743537
环保投资总效率	2008	127	0.031610	0.085744	0.004740	0.000035	0.611864
	2009	115	0.039473	0.102351	0.003975	0.000019	0.811622
	2010	153	0.029774	0.099480	0.004209	0.000011	0.815558
	2011	179	0.068823	0.318743	0.005323	0.000021	3.011656
	小计	574	0.044301	0.195375	0.004958	0.000011	3.011656

从表4-39中的统计结果可以发现，我国上市公司环保投资效率存在以下特点：

第一，从整体统计数据来看，环保投资的经济效率、社会效率、环境效率和总效率的平均值（中位数）分别为0.003215（0.000014）、0.002481（0.000048）、0.038605（0.004116）、0.044301（0.004958）。其中，环境效率中环境管理效率、降污减排效率、节能降耗效率、生态保护效率的平均值（中位数）分别为0.013399（0.000830）、0.013565（0.001162）、0.010587（0.001072）、0.001054（0.000000）。显然，各类环保投资效率的平均值远高于中位数，说明绝大多数企业的环保投资效率未达到平均水平。结合前文统计发现，企业环保投资额有限（偏低）、环保投资绩效实际完成情况非常不理想，在一定程度上可以得出我国上市公司的环保投资效率处于低水平状态的基本结论。

第二，在企业各类环保投资效率中，环境效率最高、社会效率次之、经济效率最小，而且环境效率远高于社会效率和经济效率，社会效率与经济效率相差不大。可见，环境效率对企业环保投资效率而言至关重要。

第三，在各年数据与整体数据中，不仅各类环保投资效率的平均值与中位数相差很大，而且其最小值与最大值相差悬殊，说明企业环保投资效率存在突出的个体性差异。

4.2.2　企业环保投资绩效与投资效率的行业特征

1）企业环保投资绩效与投资效率的行业分布

企业环保投资绩效与投资效率的行业分布见表 4-40。

表 4-40　　　　　**企业环保投资绩效与投资效率的行业分布**

行业及代码	观测值	环保投资绩效				环保投资效率			
		经济绩效	社会绩效	环境绩效	总绩效平均值	经济效率	社会效率	环境效率	总效率平均值
农、林、牧、渔业（A）	7	0.870031	0.756460	6.840205	8.466697	0.000864	0.000723	0.020703	0.022289
采掘业（B）	56	0.751732	1.188919	11.081940	13.022590	0.000168	0.000280	0.002295	0.002743
电力、煤气及水的生产和供应业（D）	26	0.366730	1.054616	8.761211	10.182560	0.003344	0.003495	0.029538	0.036376
建筑业（E）	15	0.591491	1.333781	10.555330	12.480600	0.000895	0.002251	0.007567	0.010714
交通运输、仓储业（F）	34	0.643429	0.683613	9.195152	10.522190	0.001157	0.001577	0.019784	0.022518
信息技术业（G）	6	0.695357	0.706029	7.679744	9.081131	0.000992	0.001464	0.008287	0.010743
批发和零售贸易（H）	14	0.597768	0.226938	7.544504	8.369209	0.020216	0.004671	0.113789	0.138676
房地产业（J）	7	0.507835	1.504492	11.838490	13.850820	0.000111	0.002061	0.025235	0.027406
社会服务业（K）	11	0.542538	1.436236	9.286057	11.264830	0.000688	0.001141	0.006608	0.008437
传播与文化产业（L）	—	—	—	—	—	—	—	—	—
综合类（M）	10	0.546069	0.953139	5.728908	7.228116	0.007825	0.010121	0.038319	0.056265
食品、饮料（C0）	39	1.168586	0.651000	9.440777	11.260360	0.004182	0.002096	0.035678	0.041956
纺织、服装、皮毛（C1）	14	1.145944	0.829896	10.393000	12.368840	0.001551	0.001561	0.017880	0.020992
木材、家具（C2）	2	0.402178	0.000000	14.843880	15.246050	0.020109	0.000000	0.416506	0.436615
造纸、印刷（C3）	12	0.889731	1.147297	8.900067	10.937100	0.000554	0.008509	0.030884	0.039947
石油、化学、塑胶、塑料（C4）	50	0.691069	0.824371	9.051341	10.566780	0.004231	0.005974	0.054308	0.064514
电子（C5）	23	0.535747	0.460454	7.399542	8.395742	0.002562	0.004698	0.047001	0.054261
金属、非金属（C6）	113	0.839360	1.103542	11.122640	13.065550	0.000979	0.001301	0.013839	0.016118
机械、设备、仪表（C7）	95	0.768435	0.810936	9.764353	11.343720	0.006403	0.001528	0.083720	0.091651
医药、生物制品（C8）	39	0.930740	0.570254	10.622090	12.123090	0.002393	0.003030	0.048437	0.053861
其他制造业（C9）	1	—	—	4.059907	4.059907	—	—	0.008458	0.008458
制造业合计	388	0.835368	0.841658	9.988998	11.666020	0.003388	0.002636	0.046537	0.052561
非制造业合计	186	0.623632	0.999027	9.468997	11.091660	0.002853	0.002158	0.022059	0.027070
重污染行业合计	339	0.839496	0.947823	10.349230	12.136550	0.001824	0.002034	0.023704	0.027561
非重污染行业合计	235	0.661826	0.813065	9.057762	10.532650	0.005221	0.003127	0.060101	0.068449
全样本合计	574	0.766757	0.892652	9.820496	11.479900	0.003215	0.002481	0.038605	0.044301

从表4-40的统计结果中可以发现，我国A股上市公司环保投资绩效与投资效率的行业分布具有以下现象或特征：

（1）就环保投资绩效而言，各类环保投资绩效的行业分布情况如下：

第一，若从环保投资总绩效的平均值来看，制造业与非制造业的取值分别为11.666020、11.091660，虽然前者稍高于后者，但均接近于全样本的取值（11.479900）；重污染行业的取值（12.136550）高于非重污染行业的取值（10.532650），而且前者高于全样本的平均值，后者低于全样本的平均值。高于环保投资总绩效的行业有采掘业、建筑业、房地产业、纺织服装皮毛、木材家具、金属非金属、医药生物制品等。很明显，这些行业多属于制造业和重污染行业的范围，因而企业环保投资绩效存在一定的行业性差异。

第二，制造业与非制造业的环保投资经济绩效分别为0.835368、0.623632，重污染行业与非重污染行业的环保投资经济绩效分别为0.839496、0.661826。显然，制造业和重污染行业的取值稍高于全样本的平均值（0.766757）。高于环保投资经济绩效整体水平的行业有农林牧渔业、食品饮料、纺织服装皮毛、造纸印刷、金属非金属、医药生物制品等，这些行业也多属于制造业和重污染行业的范围。

第三，制造业、非制造业、重污染行业和非重污染行业的环保投资社会绩效分别为0.841658、0.999027、0.947823、0.813065。虽然四者的取值相差不大，但非制造业与重污染行业的取值稍高于全样本的平均值（0.892652）。特别是，采掘业、电力煤气及水的生产和供应业、建筑业、房地产业、社会服务业、造纸印刷、金属非金属等的环保投资社会绩效相对较高。

第四，制造业、非制造业、重污染行业和非重污染行业的环保投资环境绩效分别为9.988998、9.468997、10.349230、9.057762，显然，以上四者的取值与全样本的环境绩效（9.820496）非常接近。相对而言，环保投资环境绩效较高的行业有采掘业、建筑业、房地产业、纺织服装皮毛、木材家具、金属非金属、医药生物制品等。

（2）就企业环保投资效率而言，各类环保投资效率的行业分布情况如下：

第4章　企业环保投资及其效率的现状分析

第一，制造业、非制造业、重污染行业和非重污染行业的环保投资总效率平均值分别为0.052561、0.027070、0.027561、0.068449，说明制造业与非重污染行业的环保投资效率明显高于非制造业与重污染行业的相应取值，而且前两者的取值均高于全样本的平均值（0.044301）；非制造业与重污染行业的环保投资效率基本相当，但二者取值相对较低。环保投资效率较高的行业主要体现在批发和零售贸易、木材家具、机械设备仪表等。

第二，从环保投资经济效率来看，制造业、非制造业、重污染行业和非重污染行业的环保投资经济效率分别为0.003388、0.002853、0.001824、0.005221。虽然这些行业的环保投资经济效率均接近于全样本的取值（0.003215），但环保投资效率较高的行业集中在批发和零售贸易和木材家具。

第三，制造业、非制造业、重污染行业和非重污染行业的环保投资社会效率分别为0.002636、0.002158、0.002034、0.003127。显然，这些行业的环保投资社会效率相差不大，均接近于全样本的平均值（0.002481）。

第四，环保投资环境效率的平均值为0.038605，制造业、非制造业、重污染行业和非重污染行业的环保投资环境效率分别为0.046537、0.022059、0.023704、0.060101，显然，制造业与非重污染行业的环境效率明显高于非制造业与重污染行业的相应取值。然而，环境效率较高的行业主要体现在批发和零售贸易、木材家具、机械设备仪表等。

总之，企业环保投资效率中的经济效率和社会效率较低，环境效率较高，而且从各类环保投资效率的总体来看，制造业和非重污染行业经济效率、社会效率、环境效率与总效率均高于非制造业和重污染行业的相应取值。

为检验企业环保投资绩效与投资效率的行业分布是否在统计上存在显著差异，本书首先采用"K组独立样本检验法"（K Independent Samples Test）中的Kruskal Wallis H检验法与Median检验法进行多组行业差异检验，然后使用"两独立样本检验法"（Two Independent Samples Test）中的Mann-Whitney U检验法（M-W法）与Kolmogorov-Smirnov Z检验法

（K-S法）对两两行业之间的差异进行检验。

Kruskal Wallis H检验与Median检验的结果（见表4-41）表明：企业环保投资绩效与投资效率均存在显著的行业性差异。Mann-Whitney U检验与Kolmogorov-Smirnov Z检验的结果（见表4-42）表明：企业环保投资绩效的行业差异主要体现在重污染行业与非重污染行业之间，但制造业与非制造业之间的企业环保投资绩效不存在显著性差异；企业环保投资效率的行业差异在重污染行业与非重污染行业之间、制造业与非制造业之间均得以体现。

表4-41　企业环保投资绩效与投资效率的行业性差异检验结果1

项　目	统计检验	观测值	卡方值	自由度	显著性
环保投资绩效	Kruskal Wallis H检验	571	58.714	17	0.000
	Median检验	571	41.356	17	0.001
环保投资效率	Kruskal Wallis H检验	571	122.218	17	0.000
	Median检验	571	115.851	17	0.000

表4-42　企业环保投资绩效与投资效率的行业性差异检验结果2

项目	行业属性	观测值	Mann-Whitney U 检验		Kolmogorov-Smirnov Z 检验	
			Z 值	显著性	Z 值	显著性
环保投资绩效	重污染行业与非重污染行业	574	−4.074	0.000	1.844	0.002
	制造业与非制造业	574	−1.576	0.115	1.044	0.226
环保投资效率	重污染行业与非重污染行业	574	−6.257	0.000	3.180	0.000
	制造业与非制造业	574	−4.413	0.000	2.404	0.000

2）行业发展阶段与企业环保投资绩效及投资效率

各行业发展阶段与企业环保投资绩效及投资效率的统计结果见表4-43。

表4-43　各行业发展阶段与企业环保投资绩效及投资效率的统计结果

项目	行业发展阶段	年份	观测值	平均值	标准差	中位数	最小值	最大值
环保投资绩效	成长性行业	2008	33	9.556421	3.411997	9.201880	3.860617	18.033960
		2009	32	11.788250	4.618709	12.096260	4.080052	21.370810
		2010	37	11.635850	5.279067	11.104850	3.063456	25.140770
		2011	44	10.014710	5.214351	9.503333	3.057701	23.238530
		小计	146	10.710680	4.799685	10.278910	3.057701	25.140770
	成熟性行业	2008	91	10.537950	3.432991	10.281070	3.060578	20.015350
		2009	80	13.277390	4.326489	13.322940	4.862103	21.557870
		2010	108	12.998980	4.951257	12.821480	3.008777	22.149260
		2011	128	10.689380	4.182792	10.254810	3.116696	23.401120
		小计	407	11.777090	4.443680	11.283270	3.008777	23.401120
	衰退性行业	2008	3	11.800570	4.516704	12.062450	7.158617	16.180630
		2009	3	10.126380	2.573828	9.162310	8.173774	13.043070
		2010	8	11.126700	7.230209	10.029980	4.071418	23.157950
		2011	7	11.090870	4.999152	9.691832	3.982925	19.493740
		小计	21	11.068120	5.358321	9.962348	3.982925	23.157950
环保投资效率	成长性行业	2008	33	0.023178	0.037317	0.009967	0.000042	0.177336
		2009	32	0.046095	0.102037	0.012235	0.000104	0.484455
		2010	37	0.034663	0.133883	0.004209	0.000217	0.815558
		2011	44	0.042878	0.131725	0.006219	0.000078	0.821680
		小计	146	0.037048	0.110466	0.008016	0.000042	0.821680
	成熟性行业	2008	91	0.035429	0.098685	0.003199	0.000035	0.611864
		2009	80	0.036499	0.104273	0.002893	0.000019	0.811622
		2010	108	0.029470	0.089385	0.003473	0.000011	0.667101
		2011	128	0.080024	0.368794	0.004958	0.000021	3.011656
		小计	407	0.048083	0.222263	0.003565	0.000011	3.011656
	衰退性行业	2008	3	0.008506	0.004769	0.010872	0.003016	0.011629
		2009	3	0.048140	0.071350	0.010466	0.003524	0.130431
		2010	8	0.011279	0.007746	0.009053	0.002230	0.025219
		2011	7	0.027106	0.034544	0.020981	0.000971	0.102171
		小计	21	0.021424	0.032786	0.010872	0.000971	0.130431

93

　　从表4-43的统计结果中可以发现：在企业环保投资绩效方面，成长性行业、成熟性行业与衰退性行业的平均值（中位数）分别为10.710680（10.278910）、11.777090（11.283270）、11.068120（9.962348）。这说明，虽然处于成熟性行业的企业环保投资绩效最高，但各行业发展阶段的企业环保投资绩效相差不大。从企业环保投资效率来看，成长性行业、成熟性行业与衰退性行业的平均值（中位数）分别为0.037048（0.008016）、0.048083（0.003565）、0.021424（0.010872）。显然，成熟性行业的企业环保投资效率最高、成长性行业的企业环保投资效率次之、衰退性行业的企业环保投资效率最低，因而各年各行业发展阶段的企业环保投资效率存在一定的差异。从企业环保投资绩效与投资效率的最值情况来看，最大值与最小值相差较大，说明各行业不同发展阶段的企业环保投资绩效与投资效率存在较突出的个体性差异。

　　此外，Kruskal Wallis H检验与Median检验结果（见表4-44）表明：各行业发展阶段的企业环保投资绩效与投资效率存在显著性差异，而且这种统计检验的差异性尤其体现在企业环保投资效率上。然而，Mann-WhitneyU检验与Kolmogorov-Smirnov Z检验的结果（见表4-45）表明：在各行业发展阶段的企业环保投资绩效的显著性差异主要体现在成长性行业与成熟性行业之间；企业环保投资效率的显著性差异主要体现在成长性行业与成熟性行业之间、成熟性行业与衰退性行业之间，即成熟性行业与非成熟性行业之间。

表4-44 **各行业发展阶段的企业环保投资绩效与投资效率的差异检验结果1**

项 目	统计检验	观测值	卡方值	自由度	显著性
环保投资绩效	Kruskal Wallis H检验	574	7.448	2	0.024
	Median检验	574	4.468	2	0.107
环保投资效率	Kruskal Wallis H检验	574	8.562	2	0.014
	Median检验	574	11.753	2	0.003

表4-45 **各行业发展阶段的企业环保投资绩效与投资效率的差异检验结果2**

项目	行业发展阶段	观测值	Mann-Whitney U 检验		Kolmogorov-Smirnov Z 检验	
			Z值	显著性	Z值	显著性
环保投资绩效	成长性行业与成熟性行业	553	−2.653	0.008	1.618	0.011
	成长性行业与衰退性行业	167	−0.101	0.919	0.565	0.907
	成熟性行业与衰退性行业	428	−0.944	0.345	0.852	0.463
环保投资效率	成长性行业与成熟性行业	553	−2.066	0.039	1.477	0.025
	成长性行业与衰退性行业	167	−1.144	0.253	0.942	0.338
	成熟性行业与衰退性行业	428	−2.338	0.019	1.450	0.030

95

4.2.3 企业环保投资绩效与投资效率的地区特征

1）企业环保投资绩效与投资效率的地区分布

若按我国"四大经济板块"的划分标准，东部地区、中部地区、西部地区与东北地区的企业环保投资绩效与投资效率的统计结果见表4-46。

表4-46　　　　**企业环保投资绩效与投资效率的地区分布情况**

项目	地区	年份	观测值	平均值	标准差	中位数	最小值	最大值
环保投资绩效	东部地区	2008	85	10.271750	3.385763	10.232150	3.060578	20.015350
		2009	71	12.716790	4.442361	13.107820	4.080052	21.488800
		2010	98	12.644510	5.388032	12.431890	3.063456	25.140770
		2011	116	10.380120	4.541711	9.942563	3.104465	23.401120
		小计	370	11.403370	4.666727	11.092980	3.060578	25.140770
	中部地区	2008	18	10.137900	3.589209	10.648710	4.059907	16.180630
		2009	23	11.485910	4.425670	11.258090	5.127584	20.582280
		2010	27	12.085900	5.333108	10.365960	3.008777	21.102450
		2011	25	11.048900	4.128861	11.300540	4.059907	19.493740
		小计	93	11.281720	4.474400	11.227880	3.008777	21.102450
	西部地区	2008	19	10.665830	2.917468	9.291093	6.106048	16.214450
		2009	16	14.119070	4.131622	13.735910	8.120533	21.557870
		2010	23	13.150830	4.505876	14.259680	4.165668	21.995300
		2011	31	11.051730	4.591808	11.080390	3.057701	23.238530
		小计	89	12.063240	4.332905	11.389040	3.057701	23.238530
	东北地区	2008	5	10.297040	6.441261	8.275217	3.860617	18.033960
		2009	5	15.364190	3.756653	13.345960	11.366010	19.523240
		2010	5	11.096070	2.893007	9.962348	8.190321	15.238140
		2011	7	9.086253	4.320973	9.300447	3.982925	14.405730
		小计	22	11.245010	4.830340	10.818500	3.860617	19.523240
环保投资效率	东部地区	2008	85	0.035469	0.097339	0.005884	0.000035	0.611864
		2009	71	0.036057	0.084617	0.003975	0.000019	0.484455
		2010	98	0.033763	0.104278	0.004616	0.000011	0.815558
		2011	116	0.073332	0.328687	0.006670	0.000021	3.011656
		小计	370	0.047000	0.200901	0.005322	0.000011	3.011656
	中部地区	2008	18	0.013637	0.030979	0.001151	0.000125	0.111204
		2009	23	0.028422	0.052920	0.002789	0.000100	0.176103
		2010	27	0.006295	0.007825	0.003406	0.000134	0.032394
		2011	25	0.004896	0.007128	0.002190	0.000136	0.027086
		小计	93	0.012812	0.031115	0.002347	0.000100	0.176103
	西部地区	2008	19	0.036597	0.075991	0.009239	0.000046	0.334429
		2009	16	0.079555	0.199591	0.013797	0.000164	0.811622
		2010	23	0.045402	0.138662	0.007816	0.000095	0.667101
		2011	31	0.091382	0.406120	0.005525	0.000078	2.256224
		小计	89	0.065678	0.263749	0.007090	0.000046	2.256224
	东北地区	2008	5	0.011749	0.013166	0.007380	0.000132	0.031644
		2009	5	0.010550	0.009280	0.012143	0.000393	0.019523
		2010	5	0.006505	0.005056	0.006153	0.000192	0.012860
		2011	7	0.122528	0.308362	0.004823	0.000271	0.821680
		小计	22	0.045532	0.173562	0.006766	0.000132	0.821680

从表4-46的统计结果可以发现：东部地区、中部地区、西部地区与东北地区的企业环保投资绩效平均值（中位数）分别为11.403370（11.092980）、11.281720（11.227880）、12.063240（11.389040）、11.245010（10.818500）。显然，西部地区的企业环保投资绩效最高，其他地区之间的企业环保投资绩效相差不大。同时，东部地区、中部地区、西部地区与东北地区的企业环保投资效率平均值（中位数）分别为0.047000（0.005322）、0.012812（0.002347）、0.065678（0.007090）、0.045532（0.006766）。可见，从企业环保投资效率的平均值来看，西部地区最高、东部地区与东北地区次之、中部地区最小。从最值情况来看，各地区之间的企业环保投资绩效与投资效率的最大值与最小值均相差较大，说明各地区之间的企业环保投资绩效与投资效率存在突出的个体性差异。

Kruskal Wallis H检验与Median检验结果（见表4-47）表明：企业环保投资绩效不存在显著的地区性差异，但企业环保投资效率存在显著的地区性差异。而且，Mann-Whitney U检验与Kolmogorov-Smirnov Z检验结果（见表4-48）也表明：两两地区之间的企业环保投资绩效不存在显著性差异，企业环保投资效率在两两地区之间的显著性差异主要存在于东部地区与中部地区之间、中部地区与西部地区之间，即中部地区与非中部地区之间。

表4-47　企业环保投资绩效与投资效率的地区性差异检验结果1

项 目	统计检验	观测值	卡方值	自由度	显著性
环保投资绩效	Kruskal Wallis H检验	574	1.970	3	0.579
	Median检验	574	0.918	3	0.821
环保投资效率	Kruskal Wallis H检验	574	11.689	3	0.009
	Median检验	574	14.666	3	0.002

表4-48　　企业环保投资绩效与投资效率的地区性差异检验结果2

项目	地区	观测值	Mann-Whitney U 检验		Kolmogorov-Smirnov Z 检验	
			Z 值	显著性	Z 值	显著性
环保投资绩效	东部地区与中部地区	463	−0.160	0.873	0.619	0.838
	东部地区与西部地区	459	−1.313	0.189	0.983	0.288
	东部地区与东北地区	392	−0.025	0.980	0.560	0.913
	中部地区与西部地区	182	−1.264	0.206	0.913	0.375
	中部地区与东北地区	115	−0.128	0.898	0.592	0.875
	西部地区与东北地区	111	−0.562	0.574	0.622	0.834
环保投资效率	东部地区与中部地区	463	−2.867	0.004	1.901	0.001
	东部地区与西部地区	459	−1.113	0.266	1.064	0.208
	东部地区与东北地区	392	−0.261	0.794	0.805	0.536
	中部地区与西部地区	182	−3.382	0.001	2.005	0.001
	中部地区与东北地区	115	−1.195	0.232	1.132	0.154
	西部地区与东北地区	111	−0.740	0.459	0.725	0.669

2）市场化进程与企业环保投资绩效及投资效率

市场化进程与企业环保投资绩效及投资效率统计结果见表4-49，统计结果显示：在环保投资绩效方面，高市场化进程地区、中市场化进程地区与低市场化进程地区的平均值（中位数）分别为11.370220（11.112040）、11.037780（10.367400）、12.669840（11.859200）。可见，虽然低市场化进程地区的企业环保投资绩效最高，但与其他地区的取值相差不大。在环保投资效率方面，高市场化进程地区、中市场化进程地区与低市场化进程地区的平均值（中位数）分别为0.049438（0.006110）、0.031918（0.003472）、0.043327（0.003435）。

表 4-49　　　各市场化进程地区的企业环保投资绩效与投资效率

项目	地区	年份	观测值	平均值	标准差	中位数	最小值	最大值
环保投资绩效	高市场化进程地区	2008	80	10.174690	3.402098	10.256610	3.060578	20.015350
		2009	66	12.841030	4.456737	13.153500	4.080052	21.488800
		2010	92	12.557250	5.454991	12.431890	3.063456	25.140770
		2011	113	10.391120	4.559064	9.912705	3.104465	23.401120
		小计	351	11.370220	4.701464	11.112040	3.060578	25.140770
	中市场化进程地区	2008	29	9.592001	3.698497	9.291093	3.860617	16.405100
		2009	28	11.379300	4.166724	11.315650	5.127584	20.582280
		2010	40	12.517720	4.529947	13.347400	3.008777	19.977940
		2011	42	10.398920	4.260391	10.270280	3.982925	23.238530
		小计	139	11.037780	4.311168	10.367400	3.008777	23.238530
	低市场化进程地区	2008	18	12.087430	2.802318	12.137630	8.019090	18.033960
		2009	21	14.460270	4.191734	15.295700	8.015492	21.557870
		2010	21	12.735930	5.254739	11.349470	4.165668	21.995300
		2011	24	11.482180	4.479022	11.586520	3.057701	18.331090
		小计	84	12.669840	4.398720	11.859200	3.057701	21.995300
环保投资效率	高市场化进程地区	2008	80	0.037518	0.100008	0.006718	0.000035	0.611864
		2009	66	0.038638	0.087260	0.004590	0.000019	0.484455
		2010	92	0.035831	0.107331	0.005159	0.000011	0.815558
		2011	113	0.075262	0.332842	0.006926	0.000021	3.011656
		小计	351	0.049438	0.206000	0.006110	0.000011	3.011656
	中市场化进程地区	2008	29	0.025661	0.065425	0.001956	0.000046	0.334429
		2009	28	0.027024	0.049133	0.002828	0.000045	0.176103
		2010	40	0.009912	0.020685	0.004039	0.000164	0.129707
		2011	42	0.060459	0.347201	0.003894	0.000160	2.256224
		小计	139	0.031918	0.194109	0.003472	0.000045	2.256224
	低市场化进程地区	2008	18	0.014936	0.021092	0.003461	0.000125	0.066963
		2009	21	0.058694	0.176351	0.003921	0.000112	0.811622
		2010	21	0.041073	0.144463	0.003465	0.000095	0.667101
		2011	24	0.053147	0.176993	0.001696	0.000078	0.821680
		小计	84	0.043327	0.146828	0.003435	0.000078	0.821680

　　显然，若从环保投资效率平均值来看，高市场化进程地区与低市场化进程地区的企业环保投资效率基本相当，而中市场化进程地区的企业环保投资效率最低。从企业环保投资绩效与投资效率的最值情况来看，各年各市场化进程地区的企业环保投资绩效与投资效率的最大值和最小值相差较大，说明各市场化进程地区的企业环保投资绩效及投资效率存在较突出的个体性差异。

　　非参数检验结果（见表4-50和表4-51）如下：虽然Median检验结果表明各市场化进程地区之间的企业环保投资绩效中位数不存在显著性差异，但Kruskal Wallis H检验结果发现各市场化进程地区之间的企业环保投资绩效存在显著性差异。企业环保投资效率在各市场化进程地区之间的差异均通过了Kruskal Wallis H检验与Median检验。同时，Mann-Whitney U检验与Kolmogorov-Smirnov Z检验的结果发现：企业环保投资绩效在各市场化进程地区之间的显著性差异主要存在于高市场化进程地区与低市场化进程地区之间、中市场化进程地区与低市场化进程地区之间，即低市场化进程地区与非低市场化进程地区之间。企业环保投资效率在各市场化进程地区之间的显著性差异主要存在于高市场化进程地区与中市场化进程地区之间，而高市场化进程地区与低市场化进程地区之间的企业环保投资效率仅体现出微弱的差异性。总体而言，企业环保投资效率的显著性差异主要体现在高市场化进程地区与非高市场化进程地区之间。

表4-50 各市场化进程地区企业环保投资绩效与投资效率的差异检验结果1

项 目	统计检验	观测值	卡方值	自由度	显著性
环保投资绩效	Kruskal Wallis H检验	574	7.428	2	0.024
	Median检验	574	2.825	2	0.243
环保投资效率	Kruskal Wallis H检验	574	6.468	2	0.039
	Median检验	574	7.404	2	0.025

表 4-51 **各市场化进程地区企业环保投资绩效与投资效率的差异检验结果 2**

项目	地区	观测值	Mann-Whitney U 检验		Kolmogorov-Smirnov Z 检验	
			Z 值	显著性	Z 值	显著性
环保投资绩效	高市场化进程地区与中市场化进程地区	490	-0.526	0.599	0.707	0.699
	高市场化进程地区与低市场化进程地区	435	-2.406	0.016	1.519	0.020
	中市场化进程地区与低市场化进程地区	223	-2.687	0.007	1.541	0.017
环保投资效率	高市场化进程地区与中市场化进程地区	490	-2.375	0.018	1.472	0.026
	高市场化进程地区与低市场化进程地区	435	-1.459	0.145	1.237	0.094
	中市场化进程地区与低市场化进程地区	223	-0.323	0.746	0.610	0.851

4.2.4　企业环保投资绩效与投资效率的产权特征

不同产权性质的企业环保投资绩效与投资效率统计结果见表 4-52。

表 4-52　**各产权性质下的企业环保投资绩效与投资效率统计结果**

项目	产权性质	年份	观测值	平均值	标准差	中位数	最小值	最大值
环保投资绩效	国有产权	2008	98	10.556000	3.455926	10.220990	3.060578	20.015350
		2009	94	13.004900	4.436991	13.153500	4.862103	21.557870
		2010	120	12.459820	5.057294	11.939780	3.008777	25.140770
		2011	127	10.361370	4.319405	10.206240	3.057701	22.283080
		小计	439	11.544470	4.522478	11.204850	3.008777	25.140770
	民营产权	2008	29	9.490656	3.381926	10.224950	4.059907	16.180630
		2009	21	11.777780	4.295232	12.265340	4.080052	19.504530
		2010	33	12.977340	5.619782	13.161060	3.922490	22.149260
		2011	52	10.973650	4.837623	10.237910	3.982925	23.401120
		小计	135	11.269960	4.803121	11.102690	3.922490	23.401120
环保投资效率	国有产权	2008	98	0.024126	0.074222	0.002796	0.000035	0.611864
		2009	94	0.029020	0.069285	0.002965	0.000019	0.484455
		2010	120	0.030549	0.110535	0.003381	0.000011	0.815558
		2011	127	0.073260	0.368576	0.003484	0.000021	3.011656
		小计	439	0.041143	0.212284	0.003155	0.000011	3.011656
	民营产权	2008	29	0.056899	0.114636	0.010061	0.001687	0.554056
		2009	21	0.086263	0.185952	0.011735	0.000195	0.811622
		2010	33	0.026960	0.039507	0.009962	0.000266	0.159813
		2011	52	0.057989	0.137116	0.011912	0.000141	0.821680
		小计	135	0.054568	0.125642	0.011175	0.000141	0.821680

从表4-52的统计结果中可以发现：在环保投资绩效方面，国有产权企业与民营产权企业的平均值（中位数）分别为11.544470（11.204850）、11.269960（11.102690）。可见，不仅这两类企业之间的平均值（中位数）非常接近，而且这两类企业各自的平均值与中位数相差不大。然而，各年各类产权企业的环保投资绩效存在一定的差异，即2009年和2010年的环保投资绩效最高。在环保投资效率方面，国有产权企业与民营产权企业的平均值（中位数）分别为0.041143（0.003155）、0.054568（0.011175）。可见：第一，与国有产权企业相比，民营产权企业的环保投资效率较高；第二，各年各类产权企业的环保投资效率的最大值与最小值相差较大、中位数低于平均值、标准差高于平均值。这不仅说明各类产权企业的环保投资效率存在较突出的个体性差异，而且多数企业的环保投资效率远未达到平均水平，即多数企业的环保投资效率处于低水平状态。

Mann-Whitney U检验和Kolmogorov-Smirnov Z检验的结果（见表4-53）表明：国有产权企业与民营产权企业之间的环保投资绩效不存在显著性差异，但二者的环保投资效率存在显著性差异。

表4-53　　企业环保投资绩效与投资效率的产权差异检验结果

项　目	统计检验	观测值	Z 值	显著性
环保投资绩效	Mann-Whitney U检验	574	−0.782	0.434
	Kolmogorov-Smirnov Z检验	574	0.661	0.775
环保投资效率	Mann-Whitney U检验	574	−6.781	0.000
	Kolmogorov-Smirnov Z检验	574	3.598	0.000

4.2.5　企业环保投资绩效与投资效率的股权特征

1）大股东性质与企业环保投资绩效及投资效率

本书按大股东控制性质对各类企业的环保投资绩效与投资效率进行了统计分析见表4-54。

表4-54　　　　　各大股东性质下的企业环保投资绩效与投资效率

项目	大股东性质	年份	观测值	平均值	标准差	中位数	最小值	最大值
环保投资绩效	国家股	2008	24	11.224430	3.220951	10.220990	4.922538	20.015350
		2009	15	14.619650	4.948348	14.344570	6.085903	21.488800
		2010	13	13.326870	5.000577	15.120150	4.125378	20.933380
		2011	3	7.194829	1.076682	7.240635	6.095976	8.247877
		小计	55	12.427540	4.478933	12.312100	4.125378	21.488800
	国有法人股	2008	59	10.424640	3.447496	10.032860	3.860617	18.033960
		2009	37	12.263820	4.098755	11.322130	5.119670	21.557870
		2010	45	12.908950	4.550986	13.020770	3.008777	21.995300
		2011	41	10.533460	4.434515	10.367400	3.116696	19.493740
		小计	182	11.437310	4.210464	11.139390	3.008777	21.995300
	民营股	2008	44	9.665375	3.534131	10.280710	3.060578	16.180630
		2009	63	12.646640	4.429314	13.043070	4.080052	21.370810
		2010	95	12.308190	5.487532	11.042260	3.922490	25.140770
		2011	135	10.615310	4.517730	10.204810	3.057701	23.401120
		小计	337	11.348250	4.790202	11.119960	3.057701	25.140770
环保投资效率	国家股	2008	24	0.010769	0.027312	0.000845	0.000060	0.102973
		2009	15	0.019589	0.052187	0.001023	0.000112	0.199654
		2010	13	0.006635	0.009582	0.000685	0.000134	0.026409
		2011	3	0.000074	0.000066	0.000052	0.000021	0.000148
		小计	55	0.011614	0.032796	0.000845	0.000021	0.199654
	国有法人股	2008	59	0.032412	0.092871	0.005884	0.000042	0.611864
		2009	37	0.033275	0.063028	0.002932	0.000045	0.293674
		2010	45	0.011168	0.025626	0.001705	0.000071	0.129707
		2011	41	0.074466	0.289687	0.003384	0.000077	1.336899
		小计	182	0.036809	0.150840	0.003227	0.000042	1.336899
	民营股	2008	44	0.041902	0.095702	0.009228	0.000035	0.554056
		2009	63	0.047847	0.127085	0.009942	0.000019	0.811622
		2010	95	0.041754	0.123687	0.007125	0.000011	0.815558
		2011	135	0.068638	0.331348	0.006241	0.000036	3.011656
		小计	337	0.053682	0.228851	0.007133	0.000011	3.011656

从表4-54的统计结果可以发现，大股东控制性质与企业的环保投资绩效与投资效率存在以下特点：

第一，国家股、国有法人股与民营股控制下的企业环保投资绩效的平均值（中位数）分别为12.427540（12.312100）、11.437310（11.139390）、11.348250（11.119960）。可见，这三类企业之间的环保投资绩效存在较小差异，即国家股控制下的企业环保投资绩效稍高于国有法人股和民营股控制下的企业环保投资绩效，而且这三类企业各自环保投资绩效的平均值与中位数相差不大。同时，各年各大股东控制下的企业环保投资绩效存在一定的差异，即2009年和2010年的环保投资绩效最高。

第二，国家股、国有法人股与民营股控制下的企业环保投资效率的平均值（中位数）分别为0.011614（0.000845）、0.036809（0.003227）、0.053682（0.007133），显然，民营股控制下的企业环保投资效率取值最高、国有法人股控制下的企业次之、国家股控制下的企业最小。

第三，从基本统计量的结果来看，各年各大股东控制下的企业环保投资绩效与投资效率的最大值与最小值相差较大，尤其企业环保投资效率的中位数远小于其平均值，说明这三类企业的环保投资绩效与投资效率存在较突出的个体性差异，多数企业的环保投资效率处于低水平状态。

同样，Kruskal Wallis H检验与Median检验的结果（见表4-55）表明：各大股东控制下的企业环保投资绩效不存在显著性差异，但企业环保投资效率存在显著性差异。Mann-Whitney U检验与Kolmogorov-Smirnov Z检验的结果（见表4-56）也发现：两两大股东控制下的企业环保投资绩效不存在显著性差异，但两两大股东控制下的企业环保投资效率均存在显著性差异，即企业环保投资效率存在广泛性的大股东控制差异。

表4-55 各大股东控股性质下企业环保投资绩效与投资效率的差异检验结果1

项目	统计检验	观测值	卡方值	自由度	显著性
环保投资绩效	Kruskal Wallis H检验	574	2.802	2	0.246
	Median检验	574	0.190	2	0.909
环保投资效率	Kruskal Wallis H检验	574	36.553	2	0.000
	Median检验	574	24.137	2	0.000

表4-56 **各大股东控股性质下企业环保投资绩效与投资效率的差异检验结果2**

项 目	大股东性质	观测值	Mann-Whitney U 检验		Kolmogorov-Smirnov Z检验	
			Z值	显著性	Z值	显著性
环保投资绩效	国家股与国有法人股	237	−1.314	0.189	0.836	0.486
	国家股与民营股	392	−1.632	0.103	1.061	0.211
	国有法人股与民营股	519	−0.546	0.585	0.842	0.477
环保投资效率	国家股与国有法人股	237	−3.366	0.001	1.960	0.001
	国家股与民营股	392	−5.534	0.000	2.963	0.000
	国有法人股与民营股	519	−3.479	0.001	2.010	0.001

2）控股性质与企业环保投资绩效及投资效率

根据控股性质与企业环保投资绩效及投资效率的统计结果见表4-57，可以发现：在环保投资绩效方面，国有控股企业与民营控股企业的平均值与中位数分别为 11.667110 （11.204850）、11.348250 （11.119960），显然，这两类企业的取值基本相当。而且，各年各类控股企业的最小值与最大值相差较大，2009年与2010年比其他年份的企业环保投资绩效稍高，这在一定程度上说明企业环保投资绩效存在个体性差异。同样，在环保投资效率方面，国有控股企业与民营控股企业的平均值与中位数分别为 0.030962 （0.002354）、0.053682 （0.007133），可见：不仅国有控股企业的相应取值低于民营股控股企业，而且绝大多数企业的环保投资效率处于低水平状态。同时，各类控股企业环保投资效率的最大值与最小值相差较大，说明各类控股企业的环保投资效率也存在一定的个体性差异。

表 4-57　　　　各控股性质下的企业环保投资绩效与投资效率

项 目	控股性质	年 份	观测值	平均值	标准差	中位数	最小值	最大值
环保投资绩效	国有控股	2008	83	10.655910	3.383731	10.209840	3.860617	20.015350
		2009	52	12.943390	4.443177	12.763200	5.119670	21.557870
		2010	58	13.002620	4.613359	13.599210	3.008777	21.995300
		2011	44	10.305820	4.367094	10.253370	3.116696	19.493740
		小计	237	11.667110	4.285109	11.204850	3.008777	21.995300
	民营控股	2008	44	9.665375	3.534131	10.280710	3.060578	16.180630
		2009	63	12.646640	4.429314	13.043070	4.080052	21.370810
		2010	95	12.308190	5.487532	11.042260	3.922490	25.140770
		2011	135	10.615310	4.517730	10.204810	3.057701	23.401120
		小计	337	11.348250	4.790202	11.119960	3.057701	25.140770
环保投资效率	国有控股	2008	83	0.026154	0.080046	0.002983	0.000042	0.611864
		2009	52	0.029327	0.059925	0.002252	0.000045	0.293674
		2010	58	0.010152	0.023019	0.001595	0.000071	0.129707
		2011	44	0.069394	0.280042	0.002737	0.000021	1.336899
		小计	237	0.030962	0.133454	0.002354	0.000021	1.336899
	民营控股	2008	44	0.041902	0.095702	0.009228	0.000035	0.554056
		2009	63	0.047847	0.127085	0.009942	0.000019	0.811622
		2010	95	0.041754	0.123687	0.007125	0.000011	0.815558
		2011	135	0.068638	0.331348	0.006241	0.000036	3.011656
		小计	337	0.053682	0.228851	0.007133	0.000011	3.011656

Mann-Whitney U 检验与 Kolmogorov-Smirnov Z 检验的结果（见表 4-58）表明：国有控股企业与民营控股企业之间的环保投资绩效不存在显著性差异，但二者的环保投资效率存在显著性差异。

表 4-58　　　企业环保投资绩效与投资效率的控股差异检验结果

项 目	统计检验	观测值	Z 值	显著性
环保投资绩效	Mann-Whitney U 检验	574	−1.105	0.269
	Kolmogorov-Smirnov Z 检验	574	0.981	0.291
环保投资效率	Mann-Whitney U 检验	574	−5.103	0.000
	Kolmogorov-Smirnov Z 检验	574	2.663	0.000

3）股权分布状态与企业环保投资绩效及投资效率

根据企业的第一大股东持股比例，将企业股权分布状态（股权集中度）分为以下四类：股权高度集中、股权集中、股权分散与股权高度分散，进而对各股权分布状态下的企业环保投资绩效与投资效率进行统计分析见表 4-59。

表4-59　　　　各股权集中度下的企业环保投资绩效与投资效率

项 目	股权集中度	年 份	观测值	平均值	标准差	中位数	最小值	最大值
环保投资绩效	股权高度集中	2008	5	15.059430	2.979122	14.322270	12.312100	20.015350
		2009	7	14.808010	5.063415	13.365390	8.219099	21.271520
		2010	11	13.939710	4.683752	14.266150	6.139143	19.833320
		2011	8	14.336030	5.870112	15.402900	5.916831	22.283080
		小计	31	14.418650	4.674771	14.322270	5.916831	22.283080
	股权集中	2008	36	10.840210	3.580079	11.326800	4.112427	16.476330
		2009	34	12.854930	4.915573	13.345960	4.080052	21.488800
		2010	39	12.358460	4.233061	11.395510	4.108830	21.102450
		2011	51	10.525830	3.974306	10.204810	3.104465	19.446260
		小计	160	11.538200	4.249777	11.289750	3.104465	21.488800
	股权分散	2008	49	9.911532	3.124506	10.224950	3.060578	18.033960
		2009	44	13.335580	4.000856	10.989740	4.862103	21.557870
		2010	63	12.538370	5.283132	12.740900	3.063456	25.140770
		2011	70	10.274760	4.361091	9.932491	3.121013	23.401120
		小计	226	11.422920	4.542778	11.001250	3.060578	25.140770
	股权高度分散	2008	37	9.689381	3.360413	9.220586	3.860617	17.448320
		2009	30	11.410160	4.099434	11.260620	5.127584	19.523240
		2010	40	12.454910	6.007149	12.668230	3.008777	23.157950
		2011	50	10.315700	4.721136	10.586120	3.057701	23.238530
		小计	157	10.922250	4.783206	10.963120	3.008777	23.238530
环保投资效率	股权高度集中	2008	5	0.000278	0.000421	0.000070	0.000035	0.001023
		2009	7	0.000466	0.000659	0.000292	0.000019	0.001909
		2010	11	0.009741	0.026944	0.000936	0.000011	0.090749
		2011	8	0.014039	0.027270	0.000765	0.000036	0.076934
		小计	31	0.007230	0.021190	0.000315	0.000011	0.090749
	股权集中	2008	36	0.014493	0.028313	0.003544	0.000091	0.118691
		2009	34	0.019638	0.055136	0.001804	0.000045	0.293674
		2010	39	0.046440	0.153935	0.003465	0.000071	0.815558
		2011	51	0.059117	0.220922	0.003105	0.000021	1.335565
		小计	160	0.037597	0.148916	0.002846	0.000021	1.335565
	股权分散	2008	49	0.050494	0.128880	0.004091	0.000042	0.611864
		2009	44	0.059649	0.144721	0.011571	0.000100	0.811622
		2010	63	0.028919	0.092922	0.005023	0.000072	0.667101
		2011	70	0.088585	0.444928	0.004565	0.000052	3.011656
		小计	226	0.058060	0.266785	0.005317	0.000042	3.011656
	股权高度分散	2008	37	0.027489	0.043291	0.010308	0.000515	0.205190
		2009	30	0.041461	0.072222	0.012517	0.000164	0.343542
		2010	40	0.020383	0.032958	0.006109	0.000164	0.129858
		2011	50	0.059824	0.197909	0.011446	0.000225	1.336899
		小计	157	0.038646	0.119318	0.008721	0.000164	1.336899

从表4-59中可以发现，各股权分布状态下的企业环保投资绩效与投资效率存在以下现象或特征：

第一，股权高度集中企业、股权集中企业、股权分散企业与股权高度分散企业的环保投资绩效平均值（中位数）分别为14.418650（14.322270）、11.538200（11.289750）、11.422920（11.001250）、10.922250（10.963120）。显然，在各股权分布状态下，企业环保投资绩效的平均值与中位数基本相当；在各类股权分布状态之间，企业环保投资绩效具有一定的差异。具体而言，股权高度集中企业的取值最高、股权集中与股权分散企业次之、股权高度分散企业最小。

第二，股权高度集中企业、股权集中企业、股权分散企业与股权高度分散企业的环保投资效率平均值（中位数）分别为0.007230（0.000315）、0.037597（0.002846）、0.058060（0.005317）、0.038646（0.008721）。可见，在各类股权分布状态下，企业环保投资效率的平均值远大于中位数；在各类股权分布状态之间，企业环保投资效率具有一定的差异。具体而言，股权分散企业的取值最高、股权集中企业与股权高度分散企业次之、股权高度集中企业最小。此外，在各股权分布状态下的企业环保投资绩效与投资效率存在较大的最值差异，即最大值与最小值相差较大，这在一定程度上说明企业环保投资绩效与投资效率存在较突出的个体性差异。

此外，Kruskal Wallis H检验与Median检验的结果（见表4-60）表明：各股权分布状态之间的企业环保投资绩效与投资效率均存在显著性差异。Mann-Whitney U检验与Kolmogorov-Smirnov Z检验的结果（见表4-61）发现：企业环保投资绩效的显著性差异仅存在于股权高度集中企业与股权集中企业之间、股权高度集中企业与股权分散企业之间、股权高度集中企业与股权高度分散企业之间，即股权高度集中企业与非股权高度集中企业间；企业环保投资效率的显著性差异均存在于两两股权分布状态企业之间，即企业环保投资效率存在广泛性的股权分布差异。

表4-60　　各股权集中度下企业环保投资绩效与投资效率的差异检验结果1

项目	统计检验	观测值	卡方值	自由度	显著性
环保投资绩效	Kruskal Wallis H检验	574	14.284	3	0.003
	Median检验	574	8.307	3	0.040
环保投资效率	Kruskal Wallis H检验	574	53.230	3	0.000
	Median检验	574	35.871	3	0.000

表4-61　各股权集中度下企业环保投资绩效与投资效率的差异检验结果2

项目	股权集中度	观测值	Mann-Whitney U检验		Kolmogorov-Smirnov Z检验	
			Z值	显著性	Z值	显著性
环保投资绩效	股权高度集中与股权集中	191	−3.053	0.002	1.663	0.008
	股权高度集中与股权分散	257	−3.275	0.001	1.751	0.004
	股权高度集中与股权高度分散	188	−3.556	0.000	1.926	0.001
	股权集中与股权分散	386	−0.414	0.679	0.557	0.916
	股权集中与股权高度分散	317	−1.465	0.143	1.034	0.235
	股权分散与股权高度分散	383	−1.174	0.241	0.975	0.298
环保投资效率	股权高度集中与股权集中	191	−4.192	0.000	2.136	0.000
	股权高度集中与股权分散	257	−5.264	0.000	2.643	0.000
	股权高度集中与股权高度分散	188	−6.109	0.000	3.127	0.000
	股权集中与股权分散	386	−2.827	0.005	1.681	0.007
	股权集中与股权高度分散	317	−4.908	0.000	2.247	0.000
	股权分散与股权高度分散	383	−2.473	0.013	1.439	0.032

第 5 章

企业环保投资效率的影响因素

本章对企业环保投资效率的影响因素进行理论分析与实证检验。本章的结构安排如下： 5.1 节为理论分析与研究假设，5.2 节为研究设计（包括变量选择及定义、模型构建、样本选择与数据来源等），5.3 节为实证结果分析（包括变量的描述性统计分析、分组与均值检验、相关性分析、全样本及分组样本的多元回归分析、稳健性检验等），5.4 节为本章小结。

5.1 ── 企业环保投资效率影响因素的理论分析与研究假设 ──

影响企业环保投资效率的因素众多，本书认为环保投资规模、政府管制、环境管理、股权结构、行业属性、控股与产权性质、控制权与现金流权的两权分离度等因素对企业环保投资效率会产生重要影响。

5.1.1 环保投资规模及其类别与企业环保投资效率

制约假说和传统假说认为，虽然企业的环保投入能改善环境效益、增加社会效益，但也为企业带来了额外的成本费用，从而在一定程度上造成企业生产经营成本的增加、生产效率的降低、利润的减少及市场竞争力的丧失。因而多数企业没有开展环保投资的主观意愿，环保投资绩效与投资效率也无法得以保证。而双赢假说和波特假说认为，企业从事积极的环保投资行为能激发企业的技术创新活动，取得"技术补偿"效应和发挥后发优势，即积极的环保投资行为不仅能够帮助企业提高环境绩效，还有助于提升企业的资源能源的利用率和产品生产效率，进而获得、维持或扩大市场竞争地位，而且良好的市场形象又会得到消费者、投资者和政府监管部门的关注和支持。显然，企业积极参与环保投资、加大环境治理力度，不仅能弥补企业的环境遵守成本，还能提高企业的技术创新能力和环保投资效率。可见，上述两种观点分别从静态标准和动态标准出发，认为环保投资对企业的生产经营活动、投资活动形成重要而不同的影响。

规模经济理论中的规模报酬法则认为，在企业经济活动中，投入要素的不同规模往往会产生报酬（产出）上的差异，而且二者之间带有一定的规律性。一般而言，规模经济活动中存在规模报酬递增、规模报酬递减、规模报酬不变三种现象。环保资金作为环境治理产出函数中的投入要素，它在企业开展环境治理与环保投资、追求环境绩效及效率的行为中发挥着重要作用，即环境污染排放以及环保投资效率是资本和环境支出的函数。本书认为，企业环保投资活动也存在规模经济现象。客观而论，企业在进行投资决策时，为最大限度地优化投资结构和合理安排投资资金，必然会在环保投资与其他投资之间进行权衡和选择。此时，企业在环境治理方面的投入力度在很大程度上决定了企业的污染治理水平和环保投资效率。由于环保投资的多元化目标特征以及投入产出比例的严重失衡，甚至环保投资很可能挤占企业对其他营利性项目或经济性项目的投资，因而环保投资的机会成本很高，企业往往没有环保投资的积极性。并且在有限的环保资金投入下，企业又要购置环保设施和发生环境费用，而最终真正用以环境治理的资金更加有限，从而导致企业节能降耗和降污减排能力的下降、环保投资绩效与投资效率的降低。这说明环保投资规模处于较小和较低水平范围内，即使在这个范围内进一步增大，仍未能起到有效改善环保投资绩效和提高环保投资效率的作用，即此时环保投资产生了"规模效益递减"效应。这种情况不仅对那些外部融资约束高、内部获利能力低的企业来说尤为突出（胡新婷，2012），而且也与当前我国企业环保投资额偏低的现状相吻合。只有当环保投资规模超过一定程度和水平后，环保投资才能产生"规模效益递增"效应和"技术创新"效应，即此时企业通过积极参与环保投资和环境治理、加大环保投资力度，可以带动污染治理设备的改善和治污技术的改进，而有效的治污技术有助于企业减少污染物的排放，进而改善环境质量和提高环保投资效率（Dinda，2005；陆旸和郭路，2008）。这种情形的内在逻辑关系为：环保投资规模达到一定程度后继续增大→治污设备改善、治污技术改进→环保投资发挥"规模效益递增"效应和"技术创新"效应→环保投资绩效与投资效率得以改善和提高。显然，环保投资规模对企业环保投资绩效与投资效率的影响存在一个"门槛"或拐点，二者并非简单的线性关系，而是曲线关系。因此，在其他因素不变的情况下，提出假设5-1A：

假设5-1A：企业的环保投资规模与环保投资效率之间呈"U"形关系。

投资规模的确定与控制不仅要考察其产出的生产能力，而且要以提高

投资效率为出发点（王成秋，2004）。根据规模经济理论中的规模报酬法则，企业环保投资规模与环保投资效率之间也可能存在规模经济与规模不经济的情况，因而环保投资规模的确定也应以改善环保投资绩效、提高环保投资效率为出发点，以实现最优环保投资效率的环保投资规模。显然，环保投资规模过小或过大均不利于最优化环保投资效率的实现。但相对而言，当企业的环保投资规模过大或者处于过度投资状态时，虽然环保投资能保证环保投资绩效与投资效率的改善和提高，但多余的环保资金往往限制了企业在其他经济性项目和营利性项目方面的投资，造成环保资金的浪费和低效配置，这反而会导致企业环保投资效率的下降。我国大多数企业均存在环保投资额偏低的现象，企业在有限的环保资金投入下，为迎合政府的环境管制政策和遵守环保法律法规，往往会加强环保资金的有效管理和运营，追求高水平的环保投资绩效和环保投资效率。因此，在其他因素不变的情况下，提出假设5-1B和5-1C：

假设5-1B：环保投资过度的企业相比环保投资不足的企业具有较低的环保投资效率。

假设5-1C：环保投资规模高的企业相比环保投资规模低的企业具有

较低的环保投资效率。

5.1.2　政府环境管制与企业环保投资效率

《中国 21 世纪议程》（1994）和《国家环境保护"十二五"规划》（2011）明确要求"应因地制宜，在不同地区和不同行业可以实施有差别的环境政策"。因而企业所属行业的异质性和所处空间的异质性在一定程度上对企业的生产经营活动与投资行为构成影响。我国企业面临的政府环境管制强度具有较明显的地区性差异，企业所处空间的异质性影响着政府的环境管制路径（沈能，2012），而环境管制又影响着企业的投资决策和环境绩效（Zhang 等，2008；Luken 和 Rompaey，2008）。在强制企业采用环境无害技术和改善企业环境绩效方面，政府环境管制和市场压力比社区发挥了更大的作用（Luken 和 Rompaey，2008）。已有研究也表明，政府环境管制强度与企业环保投资行为之间并非简单的线性关系，而是呈显著的"U"形曲线关系。可见，环境管制既会对企业的环保投资行为构成影响，也会对企业的环境绩效、环保投资绩效及投资效率构成一定的影响。

关于政府环境管制强度与企业环保投资效率之间的关系，本书结合环境管制强度与企业环保投资行为之间的"U"形曲线关系，根据不同规模的环保投资对企业环保投资行为所产生的"创新补偿"效应与"技术创新"效应，认为政府环境管制强度与企业环保投资效率之间呈曲线关系，并非简单的线性关系。其理论解释如下：当政府环境规制强度处于低水平状态时，宽松的政府环境管制会导致企业较低的环境遵守率和较小规模的环保投资（Gray 和 Deily，1996），即环境管制对企业环保投资产生了"规模效益递减"效应。此时，多数企业并没有开展环保投资的主观意愿，因而使得环保投资规模较小并处于低水平状态。为此，企业在有限的环保资金投入下，既要购置环保设施及系统、引进或自主研发环保技术，又要确保环境管理机构的正常运转，从而造成企业真正用以污染治理和提升治污技术水平与生产效率的环保资金更加有限，最终导致环保投资的"创新补偿"效应滞后于"环境遵守成本"的负面效应，甚至"技术创新"效应根本无法得以体现。然而，当政府环境管制强度超过一定程度（拐点）后，此时环境管制强度已达到较高水平。面对日益严格的政府环境管制，企业无法规避自身的环境问题，从而不得不加大环保投资力度，此时环境管制对企业环保投资产生了"规模效益递增"效应。可见，企业降低污染物排放量的努力程度以及环境治理力度会随着政府环境管制强度的增强而增强（Gray 和 Deily，1996）。甚至，严格而有效的环境管制和较大规模的环保投资在很大程度上发挥了"创新补偿"效应与"技术创新"效应，不仅企业的环境遵守成本得到部分或全部补偿，而且企业的治污技术、生产技术及生产效率得到很大提高（张成等，2011），因而企业容易取得较高的环保投资绩效与投资效率。

因此，合理的环境管制强度既是改善企业环境绩效的关键因素（Luken 和 Rompaey，2008），也是改善环保投资绩效和提高环保投资效率的关键因素。基于以上分析，在其他因素不变的情况下，提出假设5-2：

假设5-2：政府环境管制强度与企业环保投资效率之间呈"U"形关系。

5.1.3　环境管理与企业环保投资效率

为增强企业社会责任与环境责任意识、规范企业环境管理、改善企业环保投资行为，环境保护部于2006年组织开展了重点行业企业环境监督员制度试点工作，并于2008年发布了《关于深化企业环境监督员制度试点工作的通知》，将试点范围扩展至国家重点监控污染企业，并提倡企业组建环境管理组织架构、建立企业环境管理责任体系、设立环境管理机构。环境监督员制度作为引导企业增强环境守法能力和强化企业污染减排主体责任的有效机制，也为企业设立环境管理机构或社会责任管理机构、承担在微观环境管理中的主体责任起到了推动作用。企业是否设立环境管理机构或社会责任管理机构在一定程度上反映出企业的环保意识和对环境污染治理的重视程度。Burnett 和 Hansen（2008）认为，积极有效的环境管理有助于降低企业的环境成本和提高环境治理的效率。企业设立专门的环境管理组织机构，既向市场传达了企业重视社会责任与环境责任的信号，又能在很大程度上保证企业遵守环境政策和环保法律法规、促进企业污染治理与环保投资行为、改善环保投资绩效、提高环保投资效率。因此，在其他因素不变的情况下，提出假设5-3A：

假设5-3A：企业环境管理机构的设立有助于企业环保投资效率的提高。

对企业而言，环境管理能力和治污技术水平在很大程度上代表着环境治理水平，而环境治理水平的高低又直接影响着环保投资绩效与投资效率。如前所述，政府环境管制和企业环保投资规模对企业环保投资效率具有"规模效益递增"效应和"规模效益递减"效应。虽然环保投资会导致企业成本费用的增加，但合理的环境管制和环保投资规模反倒能激发企业的"技术创新"效应，甚至由该效应所带来的绩效能部分或全部补偿企业的环境治理成本与环境管制成本，进而提高生产效率和行业竞争力（Porter 和 Linde，1995；黄德春和刘志彪，2006）。显然，在这个过程中，技术创新活动和环保技术水平是环境管制、环保投资规模发挥环境治理效用的重要中间变量。

一般而言，当某个行业或企业的产出和技术特质达到一定水平后，才会形成较强的风险承受能力和市场竞争能力，进而其资本资金配置效率得以提高（张国富，2010）。对企业环保投资而言，环保工艺水平和环保设施质量的提高是企业环保投资效率不断提高的基础（颉茂华等，2010）。除环境管理机构的设立在很大程度上能反映企业的环境管理能力和环境治理水平外，环保技术水平也是另一个对环保投资效率构成影响的环境治理变量。国际标准组织（ISO）于1996年颁布了ISO14000环境管理体系（规范及使用标准），并陆续颁布了ISO14001、ISO14004、ISO14010、ISO14011、ISO14012、ISO14040等标准。这些标准自发布之日起即得到了各国政府和广大企业的积极响应，不仅已成为多数国家或地区的环境管理体系标准，而且被视为进入国际市场和跨国经营的"绿色通行证"。ISO14000环境管理体系的推行和认证不仅可以确保企业自觉遵守环境政策与环保法律法规、强化企业的环境管理和污染治理，而且可以促进企业在生产经营过程中节约资源能源的消耗、减少环境负荷、改善环境质量、降低经营成本，从而改善和提高企业环保投资绩效与投资效率。可见，企业获得ISO14000环境管理体系认证能在很大程度上代表企业较高的环境治理水平。因此，在其他因素不变的情况下，提出假设5-3B：

假设5-3B：企业环境治理水平与环保投资效率正相关。

5.1.4 股权结构与企业环保投资效率

企业治理机制是影响投资行为及效率的重要因素。良好的企业治理结构和治理水平有助于企业根据内外部环境的变化而适时调整投资决策，避免无效率或效率低下的投资行为，从而提高企业的投资决策效率。股权结构作为企业治理机制的基础，代表着企业的风险承担与利益分配机制。由于委托-代理关系在现代企业中的广泛存在，不同的股权配置与特征决定了企业需要不同的组织结构与治理结构，进而影响到企业的治理行为及效率。显然，股权结构影响着企业的治理水平和投资决策行为，也影响着企业的投资效率和价值（徐磊，2007）。同时，企业股东包括内部股东和外部股东，各股东之间在企业中的地位和发挥企业治理的作用主要是通过各自的持股比例来确定（Jensen 和 Meckling，1976）。

116

我国上市公司股权结构普遍呈现出"一股独大"与股权高度集中的特征，多数企业处于控制性大股东或少数几个大股东超强控制的状态（郝颖和刘星，2009）。企业的控制权实际掌控在由控股股东主导的管理层手中，他们不仅掌握着企业资源，而且拥有企业战略经营管理和投融资决策的绝对权力。因而控股股东与中小股东之间的利益冲突成为当前上市公司主要的代理问题。在集中的股权结构下，大股东具有较强的"掏空"或"侵占"企业资源的动机和能力（Shleifer，1997），即他们凭借对企业的控制权而获取隐性收益或私人收益，从而对企业价值产生堑壕效应（Entrenchment Effect）。为有效地减少控股股东"掏空"和"侵占"中小股东利益的行为，提高企业管理效率，可以建立少数几个大股东并存的股权制衡结构和实行股权激励计划（Bennedsen 和 Wolfenzon，2000；Cronqvist 和 Nilsson，2003）。虽然股权制衡与股权激励对于改善企业治理结构、减少代理成本、提升管理效率和企业绩效等方面能起到非常积极的作用，但是大股东控制也存在激励效应（Incentive Effect），尤其当第一大股东持股比例非常高、各大股东与管理层之间存在共同利益时，他们会形成企业治理联盟，产生"利益协同激励效应"。Wu 和 Wang（2005）指出，当投资项目存在大量私人收益时，大股东及管理层之间的"利益协同激励效应"和"合谋"现象更为常见。可见，大股东控制、管理层的激励与能力是影响企业投资决策的重要因素。

良好的企业治理机制、合理的股权结构可以保证企业根据内外部环境变化选择和配置合适的管理者，提高生产经营效率和投资效率，从而使企业获得持续经营能力和竞争优势。就企业环保投资而言，环保投资决策作为企业投资决策的重要组成部分，必然会受到企业大股东与管理层的影响。根据前文理论分析与统计检验结果，我国多数企业的大股东和管理层没有开展环保投资的主观意愿和积极性，导致环保投资规模普遍偏小，而且企业仅有的环保投入也多出于遵守政府环境政策与环保法律法规、规避政府环境管制的目的。然而，企业是以营利为目的的经济组织，其讲求经营效率和投资效率，追求利润最大化、价值最大化是企业永恒的目标。因而企业在环保投入有限、投资规模偏小的情况下，为迎合政府的环境管制政策和遵守环保法律法规，不得不注重环境管理效率、改善环境绩效和提高环保投资效率。因此，本书认为企业大股东与管理层之间在提高环保投资绩效与投资效率方面保持高度的利益一致性，即产生正面的"利益协同激励效应"和"合谋"现象。因此，在其他因素不变的情况下，提出假设5-4A、5-4B和5-4C：

假设5-4A：第一大股东持股比例与环保投资效率正相关。

假设5-4B：股权制衡度与环保投资效率正相关。

假设5-4C：管理层持股比例与环保投资效率正相关。

随着资本市场的日益完善与机构投资者力量的日趋强大，机构投资者对完善资本市场运作机制和提高企业治理水平起着至关重要的积极作用。作为改善企业治理机制的一种外部力量，机构投资者根据持股比例和持股时间对企业治理发挥着"有效监督者"或"利益攫取者"的双重角色（叶建芳等，2012）。机构投资者能以"用脚投票"或"用手投票"方式向资本市场传递信息，从而对企业价值产生影响。总而言之，有效的机构投资者治理机制有助于降低企业的信息不对称程度，减轻企业的融资约束，提高企业治理水平，确保企业社会责任的履行，保护广大利益相关者的权益。然而，目前我国并未形成有效的机构投资者治理机制，广大机构投资者存在较严重的"短视"行为和"羊群"行为（徐磊，2007）。根据前文的统计分析，不仅当前企业机构投资者的持股比例较低，而且机构投资者持股比例与环保投资规模存在不显著的正相关关系。这说明，尽管我国资本市场中机构投资者的力量与作用越来越大，在参与和管控企业环境治理方面具有一定的正面效应，但在现阶段所发挥的作用还不是很明显。因此，对企业环保投资而言，目前机构投资者未能有效地对企业的环保投资行为及效率构成影响。在其他因素不变的情况下，提出假设5-4D：

假设5-4D：企业的机构投资者持股对环保投资效率不具有显著性影响。

5.1.5　行业属性与企业环保投资效率

前文已述及，《中国21世纪议程》（1994）和《国家环境保护"十二五"规划》（2011）明确提出政府"应因地制宜，可以在不同地区和不同行业实施差别化的环境政策"，这会使得企业所属行业的异质性和所处空间的异质性在一定程度上对企业的生产经营活动与投资行为构成影响。政府作为环境管制的主体，在解决全国性资源能源消耗短缺的问题以及环境保护与经济发展之间的矛盾时，存在环境管制强度的地区性差异和环境管制政策的行业性差异。按资源能源消耗强度和环境污染程度区分，企业所属行业类型可以分为重污染行业与非重污染行业。重污染行业属于资源消耗型与环境敏感型的行业，必然会受到政府严格的环境管制以及广大利益相关者的重点关注。

近几年来，随着我国资源能源的日益紧张和环境问题的日益严重，国家或地方环境保护部门及其监管部门相继发布了一系列针对重污染行业企业的环境管制政策，如《关于进一步规范重污染行业生产经营公司申请上市或再融资环境保护核查工作的通知》（2007）、《关于重污染行业生产经营公司IPO申请申报文件的通知》（2008）、《上市公司环保核查行业分类管理名录》（2008）等，这些政策文件明确要求重污染行业企业的主要污染物、单位主要产品的主要污染物排放量等必须达到国家或地方规定的排放标准。王建明（2008）研究发现，重污染行业企业与非重污染行业企业之间的环境信息披露水平具有显著性差异，相对而言，重污染行业的环境信息披露水平和质量较高。同时，本书前文部分的理论分析与统计检验也发现：就环保投资规模而言，我国重污染行业企业要显著高于非重污染行业企业。显然，重污染行业企业比非重污染行业企业面临着更加严格的环境管制标准和环境管制强度。基于此，在其他因素不变的情况下，提出假设5-5：

假设5-5：重污染行业企业相比非重污染行业企业具有更高环保投资效率。

5.1.6　控股性质、产权性质与企业环保投资效率

我国资本市场起步较晚，多数上市公司由国有企业改制而来，国家和政府普遍采用参控股的所有权模式来维持公有制经济的主体地位。自2006年股权分置改革以来，多数上市公司的股份已进入"全流通"时代，国有股大量减持。本书在前文的统计分析中发现：我国上市公司的股权结构普遍呈现出"一股独大"和股权集中的特征，多数上市公司仍然处于控制性大股东或少数几个大股东控制的状态，尤其是具有公有制性质的国有股权由控股逐渐转变为参股，国有股东类型由绝对控股股东逐渐转变为相对控股股东。同时，国有产权企业与国有控股企业所占比例都非常高，不少国有企业存在民营大股东。因此，我国资本市场中的经济活动必然受到控股差异与产权差异的影响。

企业的控股性质或产权性质不同，其融资约束、投资行为与投资效率也有所不同。由于国有企业具有与民营企业不同的特殊性质和功能，国有企业比民营企业、国有控股企业比民营控股企业承担了更多的社会责任，而且在环境治理与生态保护方面投入了更大规模的环保资金。然而，在环境治理效率中，国有企业和国有控股企业并没有比民营企业和民营控股企业发挥出应有的优势。这是因为：我国多数国有企业和国有控股企业属于自然垄断行业、行政垄断行业和经济垄断行业，而处于垄断地位的国有企业和国有控股企业又具有经济属性和社会属性，它们既要追求利润最大化目标，又要满足社会福利最大化目标。对此，国家在政策制定和宏观调控的过程中，政府往往把国有企业和国有控股企业的发展放在优先地位，而将民营企业和民营控股企业作为重点监管和调控的对象（袁志刚和邵挺，

2010)。而且，目前我国多数省（市、区）的政府环境管制强度处于较低水平，多数上市公司因其产权和最大股东属于各级政府而具有更多的政治资本和社会资本，从而国有企业和国有控股企业在执行环境管制政策时往往比民营企业和民营控股企业具有更多的政策扶持。同时，民营企业和民营控股企业既要追求经济效益和竞争市场地位，又要遵守政府环境政策和环保法律法规，因而在有限的环保投入下，民营企业和民营控股企业不得不提高环境管理能力和环境治理效率。因此，在其他因素不变的情况下，提出假设5-6A和5-6B：

假设5-6A：国有控股企业比民营控股企业具有更低的环保投资效率。

假设5-6B：国有企业比民营企业具有更低的环保投资效率。

5.1.7　两权分离度与企业环保投资效率

股权结构决定着企业代理问题的类型：当企业股权分散时，企业的主要代理问题存在于所有者与经营者之间，即第一类代理问题；当企业股权高度集中时，控股股东与中小股东之间存在严重的利益冲突，即第二类代理问题。我国上市公司股权结构普遍存在"一股独大"和股权集中的特征，不仅大股东控制成为企业股权结构的核心特征，而且控股股东与中小股东之间的利益冲突逐渐超越传统的所有者与经营者之间的代理冲突而成为企业的主要代理问题。

通常，大股东的控制权会产生两种截然相反的效应：激励效应（Incentive Effect）与堑壕效应（Entrenchment Effect）（Shleifer和Vishny，1997；La Porta等，1999）。具体而言，当控股股东拥有控制权的绝对优势时，控股股东通过金字塔的股权结构和参与企业管理的形式拥有了超过他们现金流权的控制权。若企业缺乏高效的治理机制和有效的管理控制制度，大股东往往会为追求自身利益最大化和获取控制权私人收益而"侵占"中小股东的利益和"掏空"企业资产，即大股东控制权产生了"堑壕效应"。当控股股东所占企业的股权比例较高，即控制权与现金流权的两权分离度较小时，大股东的自身利益与企业的整体利益基本上趋于一致，此时大股东会积极参与到企业的经营管理活动和投资活动中，并有效监督管理层的行为，以提高管理效率、生产效率和投资效率，从而分享更多的控制权公共收益，即大股东控制权产生了"激励效应"。就环保投资而言，由于环保投资具有多元化目标特征和外部经济性，企业大股东和管理层往往缺乏参与环境治理与生态保护的主观意愿和积极性，他们倾向于将更多的资金用于能给企业带来利润和价值的经济性项目中。尤其当企业控制权与现金流权的分离度较大时，控股股东更倾向于将投资资金用于能带来较高控制权私人收益的项目中，从而导致环保投资不足及其投资效率的低下。因此，在其他因素不变的情况下，提出假设5-7：

假设5-7：企业两权分离度与环保投资效率具有负相关性。

5.2 ————— 企业环保投资效率影响因素的研究设计 —————

5.2.1　变量设计

1）被解释变量

本书的被解释变量为企业环保投资绩效（EPIP）和企业环保投资效率（EPIE）。多数学者在研究企业投资效率时，常以企业业绩、企业价值（如净资产收益率、托宾Q、主营业务利润率等）作为衡量投资效率的替代指标。由于目前我国多数省（市、区）的环境管制强度不高，企业普遍没有开展环保投资的积极性，从而造成企业环保投资额偏低的现状。通常情况下，企业为遵守环境政策和环保法律法规，甚至为迎合政府的环境管制，它们往往也会在有限的环保资金投入下追求高效的环保投资绩效。前文述及，环保投资绩效是构成环保投资效率的最主要因素，说明在环保投资效率的构成中环保投资绩效应占据很大的权重。正因如此，本书在探讨企业环保投资效率（EPIE）时，也以企业环保投资绩效（EPIP）作为替代指标。同时对企业环保投资绩效与投资效率的影响因素进行探讨，可以较为准确、全面地了解我国企业环保投资的现状，探寻企业环保投资的特征与规律。

2）解释变量与控制变量

解释变量与控制变量的定义见表5-1。

表5-1　　　　　　　**企业环保投资效率影响因素的变量设计**

变量名称	变量符号	变量定义
被解释变量:		
环保投资绩效	EPIP	本书构建的企业环保投资绩效指数,如第3章
环保投资效率	EPIE	本书构建的企业环保投资效率指数,如第3章
解释变量:		
环保投资规模	EPI	企业环保投资总额与平均总资产之比
环保投资类别	UEPI	虚拟变量:按环保投资总额的大小,将全样本按照1:2的比例分为环保过度投资组和环保投资不足组
	OUEPI	虚拟变量:以样本环保投资规模的中位数为分界点,将高于中位数的样本定义为高环保投资组,将低于中位数的样本界定为低环保投资组
环境管制	Regulation	基于我国省(市、区)"工业三废"达标排放数据构建的环境管制综合指数,代表地区环境管制强度
环境管理机构	Organization	虚拟变量:企业设立了社会责任管理机构或环境管理机构,取1;否则,取0
环境治理水平	Level	虚拟变量:企业获得ISO14000环境管理体系认证,取1;否则,取0
第一大股东持股比例	Largest	第一大股东拥有的股本数与企业总股本数之比
股权制衡度	Balance	第二大股东至第五大股东持股比例之和
管理层持股比例	Management	管理层持有的股本数与企业总股本数之比
机构投资者持股比例	Institution	机构投资者持股总数与企业总股本数之比
行业属性	Industry	虚拟变量:企业为重污染行业,取1;企业为非重污染行业,取0
控股性质	State_1	虚拟变量:企业为国有控股企业,取1;企业为民营控股企业,取0
产权性质	State_2	虚拟变量:企业为国有企业,取1;企业为民营企业,取0
两权分离度	Deviation	控制权与现金流权的比值
控制变量:		
投资机会	Opportunity	市场价值与期末总资产之比,即托宾Q。其中,市场价值=(流通股股数×每股股价+非流通股股数×每股净资产+负债的账面价值)
财务杠杆	Leverage	企业资产负债率
股票收益	Returns	经市场流通市值调整后的股票年回报率
企业业绩	ROA	总资产收益率,为净利润与平均总资产之比
代理成本	Cost	管理费用率,为管理费用与营业收入之比
企业规模	Size	企业平均总资产的自然对数
企业年龄	Age	企业已上市的年份数
地区市场化水平	Region	取自樊纲等构建的市场化指数值
年份	Year	虚拟变量:四年共设3个虚拟变量

5.2.2　模型设计

本书采用多元回归分析方法探讨企业环保投资绩效、环保投资效率及其影响因素之间的关系。因部分解释变量和控制变量与被解释变量之间存在一个会计期间的时间滞后，如政府环境管制（Regulation）、股票收益（Returns）与环保投资绩效及其效率（EPIP、EPIE）；但环境管理机构（Organization）与环境治理水平（Level）与被解释变量的数据均来自同一年。为此，在构建多元回归模型时，除环境管理机构和环境治理水平变量与被解释变量没有时间滞后外，其他解释变量和控制变量与被解释变量之间均存在滞后一期的时间间隔。本书构建的基本回归模型如下：

$$EPIP_{i,t} = \lambda_0 + \lambda_1 EPI_{i,t-1}^2 + \lambda_2 EPI_{i,t-1} + \lambda_3 UEPI_{i,t-1} + \lambda_4 OUEPI_{i,t-1} + \lambda_5 Regulation_{i,t-1}^2 +$$
$$\lambda_6 Regulation_{i,t-1} + \lambda_7 Organization_{i,t} + \lambda_8 Level_{i,t} + \lambda_9 Largest_{i,t-1} + \lambda_{10} Balance_{i,t-1} +$$
$$\lambda_{11} Management_{i,t-1} + \lambda_{12} Institution_{i,t-1} + \lambda_{13} Industry_{i,t-1} + \lambda_{14} State\_1_{i,t-1} +$$
$$\lambda_{15} State\_2_{i,t-1} + \lambda_{16} Deviation_{i,t-1} + \sum Controls_{i,t-1} + \mu_i \qquad \text{模型（5.1）}$$

$$EPIE_{i,t} = \lambda_0 + \lambda_1 EPI_{i,t-1}^2 + \lambda_2 EPI_{i,t-1} + \lambda_3 UEPI_{i,t-1} + \lambda_4 OUEPI_{i,t-1} + \lambda_5 Regulation_{i,t-1}^2 +$$
$$\lambda_6 Regulation_{i,t-1} + \lambda_7 Organization_{i,t} + \lambda_8 Level_{i,t} + \lambda_9 Largest_{i,t-1} + \lambda_{10} Balance_{i,t-1} +$$
$$\lambda_{11} Management_{i,t-1} + \lambda_{12} Institution_{i,t-1} + \lambda_{13} Industry_{i,t-1} + \lambda_{14} State\_1_{i,t-1} +$$
$$\lambda_{15} State\_2_{i,t-1} + \lambda_{16} Deviation_{i,t-1} + \sum Controls_{i,t-1} + \mu_i \qquad \text{模型（5.2）}$$

5.2.3　样本选择与数据来源

2006 年 9 月和 2008 年 5 月，深圳证券交易所和上海证券交易所先后出台了《深圳证券交易所上市公司社会责任指引》和《上海证券交易所上市公司环境信息披露指引》，这些指引明确倡导和鼓励上市公司在拟定的《年度社会责任报告》中披露公司在促进社会可持续发展、环境及生态可持续发展、经济可持续发展等方面的内容。之后，我国越来越多的上市公司向社会公开披露了《企业社会责任报告》。截至 2012 年 5 月，共有 800 多家 A 股上市公司披露了近 2 000 份《企业社会责任报告》，部分上市公司还披露了《可持续发展报告》或《环境报告书》。我们翻阅这些报告后发现，不少上市公司在报告中的"环境保护与可持续发展"部分披露了大量环境治理信息和环保投资额数据。对此，本书以 2008—2011 年间披露了环保投资金额的我国 A 股上市公司为研究样本，并对样本进行了如下筛选过程：（1）剔除了 ST、PT、SST 的样本企业；（2）剔除了金融证券业的样本企业；（3）剔除了融资总规模、现金持有量、资产负债率大于 1 以及总资产收益率小于 0 的样本企业；（4）剔除了西藏上市公司的样本，这是因为西藏的部分"工业三废"数据存在缺失，因而无法计算它的环境管制强度，而且初始研究样本中西藏上市公司的数量非常少，删除这些样本并不会对本书的研究构成较大影响；（5）剔除了某些指标数据缺失的样本；（6）剔除了存在数据异常值的样本。经过以上程序，最终获得 2008—2011 年间共计 499 家样本企业。由于在这期间很多企业并未连续性地披露其环保投资数据，甚至还有部分企业申请 IPO 上市或再融资需求[①]。因此，为保证足够的样本量，本书采用非平衡面板数据。

本书的数据来源于以下几种途径：（1）企业环保投资额的初始数据来源于上市公司披露的《企业社会责任报告》、《可持续发展报告》和《环境报告书》，经过手工收集和整理而来。（2）环保投资绩效（EPIP）数据是根据本书构建的企业环保投资绩效评价项目体系，结合样本企业在《企业社会责任报告》、《可持续发展报告》和《环境报告书》中披露的相关环境治理与环保投资信息，采用"披露评分法"、"达标基数"定性赋值法、加权汇总权数法计算而来。环保投资效率（EPIE）数据是根据"投入产出法"，取自企业环保投资绩效与环保投入之比值。其中，环保投入以万元为单位。"企业是否设置环境管理机构"和"环境治理水平"的数据是从《企业社会责任报告》、《可持续发展报告》和《环境报告书》中查阅而来。其他研究变量的数据来源于 CSMAR 数据库。（3）环境管制强度变量所用到的"工业三废"数据和"工业产值"数据分别来源于《中国环境统计年鉴》和《中国统计年鉴》。（4）因樊纲等（2011）统计的市场化指数值截至 2009 年，为较好地衡量我国各省（市、区）2010 年的市场化程度，本书未将 2009 年的市场化指数作为 2010 年指数值的简单替代，而是将各省（市、区）前三年市场化指数的年平均增长率作为 2010 年市场化指数值的增长

─ 124 ─

---

① 公司申请 IPO 上市或再融资需求作为"融资需求"变量，是本书探讨影响企业环保投资行为的重要因素，这说明应考虑这些研究样本。

率，并以 2009 年各省（市、区）的市场化指数值作为计算 2010 年各省（市、区）市场化指数值的基数。（5）部分变量缺失的数据经查阅年度财务报告而来。（6）在回归分析时，为避免部分样本极端值的影响，我们对连续型变量的 1% 与 99% 分位数进行了 Winsorize 缩尾处理。数据的统计整理与模型的回归检验采用的是 Excel2003、SPSS13.0 与 STATA10.0 等软件。

5.3 ——— 企业环保投资效率影响因素的实证结果分析 ———

5.3.1　描述性统计分析

1）环保投资绩效与投资效率的统计描述

从表 5-2 中可以看出，全样本企业的环保投资绩效平均值与中位数分别为 11.414990、11.112040。显然，环保投资绩效实际完成情况的平均水平仅为 38.05%，因而企业的环保投资绩效水平较低。企业环保投资绩效的标准差、最大值与最小值分别为 4.514970、3.008777、25.140770，说明企业之间的环保投资绩效存在较突出的个体性差异。从各年份样本的环保投资绩效平均值来看，2009 年和 2010 年要稍高于其他年份。

表 5-2　**企业环保投资绩效与投资效率的描述性统计结果**

项目	年 份	观测值	平均值	标准差	中位数	最小值	最大值
环保投资绩效	2008	106	10.518920	3.334931	10.283950	4.059907	20.015350
	2009	101	12.518910	4.399017	12.324330	4.080052	21.488800
	2010	129	12.342060	5.163283	11.349470	3.008777	25.140770
	2011	163	10.580010	4.446987	10.250130	3.057701	23.401120
	合计	499	11.414990	4.514970	11.112040	3.008777	25.140770
环保投资效率	2008	106	0.030381	0.077956	0.004683	0.000035	0.611864
	2009	101	0.039160	0.104800	0.003975	0.000045	0.811622
	2010	129	0.030921	0.107171	0.004302	0.000071	0.815558
	2011	163	0.053842	0.239252	0.005072	0.000036	2.256224
	合计	499	0.039961	0.158630	0.004823	0.000035	2.256224

就环保投资效率而言，全样本企业的环保投资效率平均值与中位数分别为 0.039961、0.004823，二者取值相差较大，说明多数企业的环保投资

效率未达到平均水平。环保投资效率的标准差、最大值与最小值分别为
0.158630、2.256224、0.000035，说明企业之间的环保投资效率存在较突
出的个体性差异。从各年份企业环保投资效率平均值来看，2008—2010
年间的取值基本相当，但2011年的取值最高。结合企业环保投资绩效较
低、环保投入有限的现状，这在很大程度上可以说明我国企业的环保投资
效率处于低水平状态。

2）环保投资绩效与投资效率的分组检验

针对我国上市公司环保投资绩效与投资效率可能存在的个体性差异或
类别性差异，本书按控股性质、产权性质、行业属性、环保投资类别以及
环境管理等虚拟变量对全样本进行适当分组，同时将各类别中的两组企业
视为来自同一样本中两组相互独立的子样本，进而利用 T-Test 来检验各
组样本企业的环保投资绩效与投资效率在均值与方差方面是否存在显著性
差异见表5-3和表5-4。

表5-3　　　　　　**企业环保投资绩效与投资效率的类别差异**

分析变量	分组变量	变量值	观测值	平均值	标准差	均值标准误
EPIP	State_1	1	263	11.710398	4.289114	0.264478
		0	236	11.085790	4.741531	0.308647
	State_2	1	392	11.549932	4.462226	0.225376
		0	107	10.920634	4.691458	0.453540
	Industry	1	298	11.977517	4.476066	0.259292
		0	201	10.581001	4.453740	0.314143
	UEPI	1	176	11.581303	4.692088	0.353679
		0	323	11.324371	4.420253	0.245949
	OUEPI	1	250	11.697542	4.588688	0.290214
		0	249	11.131307	4.430808	0.280791
	Organization	1	230	13.237573	4.556116	0.300421
		0	269	9.856652	3.854064	0.234986
	Level	1	209	12.473102	4.340521	0.300240
		0	290	10.652424	4.491563	0.263754
EPIE	State_1	1	263	0.040982	0.192156	0.011849
		0	236	0.038823	0.110257	0.007177
	State_2	1	392	0.036252	0.165917	0.008380
		0	107	0.053549	0.128218	0.012395
	Industry	1	298	0.031861	0.158386	0.009175
		0	201	0.051970	0.158624	0.011188
	UEPI	1	176	0.002139	0.004005	0.000302
		0	323	0.060570	0.194167	0.010804
	OUEPI	1	250	0.003168	0.004789	0.000303
		0	249	0.076902	0.218568	0.013851
	Organization	1	230	0.035847	0.126687	0.008354
		0	269	0.043478	0.181709	0.011079
	Level	1	209	0.033178	0.170059	0.011763
		0	290	0.044849	0.149966	0.008806

表 5-4　　　　　　**企业环保投资绩效与投资效率的分组检验结果**

分析变量	分组变量	方差齐次性 Levene 检验			均值相等性 T 检验			
		方差假定	F值	显著性	T值	自由度	显著性	均值差异
EPIP	State_1	方差齐次假定	1.293381	0.255974	1.545044	497	0.122972	0.624609
		方差非齐次假定			1.536694	476.416539	0.125032	0.624609
	State_2	方差齐次假定	0.064903	0.799014	1.278682	497	0.201606	0.629298
		方差非齐次假定			1.242562	162.133912	0.215823	0.629298
	Industry	方差齐次假定	0.165680	0.684155	3.425126	497	0.000665	1.396516
		方差非齐次假定			3.428464	430.717068	0.000665	1.396516
	UEPI	方差齐次假定	1.630357	0.202250	0.607008	497	0.544123	0.256931
		方差非齐次假定			0.596419	341.744999	0.551290	0.256931
	OUEPI	方差齐次假定	1.850849	0.174301	1.402110	497	0.161507	0.566235
		方差非齐次假定			1.402208	496.523328	0.161478	0.566235
	Organization	方差齐次假定	7.530167	0.006287	8.980184	497	0.000000	3.380920
		方差非齐次假定			8.864328	450.758205	0.000000	3.380920
	Level	方差齐次假定	0.263557	0.607915	4.530558	497	0.000007	1.820678
		方差非齐次假定			4.555825	457.017680	0.000007	1.820678
EPIE	State_1	方差齐次假定	0.585886	0.444378	0.151704	497	0.879482	0.002160
		方差非齐次假定			0.155912	425.644716	0.876176	0.002160
	State_2	方差齐次假定	0.861170	0.353862	-0.999662	497	0.317960	-0.017296
		方差非齐次假定			-1.155997	212.980637	0.248977	-0.017296
	Industry	方差齐次假定	2.176268	0.140787	-1.390131	497	0.165111	-0.020108
		方差非齐次假定			-1.389725	428.840994	0.165334	-0.020108
	UEPI	方差齐次假定	33.220813	0.000000	-3.990046	497	0.000076	-0.058431
		方差非齐次假定			-5.406327	322.502581	0.000000	-0.058431
	OUEPI	方差齐次假定	55.541688	0.000000	-5.332739	497	0.000000	-0.073734
		方差非齐次假定			-5.322052	248.237184	0.000000	-0.073734
	Organization	方差齐次假定	0.737248	0.390958	-0.535273	497	0.592701	-0.007631
		方差非齐次假定			-0.549970	478.390720	0.582597	-0.007631
	Level	方差齐次假定	1.440746	0.230591	-0.810566	497	0.418003	-0.011671
		方差非齐次假定			-0.794239	413.092863	0.427512	-0.011671

从表5-3和表5-4的检验结果中可以得出以下研究结论：

（1）国有控股企业与民营控股企业的环保投资绩效平均值分别为11.710398、11.085790，二者的取值相差不大。从Levene方差齐次性检验中可以发现，F值未能通过统计检验，应接受方差齐次性的假设，这说明国有控股企业与民营控股企业的环保投资绩效不存在显著的方差非齐次性。从"方差齐次假定"一栏中，可以发现T值也未能通过统计检验，说明国有控股企业与民营控股企业之间的环保投资绩效在统计上不存在均值差异，二者的取值仅相差0.624609。这与前文的非参数检验结果相一致。同样，国有控股企业与民营控股企业的环保投资效率平均值分别为0.040982、0.038823，二者的取值相差不大。Levene方差齐次性检验结果与T值检验结果表明：国有控股企业与民营控股企业之间的环保投资效率方差与平均值均不存在显著性差异，二者的取值相差0.002160。

（2）国有产权企业与民营产权企业的环保投资绩效平均值分别为11.549932、10.920634，二者的取值相差不大。而且，Levene方差齐次性检验结果与T值检验结果表明：国有产权企业与民营产权企业之间的环保投资绩效具有方差齐次性，二者的取值仅相差0.629298，不存在显著的均值差异。这与前文的非参数检验结果相一致。同样，国有产权企业与民营产权企业的环保投资效率平均值分别为0.036252、0.053549，二者的取值相差0.017296。Levene方差齐次性检验结果与T值检验结果表明：国有产权企业与民营产权企业的环保投资效率具有方差齐次性，二者的环保投资效率平均值不存在显著性差异。

（3）重污染行业企业与非重污染行业企业的环保投资绩效平均值分别为11.977517、10.581001，显然，与全样本企业的环保投资绩效平均值（11.414990）相比，重污染行业企业高于全样本企业，非重污染行业企业低于全样本企业。Levene方差齐次性检验结果发现二者的环保投资绩效存在方差齐次性，进而T值检验结果表明：二者的环保投资绩效平均值存在显著性差异，二者的取值相差1.396516。就环保投资效率的平均值而言，重污染行业企业与非重污染行业企业的取值分别为0.031861、0.051970。显然，与全样本企业的环保投资效率平均值（0.039961）相比，重污染行业企业低于全样本企业，非重污染行业企业高于全样本企业。这与环保投资效率行业差异的统计结论相反。然而，Levene 方差齐次性检验结果与 T 值检验结果表明：重污染行业企业与非重污染行业企业之间的环保投资效率具有方差齐次性，二者的环保投资效率平均值仅相差-0.020108，不存在显著性差异。

（4）环保过度投资企业与环保投资不足企业的环保投资绩效平均值分别为 11.581303、11.324371，二者的取值相差 0.256931，与全样本的取值也相差不大。而且，Levene 方差齐次性检验结果与 T 值检验结果表明：环保过度投资企业与环保投资不足企业之间的环保投资绩效具有方差齐次性，二者的环保投资绩效平均值不存在显著性差异。环保过度投资企业与环保投资不足企业的环保投资效率平均值分别为 0.002139、0.060570，二者的取值相差-0.058431。显然，环保投资不足企业的环保投资效率平均值高于全样本的取值。Levene 方差齐次性检验与 T 值检验的结果表明：环保过度投资企业与环保投资不足企业的环保投资效率既存在方差非齐次性，又存在均值差异。可见，环保投资不足企业相比环保过度投资企业具有更高的环保投资效率。因此，假设 5-1B 得到了初步验证。

129

（5）在环保投资绩效方面，高环保投资组企业的平均值（11.697542）稍高于低环保投资组企业的平均值（11.131307），二者与全样本的取值相差不大。而且，Levene 方差齐次性检验与 T 值检验的结果表明：高环保投资组企业与低环保投资组企业之间的环保投资绩效既不存在方差非齐次性，也不存在均值差异。在环保投资效率方面，高环保投资组企业的平均值（0.003168）远低于低环保投资组企业的平均值（0.076902），二者的取值相差-0.073734。显然，低环保投资组企业的环保投资效率较高。Levene 方差齐次性检验与 T 值检验的结果表明：高环保投资组企业与低环保投资组企业的环保投资效率不仅存在方差非齐次性，而且存在显著的均值差异。可见，低环保投资组企业相比高环保投资组企业具有更高的环保投资效率。因此，假设 5-1C 得到了初步验证。

（6）设立环境管理机构企业与未设立环境管理机构企业的环保投资绩

效平均值分别为13.237573、9.856652，二者的取值相差3.380920。显然，设立环境管理机构企业比未设立环境管理机构企业具有更高的环保投资绩效。Levene方差齐次性检验与T值检验的结果表明：设立环境管理机构企业与未设立环境管理机构企业的环保投资绩效既存在显著的方差非齐次性，也存在显著的均值差异。可见，环境管理机构的设置对企业环保投资绩效形成有利影响。在环保投资效率方面，设立环境管理机构企业与未设立环境管理机构企业的环保投资效率的平均值分别为0.035847、0.043478，二者与全样本的取值相差不大。Levene方差齐次性检验与T值检验的结果也表明：这两类企业的环保投资效率既不存在方差非齐次性，又不存在显著的均值差异。

（7）在环保投资绩效方面，获得ISO14000环境管理体系认证的企业与未获得ISO14000环境管理体系认证的企业的平均值分别为12.473102、10.652424，二者的取值相差1.820678。显然，获得ISO14000环境管理体系认证的企业比未获得ISO14000环境管理体系认证的企业具有较高的环保投资绩效。Levene方差齐次性检验与T值检验的结果表明：获得ISO14000环境管理体系认证的企业与未获得ISO14000环境管理体系认证的企业的环保投资绩效既存在显著的方差齐次性，也存在显著的均值差异。因此，ISO14000环境管理体系能在很大程度上推动企业环保投资绩效的改善。在环保投资效率方面，获得ISO14000环境管理体系认证的企业与未获得ISO14000环境管理体系认证的企业的平均值分别为0.033178、0.044849，二者与全样本的取值相差不大。Levene方差齐次性检验与T值检验的结果表明：这两类企业的环保投资效率既不存在显著的方差非齐次性，也不存在显著的均值差异。

3）其他变量的统计描述

需要特别说明的是，模型中的环保投资规模（EPI）一次项及其平方项是经中心化处理的取值，环保投资类型中的UEPI与OUEPI变量是将全样本分别按照1:2比例和中位数划分、界定的。因此，本章只分析环境管理机构（Organization）和环境治理水平（Level）变量的基本情况。解释变量与控制变量的统计结果见表5-5。

表 5-5   变量的描述性统计结果

变量	观测值	平均值	标准差	中位数	最小值	最大值
EPI^2	499	0.000499	0.002353	0.000085	0.000000	0.024707
EPI	499	0.000000	0.022351	−0.007776	−0.010951	0.157183
UEPI	499	0.352705	0.478292	0.000000	0.000000	1.000000
OUEPI	499	0.501002	0.500501	1.000000	0.000000	1.000000
$Regulation^2$	499	5.059918	10.576940	2.639099	0.000008	84.365490
Regulation	499	−0.023047	2.251565	−0.574884	−2.805654	9.185069
Organization	499	0.460922	0.498971	0.000000	0.000000	1.000000
Level	499	0.418838	0.493864	0.000000	0.000000	1.000000
Largest	499	0.420177	0.163562	0.422400	0.064700	0.862000
Balance	499	0.156991	0.122820	0.111900	0.006700	0.590300
Management	499	0.022983	0.090991	0.000034	0.000000	0.735000
Institution	499	0.301329	0.236140	0.227273	0.000779	0.925046
Industry	499	0.597194	0.490955	1.000000	0.000000	1.000000
State_1	499	0.527054	0.499769	1.000000	0.000000	1.000000
State_2	499	0.785571	0.410837	1.000000	0.000000	1.000000
Deviation	499	1.408864	0.860583	1.000000	1.000000	8.223261
Opportunity	499	1.870982	1.015084	1.581022	0.818521	8.081398
Leverage	499	0.500694	0.168963	0.502290	0.072058	0.974046
Returns	499	0.106612	0.433728	0.023542	−0.732648	3.552370
ROA	499	0.067834	0.061488	0.056146	−0.152174	0.463783
Cost	499	0.064346	0.040123	0.055372	0.004630	0.283414
Size	499	22.808830	1.393209	22.576180	20.103240	27.911570
Age	499	9.875752	4.733945	11.000000	1.000000	21.000000
Region	499	8.918624	2.032484	9.020000	3.241976	12.363190

从表 5-5 中可以看出，环境管理机构（Organization）的平均值为 0.460922，说明将近一半的样本企业设立了环境管理机构或社会责任管理机构；环境治理水平（Level）的平均值为 0.418838，这表明多数企业仍未获得 ISO14000 环境管理体系认证或者未执行 ISO14000 环境管理体系。

5.3.2 相关性分析

本书在统计变量之间的相关性时，未考虑环保投资规模（EPI）、环境管制（Regulation）变量的平方项与其他变量之间的相关性，而且以未经中心化处理的初始值作为这两个变量的取值。变量之间的相关性见表5-6。从各表中可以看出，除被解释变量之外，解释变量中的环保投资规模（EPI）、环保投资类别（UEPI、OUEPI）之间具有较高的相关性，因而在多元回归分析时应采用分步回归法逐步放入这些变量。此外，其他解释变量、控制变量之间的相关系数值均小于0.5，这说明本书构建的基本回归模型中变量之间不存在严重的多重共线性问题。

表5-6　　　　　　　　　　　　变量相关性分析

变量	(1)	(2)	(3)	(4)	(5)	(6)	(7)	(8)
EPIP (1)		−0.055	0.056	0.022	0.066	−0.036	0.377***	0.202***
EPIE (2)	−0.020		−0.774***	−0.630***	−0.670***	−0.053	−0.079*	−0.074*
EPI (3)	−0.005	−0.117***		0.828***	0.866***	0.179***	−0.009	0.082*
UEPI (4)	0.027	−0.176***	0.550***		0.737***	0.109**	0.033	0.079*
OUEPI (5)	0.063	−0.233***	0.438***	0.737***		0.140***	0.030	0.035
Regulation (6)	−0.011	−0.067	0.033	0.154***	0.161***		0.001	0.133***
Organization (7)	0.374***	−0.024	−0.068	0.033	0.030	0.010		0.111**
Level (8)	0.199***	−0.036	0.056	0.079*	0.035	0.102**	0.111**	
Largest (9)	0.160***	−0.026	0.014	0.070	0.055	0.013	0.079*	0.136***
Balance (10)	0.097**	−0.061	−0.075*	−0.152***	−0.074*	−0.101*	0.082*	−0.090**
Management (11)	0.026	0.067	−0.054	−0.073	−0.050	−0.105**	0.010	−0.026
Institution (12)	−0.032	−0.068	−0.030	0.005	0.029	0.006	−0.065	0.017
Industry (13)	0.152***	−0.062	0.165***	0.273***	0.324***	0.279***	0.104**	0.184***
State_1 (14)	0.069	0.007	0.132***	0.078*	0.066	0.083*	0.119***	−0.009
State_2 (15)	0.057	−0.045	0.077*	0.100**	0.143***	0.088**	0.111**	−0.012
Deviation (16)	−0.147***	−0.053	−0.062	0.014	−0.032	0.142***	−0.035	−0.028
Opportunity (17)	−0.185***	−0.003	0.026	0.027	0.038	0.031	−0.176***	−0.048
Leverage (18)	0.070	−0.063	−0.045	−0.042	−0.023	0.069	0.062	0.091**
Returns (19)	−0.073	0.019	0.064	0.108**	0.085*	0.131***	−0.073	0.040
ROA (20)	0.025	−0.013	−0.022	0.017	0.018	0.022	−0.019	0.004
Cost (21)	−0.069	0.184***	−0.026	−0.035	−0.033	0.022	−0.091**	−0.034
Size (22)	0.324***	−0.152***	−0.098**	−0.061	−0.036	−0.099**	0.245***	0.086*
Age (23)	−0.070	0.068	−0.106**	−0.117***	−0.086*	0.026	−0.071	−0.070
Region (24)	−0.089**	0.039	−0.114**	−0.081*	−0.111**	−0.599***	−0.057	−0.096**

续表

变量	（9）	（10）	（11）	（12）	（13）	（14）	（15）	（16）
EPIP（1）	0.150***	0.076*	0.078*	−0.082*	0.152***	0.086*	0.063	−0.130***
EPIE（2）	−0.271***	0.101**	0.236***	0.006	−0.277***	−0.196***	−0.252***	0.109**
EPI（3）	0.066	−0.071	−0.101**	0.010	0.355***	0.089**	0.087*	0.006
UEPI（4）	0.071	−0.133***	−0.129***	−0.005	0.273***	0.078*	0.100**	0.014
OUEPI（5）	0.057	−0.056	−0.090**	0.014	0.324***	0.066	0.143***	−0.055
Regulation（6）	−0.032	−0.056	−0.066	−0.006	0.317***	0.050	−0.003	0.126***
Organization（7）	0.080*	0.058	−0.048	−0.082*	0.104**	0.119***	0.111**	−0.026
Level（8）	0.134***	−0.120***	−0.070	0.008	0.184***	−0.009	−0.012	0.071
Largest（9）		−0.405***	−0.403***	−0.039	0.151***	0.246***	0.224***	−0.146***
Balance（10）	−0.348***		0.130***	−0.156***	−0.008	−0.055	−0.168***	0.029
Management（11）	−0.201***	0.287***		0.012	−0.102**	−0.212***	−0.379***	−0.018
Institution（12）	0.047	−0.137***	−0.141***		−0.030	−0.427***	0.020	0.127***
Industry（13）	0.153***	0.023	−0.028	−0.018		0.122***	0.109**	0.075*
State_1（14）	0.241***	−0.048	−0.248***	−0.469***	0.122***		0.552***	−0.266***
State_2（15）	0.223***	−0.125***	−0.454***	0.009	0.109**	0.552***		−0.336***
Deviation（16）	−0.188***	−0.003	−0.077*	0.095**	0.038	−0.251***	−0.295***	
Opportunity（17）	−0.172***	−0.004	0.094**	0.392***	0.078*	−0.217***	−0.184***	0.060
Leverage（18）	0.019	−0.052	−0.193***	0.014	0.012	0.073	0.162***	0.041
Returns（19）	−0.066	−0.012	0.023	0.123***	0.064	−0.084*	−0.069	0.044
ROA（20）	0.047	0.113**	0.116***	0.171***	0.064	−0.132***	−0.176***	0.020
Cost（21）	−0.035	−0.016	0.012	0.096**	−0.004	−0.022	0.008	0.023
Size（22）	0.407***	−0.005	−0.237***	0.004	0.006	0.194***	0.305***	−0.151***
Age（23）	−0.159***	−0.249***	−0.316***	0.192***	−0.064	−0.074*	0.200***	0.095**
Region（24）	−0.044	0.078*	0.216***	0.030	−0.260***	−0.248***	−0.231***	−0.104**

变量	（17）	（18）	（19）	（20）	（21）	（22）	（23）	（24）
EPIP（1）	−0.199***	0.061	−0.070	0.037	−0.047	0.308***	−0.051	−0.101***
EPIE（2）	0.218***	−0.206***	0.042	0.057	0.178***	−0.477***	0.066	0.123***
EPI（3）	0.089**	−0.008	0.084*	0.003	0.019	−0.088**	−0.114**	−0.134***
UEPI（4）	0.039	−0.030	0.063	0.006	0.004	−0.066	−0.129***	−0.081*
OUEPI（5）	0.044	−0.022	0.029	0.013	0.007	−0.032	−0.095**	−0.112**
Regulation（6）	0.075*	0.033	0.142***	0.028	−0.009	−0.105**	0.030	−0.595***
Organization（7）	−0.189***	0.040	−0.060	−0.020	−0.065	0.228***	−0.062	−0.046
Level（8）	−0.058	0.097**	0.066	−0.029	−0.053	0.118***	−0.077*	−0.101**
Largest（9）	−0.207***	0.013	−0.090**	0.021	−0.052	0.369***	−0.143***	−0.071
Balance（10）	−0.021	−0.067	0.035	0.162***	0.012	−0.078*	−0.246***	0.082*
Management（11）	0.111**	−0.076*	0.056	0.124***	0.036	−0.191***	0.057	0.287***
Institution（12）	0.418***	0.061	0.186***	0.168***	0.094**	0.004	0.223***	0.032
Industry（13）	0.078*	0.004	0.047	0.013	0.005	0.008	−0.070	−0.271***
State_1（14）	−0.257***	0.082*	−0.110**	−0.166***	−0.042	0.195***	−0.068	−0.272***
State_2（15）	−0.192***	0.162***	−0.050	−0.190***	−0.017	0.313***	0.196***	−0.240***
Deviation（16）	0.157***	−0.003	0.102**	0.028	0.009	−0.191***	0.079*	−0.029
Opportunity（17）		−0.356***	0.258***	0.420***	0.334***	−0.506***	0.013	−0.030
Leverage（18）	−0.363***		−0.016	−0.485***	−0.316***	0.378***	0.133***	−0.093**
Returns（19）	0.247***	−0.008		0.197***	0.182***	−0.189***	−0.007	−0.040
ROA（20）	0.441***	−0.447***	0.137***		0.225***	−0.067	−0.086*	0.059
Cost（21）	0.232***	−0.240***	0.147***	0.120***		−0.354***	0.024	0.079*
Size（22）	−0.409***	0.365***	−0.200***	−0.071	−0.316***		0.102**	−0.084*
Age（23）	0.014	0.145***	−0.034	−0.087*	0.019	0.018		−0.039
Region（24）	−0.040	−0.098**	−0.028	0.046	0.051	−0.009	−0.049	

注：（1）相关系数表中的右上半部分、左下半部分分别为 Spearman 系数值、Pearson 系数值；（2）*、**、***分别代表10%、5%、1%的显著性水平。

1）被解释变量（EPIP）与解释变量之间的相关性分析

从 Spearman 相关性检验与 Pearson 相关性检验的结果来看：（1）环保投资规模（EPI）与环保投资绩效（EPIP）的关系不确定，环保投资类别（UEPI、OUEPI）与环保投资绩效（EPIP）存在正相关关系，但统计均不显著；（2）环境管制（Regulation）与环保投资绩效（EPIP）存在负相关关系，但统计不显著；（3）环境管理机构（Organization）、环境治理水平（Level）均与环保投资绩效（EPIP）在 1% 的显著性水平上呈显著的正相关关系，可见，环境管理机构的设置和 ISO14000 环境管理体系的认证有助于企业环保投资绩效的改善；（4）第一大股东持股比例（Largest）与环保投资绩效（EPIP）之间在 1% 的显著性水平上呈显著的正相关关系，股权制衡度（Balance）与环保投资绩效（EPIP）之间在 5% 或 10% 的显著性水平上呈显著的正相关关系，管理层持股比例（Management）与环保投资绩效（EPIP）在 10% 的显著性水平上呈微弱的正相关关系，机构投资者持股比例（Institution）与环保投资绩效（EPIP）在 10% 的显著性水平上呈微弱的负相关关系。虽然企业大股东和管理层没有开展环保投资的积极性，但他们在有限的环保资金投入下却努力地促进环保投资绩效的改善，而且机构投资者仍未发挥出参与企业环保投资、改善环保投资绩效的积极作用；（5）行业属性（Industry）与环保投资绩效（EPIP）在 1% 的显著性水平上呈显著的正相关关系，说明重污染行业企业比非重污染行业企业具有更高的环保投资绩效；（6）控股性质（State_1）与环保投资绩效（EPIP）在 10% 的显著性水平上呈微弱的正相关关系，国有控股企业比民营控股企业的环保投资绩效稍高；（7）两权分离度（Deviation）与环保投资绩效（EPIP）之间在 1% 的显著性水平上呈显著的负相关关系，说明企业两权分离度越大，环保投资绩效越差。

2）被解释变量（EPIE）与解释变量之间的相关性分析

从 Spearman 相关性检验与 Pearson 相关性检验的结果来看：（1）环保投资规模（EPI）、环保投资类别（UEPI、OUEPI）均与环保投资效率（EPIE）在 1% 的显著性水平上呈显著的负相关关系，说明企业环保投资规模对环保投资效率形成较大影响，企业环保投资规模过高、环保过度投资

135

均未能有效改善环保投资效率，因此，假设5-1B、假设5-1C得到了初步验证；（2）环境管制（Regulation）与环保投资效率（EPIE）之间存在负相关关系，但统计不显著；（3）环境管理机构（Organization）、环境治理水平（Level）均与环保投资效率（EPIE）在10%的显著性水平上呈微弱的负相关关系，说明环境管理机构的设置、ISO14000环境管理体系的认证有助于改善企业环保投资绩效，但未能优化企业环保投资效率；（4）第一大股东持股比例（Largest）与环保投资效率（EPIE）之间在1%的显著性水平上呈显著的负相关关系，股权制衡度（Balance）与环保投资效率（EPIE）之间在5%的显著性水平上呈显著的正相关关系，管理层持股比例（Management）与环保投资效率（EPIE）在1%的显著性水平上呈显著的正相关关系，机构投资者持股比例（Institution）与环保投资效率（EPIE）之间的关系不明确，可见，企业大股东与管理层在改善环保投资效率方面发挥了一定的积极作用，因此，假设5-4A、假设5-4D未得到验证，而假设5-4B、5-4C得到了初步验证；（5）行业属性（Industry）与EPIE之间在1%的显著性水平上呈显著的负相关关系，说明重污染行业企业相比非重污染行业企业具有更低的环保投资效率，因此，假设5-5得到了初步验证；（6）控股性质（State_1）、产权性质（State_2）均与EPIE之间在1%的显著性水平上呈显著的负相关关系，这表明国有控股企业相比民营控股企业、国有产权企业相比民营产权企业具有更低的环保投资效率，因此，假设5-6A、假设5-6B得到了初步验证；（7）两权分离度（Deviation）与环保投资效率（EPIE）之间的相关关系不明确。

3）被解释变量（EPIP、EPIE）与控制变量之间的相关性分析

从相关性检验的结果来看，可以发现：（1）投资机会（Opportunity）、地区市场化水平（Region）均与环保投资绩效（EPIP）存在显著的负相关关系，说明企业的投资机会越多，所处地区市场化水平越高，企业环保投资绩效越差；企业规模（Size）与环保投资绩效（EPIP）存在显著的正相关关系，说明企业的资产规模越大，企业环保投资绩效越高；其他控制变量与被解释变量（EPIP）之间不存在显著性关系。（2）代理成本（Cost）与环保投资效率（EPIE）存在显著的正相关关系，说明企业代理成本越大，企业环保投资效率越高；Size与环保投资效率（EPIE）存在显著的负相关关系，说明企业的资产规模越大，企业环保投资效率越小。其他控制变量与被解释变量（EPIE）之间不存在显著性关系。

5.3.3　多元回归分析

为更准确、更全面地探寻企业环保投资绩效与投资效率的影响因素，本书在理论分析、分组检验、相关性分析的基础上，进一步采用多元回归分析法检验企业环保投资效率及其影响因素之间的关系。因中心化处理后的环保投资规模（EPI）一次项及其平方项与环保投资类别（UEPI之间、UEPI与OUEPI之间）、控股性质（State_1）与产权性质（State_2）之间存在较强的相关性，若将它们同时放入模型（5.1）和模型（5.2）中进行回归检验，会造成环保投资规模（EPI）一次项与平方项的VIF值较高。为此，本书在对模型（5.1）和模型（5.2）进行分步回归时，未将它们同时放入模型中。同时，在将经中心化处理后的环保投资规模（EPI）一次项与其平方项、环境管制（Regulation）一次项与其平方项同时放入回归模型中时，环保投资规模（EPI）的一次项与其平方项的VIF值位于4.00~6.00之间，环境管制（Regulation）的一次项与平方项的VIF值位于2.00~4.00之间，其余变量的VIF值均小于3.00，因而各分步回归模型不存在较严重的多重共线性问题。此外，在回归检验时发现，多数分步回归模型存在异方差，当被解释变量为环保投资效率（EPIE）时，各模型存在一定的序列自相关现象。为提高回归估计参数的准确性和精度性，本书采用了加权最小二乘法（WLS）对回归模型进行了修正。

1）全样本的多元回归分析

修正后的回归检验结果见表5-7，本书研究发现得出以下结论：

（1）环保投资规模（EPI）的一次项与平方项分别与环保投资绩效（EPIP）具有正相关性与负相关性，但统计均不显著，说明企业的环保投资规模与环保投资绩效之间的线性关系、"∩"形关系均不成立。同样地，环保投资规模（EPI）的一次项与平方项分别与环保投资效率

表 5-7　　　企业环保投资绩效与投资效率影响因素的回归分析

变量	模型（1）				模型（2）			
	EPIP		EPIE		EPIP		EPIE	
	系数	T值	系数	T值	系数	T值	系数	T值
Costant	−10.081400	−2.44**	0.440513	4.62***	−9.849217	−2.39**	0.407759	4.47***
EPI^2					−173.715800	−0.78	21.562400	5.87***
EPI	4.037078	0.44	−0.860199	−5.44***	17.616070	0.89	−2.545686	−6.53***
UEPI								
OUEPI								
$Regulation^2$								
Regulation								
Organization								
Level								
Largest								
Balance								
Management								
Institution								
Industry								
State_1								
State_2								
Deviation								
Opportunity	−0.342368	−1.28	−0.014642	−2.41**	−0.343206	−1.29	−0.014539	−2.44**
Leverage	−0.591582	−0.42	−0.028592	−0.81	−0.674324	−0.48	−0.018322	−0.53
Returns	−0.251122	−0.50	0.006848	0.45	−0.280101	−0.55	0.010446	0.69
ROA	6.711955	1.65*	−0.011455	−0.11	6.601605	1.62	0.002242	0.02
Cost	4.924064	0.93	0.203145	0.90	4.938159	0.94	0.201395	0.90
Size	1.023177	6.04***	−0.016774	−4.71***	1.020109	6.02***	−0.016393	−4.70***
Age	−0.064465	−1.56	0.000916	1.02	−0.064984	−1.57	0.000980	1.10
Region	−0.190945	−1.96**	0.000191	0.06	−0.193053	−1.98**	0.000453	0.15
Year09	1.367962	2.24**	0.001512	0.13	1.385277	2.27**	−0.000638	−0.05
Year10	1.635902	2.91***	0.002217	0.18	1.695868	2.99***	−0.005227	−0.44
Year11	−0.163109	−0.30	0.009874	0.81	−0.105398	−0.19	0.002711	0.23
R-squared	0.163		0.079		0.164		0.1057	
Adj R-squared	0.1423		0.0563		0.1416		0.0817	
F-Values	7.89***		4.50***		7.32***		4.87***	
D-W	2.133		1.688		2.121		1.664	
N	499		499		499		499	

续表

变量	模型（3）				模型（4）			
	EPIP		EPIE		EPIP		EPIE	
	系 数	T 值	系 数	T 值	系 数	T 值	系 数	T 值
Costant	−10.062050	−2.45**	0.438596	4.71***	−10.410130	−2.54**	0.448760	4.88***
EPI^2								
EPI								
UEPI	0.234071	0.59	−0.051950	−6.92***				
OUEPI					0.582681	1.54	−0.063825	−6.90***
Regulation^2								
Regulation								
Organization								
Level								
Largest								
Balance								
Management								
Institution								
Industry								
State_1								
State_2								
Deviation								
Opportunity	−0.342727	−1.28	−0.014577	−2.44**	−0.348056	−1.31	−0.013858	−2.38**
Leverage	−0.590179	−0.42	−0.029138	−0.84	−0.560861	−0.40	−0.029224	−0.85
Returns	−0.263392	−0.52	0.009696	0.64	−0.287641	−0.57	0.009403	0.63
ROA	6.650253	1.63	0.001484	0.01	6.717696	1.65*	−0.003261	−0.03
Cost	4.956492	0.94	0.194838	0.86	5.100034	0.97	0.196825	0.89
Size	1.020587	6.04***	−0.016251	−4.66***	1.019585	6.05***	−0.015778	−4.67***
Age	−0.064047	−1.55	0.000805	0.92	−0.061287	−1.49	0.000783	0.91
Region	−0.192111	−1.98**	0.000405	0.14	−0.179644	−1.85*	−0.000522	−0.18
Year09	1.370668	2.24**	0.000881	0.07	1.391131	2.28**	−0.000676	−0.06
Year10	1.640866	2.92***	0.001165	0.10	1.655680	2.96***	−0.000536	−0.05
Year11	−0.137822	−0.25	0.004303	0.36	−0.140946	−0.26	0.006966	0.59
R-squared	0.1633		0.1020		0.1667		0.1349	
Adj R-squared	0.1426		0.0799		0.1462		0.1136	
F-Values	7.90***		5.45***		8.10***		5.78***	
D-W	2.122		1.670		2.130		1.674	
N	499		499		499		499	

变量	模型（5）				模型（6）			
	EPIP		EPIE		EPIP		EPIE	
	系数	T值	系数	T值	系数	T值	系数	T值
Costant	−8.718713	−1.98**	0.499336	4.07***	−7.800059	−1.78*	0.4814228	4.12***
EPI^2								
EPI								
UEPI								
OUEPI								
$Regulation^2$					0.0369104	1.58	0.0002544	0.42
Regulation	−0.073979	−0.67	−0.007837	−2.69***	−0.2091034	−1.49	−0.0087684	−2.07**
Organization								
Level								
Largest								
Balance								
Management								
Institution								
Industry								
State_1								
State_2								
Deviation								
Opportunity	−0.366497	−1.36	−0.016701	−2.55**	−0.3873086	−1.50	−0.0168441	−2.59***
Leverage	−0.540941	−0.38	−0.014806	−0.42	−0.5082949	−0.34	−0.0145808	−0.42
Returns	−0.195331	−0.38	0.008303	0.54	−0.1951751	−0.41	0.0083043	0.54
ROA	6.922845	1.69*	0.038071	0.35	7.196647	1.95*	0.0399584	0.37
Cost	4.933208	0.94	0.244031	1.06	4.246765	0.81	0.2392995	1.03
Size	0.999009	5.84***	−0.017476	−4.47***	0.9520674	5.33***	−0.0177998	−4.60***
Age	−0.066887	−1.63	0.001323	1.42	−0.069211	−1.61	0.0013072	1.38
Region	−0.248039	−2.00**	−0.004241	−0.94	−0.2776688	−2.13**	−0.0044454	−0.97
Year09	1.353575	2.22**	0.001068	0.09	1.370768	2.50**	0.0011862	0.10
Year10	1.632435	2.91***	0.000043	0.00	1.703284	3.13***	0.0005318	0.04
Year11	−0.128939	−0.24	0.012016	0.93	−0.026376	−0.05	0.0127225	0.97
R-squared	0.1634		0.0678		0.1665		0.0680	
Adj R-squared	0.1428		0.0448		0.1441		0.0430	
F-Values	7.91***		3.76***		8.31***		3.59***	
D-W	2.064		1.576		2.076		1.590	
N	499		499		499		499	

变量	模型（7）				模型（8）			
	EPIP		EPIE		EPIP		EPIE	
	系数	T值	系数	T值	系数	T值	系数	T值
Costant	−7.583223	−1.71*	0.505423	4.24***	−6.777654	−1.60	0.391739	4.07***
EPI²	−201.935900	−0.83	19.051180	5.56***				
EPI	18.645760	0.95	−2.393761	−6.71***				
UEPI								
OUEPI								
Regulation²	0.035796	1.52	0.000477	0.80				
Regulation	−0.221751	−1.60	−0.008488	−2.01**				
Organization					2.650257	6.73***	0.007296	0.72
Level								
Largest								
Balance								
Management								
Institution								
Industry								
State_1								
State_2								
Deviation								
Opportunity	−0.391651	−1.51	−0.016894	−2.65***	−0.245249	−1.02	−0.014038	−2.28**
Leverage	−0.569335	−0.38	−0.012364	−0.36	−0.316949	−0.22	−0.022139	−0.62
Returns	−0.229307	−0.48	0.013995	0.91	−0.226981	−0.50	0.003901	0.25
ROA	7.187448	1.95*	0.030238	0.29	6.327483	1.71*	0.005879	0.05
Cost	4.402916	0.85	0.203602	0.89	4.868670	1.04	0.229999	1.00
Size	0.949898	5.30***	−0.018780	−4.79***	0.798158	4.39***	−0.016136	−4.24***
Age	−0.068347	−1.57	0.000889	0.98	−0.048320	−1.20	0.001410	1.54
Region	−0.287399	−2.23**	−0.004759	−1.03	−0.157831	−1.65*	0.001376	0.47
Year09	1.390288	2.52**	−0.001205	−0.10	1.046073	1.99**	0.001356	0.11
Year10	1.764776	3.20***	−0.004215	−0.34	1.600873	3.03***	0.000898	0.07
Year11	0.041008	0.08	0.007612	0.60	−0.231158	−0.49	0.008687	0.70
R-squared	0.1680		0.1169		0.2416		0.0543	
Adj R-squared	0.1422		0.0894		0.2229		0.0309	
F-Values	7.31***		4.38***		15.92***		3.67***	
D-W	2.081		1.712		2.054		1.653	
N	499		499		499		499	

续表

变量	模型（9）				模型（10）			
	EPIP		EPIE		EPIP		EPIE	
	系数	T值	系数	T值	系数	T值	系数	T值
Costant	−4.734639	−1.09	0.511091	4.15***	−10.489640	−2.48**	0.387968	4.21***
EPI²	−191.701500	−0.84	19.071540	5.54***				
EPI	21.578190	1.17	−2.387927	−6.69***				
UEPI								
OUEPI								
Regulation²	0.036424	1.72*	0.000478	0.80				
Regulation	−0.223067	−1.72*	−0.008491	−2.01**				
Organization	2.669938	6.79***	0.005312	0.55				
Level					1.584028	4.18***	−0.010740	−1.08
Largest								
Balance								
Management								
Institution								
Industry								
State_1								
State_2								
Deviation								
Opportunity	−0.290799	−1.19	−0.016693	−2.61***	−0.271130	−1.08	−0.014803	−2.38**
Leverage	−0.237255	−0.17	−0.011703	−0.34	−1.006303	−0.68	−0.020334	−0.57
Returns	−0.230817	−0.50	0.013992	0.91	−0.347228	−0.73	0.004619	0.30
ROA	6.971979	1.88*	0.029810	0.28	5.699744	1.52	0.012988	0.12
Cost	4.574550	0.97	0.203944	0.89	4.790060	0.93	0.229867	1.00
Size	0.734086	4.08***	−0.019209	−4.59***	0.999964	5.62***	−0.015415	−4.38***
Age	−0.048067	−1.18	0.000929	1.04	−0.050400	−1.17	0.001250	1.33
Region	−0.243939	−2.01**	−0.004673	−1.02	−0.149680	−1.50	0.000956	0.32
Year09	1.071971	2.04**	−0.001839	−0.16	1.486182	2.71***	0.001409	0.12
Year10	1.716345	3.17***	−0.004311	−0.34	1.575270	2.95***	0.001460	0.12
Year11	−0.038545	−0.08	0.007454	0.58	−0.274275	−0.57	0.009672	0.76
R-squared	0.2478		0.1174		0.1916		0.0555	
Adj R-squared	0.2229		0.0881		0.1716		0.0322	
F-Values	12.54***		4.28***		10.78***		3.77***	
D-W	2.070		1.735		2.111		1.672	
N	499		499		499		499	

142

续表

变量	模型（11）				模型（12）			
	EPIP		EPIE		EPIP		EPIE	
	系数	T值	系数	T值	系数	T值	系数	T值
Costant	−4.830009	−1.12	0.511600	4.16***	−12.261990	−2.74***	0.340178	3.52***
EPI²	−187.22900	−0.85	19.047670	5.51***				
EPI	19.239910	1.06	−2.375449	−6.70***				
UEPI								
OUEPI								
Regulation²	0.047797	2.26**	0.000417	0.72				
Regulation	−0.282744	−2.18**	−0.008173	−1.99**				
Organization	2.534026	6.58***	0.006037	0.63				
Level	1.430668	3.89***	−0.007635	−0.83				
Largest					2.053004	1.33	0.043724	1.02
Balance					3.225448	1.76*	−0.035378	−0.88
Management					6.680625	2.72***	0.152647	2.23**
Institution					−0.071938	−0.07	−0.021228	−0.68
Industry								
State_1								
State_2								
Deviation								
Opportunity	−0.242773	−1.00	−0.016949	−2.61***	−0.255473	−0.91	−0.011186	−1.87*
Leverage	−0.585445	−0.41	−0.009845	−0.29	−0.309192	−0.20	−0.008692	−0.22
Returns	−0.312880	−0.67	0.014430	0.92	−0.184846	−0.39	0.005006	0.33
ROA	6.267524	1.67*	0.033569	0.31	4.790655	1.23	0.004145	0.04
Cost	4.322194	0.92	0.205290	0.90	5.521699	1.06	0.241290	1.11
Size	0.707894	3.96***	−0.019069	−4.58***	1.040035	5.12***	−0.014916	−3.30***
Age	−0.036229	−0.88	0.000866	0.96	0.003447	0.08	0.002388	2.59***
Region	−0.228311	−1.90*	−0.004756	−1.03	−0.240991	−2.30**	0.000660	0.23
Year09	1.198638	2.29**	−0.002515	−0.22	1.362005	2.45**	0.005430	0.48
Year10	1.679406	3.13***	−0.004114	−0.33	1.554220	2.73***	0.003921	0.33
Year11	−0.099803	−0.21	0.007781	0.60	−0.391558	−0.74	0.007566	0.50
R-squared	0.2708		0.1185		0.1829		0.0686	
Adj R-squared	0.2450		0.0873		0.1575		0.0397	
F-Values	12.50***		4.01***		7.54***		3.09***	
D-W	2.101		1.705		2.060		1.815	
N	499		499		499		499	

续表

变量	模型（13）				模型（14）			
	EPIP		EPIE		EPIP		EPIE	
	系 数	T 值	系 数	T 值	系 数	T 值	系 数	T 值
Costant	−7.723516	−1.65*	0.493268	3.59***	−11.142680	−2.66***	0.400198	4.32***
EPI^2	−222.666400	−1.02	20.620950	5.48***				
EPI	25.745900	1.40	−2.494531	−6.31***				
UEPI								
OUEPI								
$Regulation^2$	0.050603	2.40**	0.000230	0.42				
Regulation	−0.273560	−2.12**	−0.007756	−1.92*				
Organization	2.432094	6.35***	0.006809	0.70				
Level	1.511302	4.18***	−0.010714	−1.10				
Largest	1.815652	1.24	0.051663	1.24				
Balance	3.699861	2.10**	−0.074872	−1.78*				
Management	5.717196	2.54**	0.130126	1.98**				
Institution	−0.217344	−0.24	−0.018593	−0.63				
Industry					1.326293	3.40***	−0.016776	−1.56
State_1								
State_2								
Deviation								
Opportunity	−0.132518	−0.50	−0.014591	−2.24**	−0.366796	−1.46	−0.014021	−2.30**
Leverage	−0.347679	−0.24	0.007189	0.19	−0.725043	−0.50	−0.021613	−0.60
Returns	−0.296892	−0.63	0.015901	1.01	−0.278822	−0.61	0.004400	0.29
ROA	4.387781	1.11	0.047205	0.41	6.041720	1.65*	0.014103	0.13
Cost	5.034736	1.06	0.208712	0.97	4.564247	0.90	0.232775	1.01
Size	0.745376	3.58***	−0.019328	−3.53***	1.007668	5.71***	−0.015411	−4.39***
Age	0.032707	0.77	0.001534	1.73*	−0.055236	−1.29	0.001216	1.28
Region	−0.252220	−2.09**	−0.005129	−1.16	−0.108054	−1.04	0.000158	0.05
Year09	1.247658	2.33**	0.000065	0.01	1.454831	2.64***	0.001091	0.09
Year10	1.633861	2.89***	−0.001696	−0.14	1.655826	3.09***	0.000830	0.07
Year11	−0.278709	−0.56	0.006348	0.42	−0.176205	−0.36	0.009111	0.73
R-squared	0.2892		0.1371		0.1818		0.0584	
Adj R-squared	0.2579		0.0991		0.1616		0.0351	
F-Values	10.77***		3.34***		10.51***		3.96***	
D-W	2.094		1.710		2.104		1.607	
N	499		499		499		499	

变量	模型（15）				模型（16）			
	EPIP		EPIE		EPIP		EPIE	
	系数	T 值	系数	T 值	系数	T 值	系数	T 值
Costant	−7.988930	−1.71*	0.493831	3.59***	−9.955846	−2.35**	0.383737	4.22***
EPI²	−145.023900	−0.65	20.456170	5.22***				
EPI	16.153140	0.85	−2.474173	−5.90***				
UEPI								
OUEPI								
Regulation²	0.060413	2.80***	0.000210	0.37				
Regulation	−0.344450	−2.62***	−0.007605	−1.85*				
Organization	2.345775	6.19***	0.006992	0.70				
Level	1.409449	3.86***	−0.010498	−1.11				
Largest	1.229156	0.83	0.052908	1.30				
Balance	3.175250	1.79*	−0.073758	−1.74*				
Management	5.597663	2.49**	0.130380	1.99**				
Institution	−0.126876	−0.14	−0.018785	−0.63				
Industry	0.923796	2.37**	−0.001961	−0.18				
State_1					−0.323212	−0.75	0.000804	0.06
State_2								
Deviation								
Opportunity	−0.197769	−0.75	−0.014453	−2.23**	−0.363476	−1.41	−0.014261	−2.36**
Leverage	−0.426156	−0.30	0.007356	0.19	−0.701358	−0.47	−0.022760	−0.64
Returns	−0.280929	−0.60	0.015867	1.01	−0.242798	−0.52	0.003887	0.25
ROA	4.442532	1.13	0.047088	0.41	6.359626	1.72*	0.007367	0.07
Cost	4.834293	1.03	0.209137	0.97	5.235688	1.00	0.228720	0.99
Size	0.746908	3.61***	−0.019332	−3.53***	1.044550	5.70***	−0.015601	−4.25***
Age	0.028954	0.68	0.001542	1.78*	−0.067750	−1.57	0.001362	1.43
Region	−0.232759	−1.95*	−0.005170	−1.16	−0.212923	−2.10**	0.001313	0.39
Year09	1.279960	2.40**	−0.000003	0.00	1.312156	2.34**	0.002364	0.20
Year10	1.630034	2.91***	−0.001688	−0.14	1.539674	2.75***	0.001264	0.11
Year11	−0.266260	−0.54	0.006321	0.42	−0.277244	−0.52	0.009182	0.66
R-squared	0.2970		0.1372		0.1637		0.0533	
Adj R-squared	0.2646		0.0973		0.1430		0.0299	
F-Values	10.50***		3.22***		8.81***		3.64***	
D-W	2.116		1.688		2.068		1.520	
N	499		499		499		499	

145

续表

变量	模型（17）				模型（18）			
	EPIP		EPIE		EPIP		EPIE	
	系数	T值	系数	T值	系数	T值	系数	T值
Costant	−8.165670	−1.75*	0.494084	3.67***	−10.849520	−2.49**	0.361231	4.49***
EPI^2	−139.818100	−0.63	20.448730	5.24***				
EPI	16.930160	0.89	−2.475283	−5.87***				
UEPI								
OUEPI								
Regulation^2	0.060986	2.82***	0.000209	0.37				
Regulation	−0.351069	−2.68***	−0.007596	−1.79*				
Organization	2.374783	6.26***	0.006951	0.68				
Level	1.382018	3.76***	−0.010459	−1.07				
Largest	1.533948	0.99	0.052473	1.07				
Balance	3.231349	1.81*	−0.073838	−1.72*				
Management	4.979801	2.12**	0.131263	1.99**				
Institution	−0.662924	−0.61	−0.018019	−0.57				
Industry	0.939458	2.42**	−0.001983	−0.19				
State_1	−0.507931	−1.01	0.000726	0.04				
State_2					−0.752189	−1.39	−0.016079	−0.91
Deviation								
Opportunity	−0.164331	−0.61	−0.014501	−2.23**	−0.347705	−1.35	−0.014391	−2.34**
Leverage	−0.389557	−0.27	0.007304	0.19	−0.731860	−0.49	−0.025402	−0.74
Returns	−0.279735	−0.60	0.015865	1.01	−0.225697	−0.48	0.004118	0.27
ROA	4.214376	1.06	0.047414	0.40	5.789907	1.54	−0.011186	−0.10
Cost	5.342929	1.15	0.208410	0.94	5.933887	1.13	0.254068	1.06
Size	0.772255	3.73***	−0.019368	−3.82***	1.099539	5.70***	−0.013776	−4.54***
Age	0.029545	0.70	0.001541	1.78*	−0.053988	−1.27	0.001628	1.85*
Region	−0.252216	−2.11**	−0.005142	−1.05	−0.227315	−2.19**	0.000601	0.17
Year09	1.283634	2.39**	−0.000008	0.00	1.338533	2.42**	0.001676	0.14
Year10	1.572080	2.78***	−0.001605	−0.14	1.590707	2.95***	−0.000077	−0.01
Year11	−0.349393	−0.69	0.006440	0.42	−0.239588	−0.48	0.007153	0.60
R-squared	0.2988		0.1372		0.1663		0.0560	
Adj R-squared	0.2649		0.0954		0.1457		0.0327	
F-Values	10.18***		3.08***		8.67***		3.72***	
D-W	2.110		1.745		2.073		1.637	
N	499		499		499		499	

变量	模型（19）				模型（20）			
	EPIP		EPIE		EPIP		EPIE	
	系数	T值	系数	T值	系数	T值	系数	T值
Costant	−8.332948	−1.77*	0.491300	3.71***	−7.203277	−1.64	0.433244	4.41***
EPI^2	−148.188800	−0.67	20.432880	5.20***				
EPI	17.449800	0.92	−2.464631	−5.85***				
UEPI								
OUEPI								
$Regulation^2$	0.067077	3.12***	0.000259	0.45				
Regulation	−0.373426	−2.88***	−0.007819	−1.77*				
Organization	2.385695	6.30***	0.007286	0.71				
Level	1.374246	3.77***	−0.010757	−1.10				
Largest	1.444984	0.95	0.054496	1.24				
Balance	3.353375	1.87*	−0.072447	−1.65*				
Management	4.266582	1.79*	0.120584	1.77*				
Institution	−0.163422	−0.18	−0.019054	−0.65				
Industry	0.979305	2.52**	−0.001552	−0.15				
State_1								
State_2	−0.853071	−1.55	−0.006278	−0.33				
Deviation					−0.612743	−3.00***	−0.011706	−2.97***
Opportunity	−0.202634	−0.75	−0.014489	−2.23**	−0.374047	−1.47	−0.014885	−2.41**
Leverage	−0.529483	−0.37	0.006595	0.18	−0.197681	−0.13	−0.014938	−0.42
Returns	−0.272305	−0.58	0.015930	1.01	−0.237937	−0.51	0.003858	0.25
ROA	3.639165	0.91	0.041176	0.34	7.705611	2.09**	0.027314	0.25
Cost	5.662475	1.22	0.215232	0.96	4.711559	0.91	0.228137	1.00
Size	0.795605	3.78***	−0.018973	−3.88***	0.936986	5.15***	−0.017068	−4.54***
Age	0.038468	0.92	0.001612	1.85*	−0.057404	−1.33	0.001534	1.60
Region	−0.261756	−2.21**	−0.005383	−1.09	−0.216149	−2.15**	0.000886	0.30
Year09	1.267090	2.36**	−0.000098	−0.01	1.262369	2.28**	0.000281	0.02
Year10	1.605671	2.88***	−0.001867	−0.16	1.646750	3.11***	0.001110	0.09
Year11	−0.291419	−0.59	0.006136	0.41	−0.254921	−0.52	0.007044	0.57
R-squared	0.3010		0.1375		0.1739		0.0601	
Adj R-squared	0.2672		0.0958		0.1535		0.0369	
F-Values	10.31***		3.19***		10.34***		3.59***	
D-W	2.122		1.702		2.048		1.663	
N	499		499		499		499	

变量	模型（21）				模型（22）			
	EPIP		EPIE		EPIP		EPIE	
	系数	T值	系数	T值	系数	T值	系数	T值
Costant	−5.373646	−1.13	0.538256	3.81***	−5.072500	−1.06	0.542601	3.83***
EPI²	−119.189000	−0.54	20.775110	5.27***	−130.386600	−0.60	20.712990	5.26***
EPI	13.687990	0.73	−2.526578	−5.88***	13.918040	0.76	−2.520201	−5.88***
UEPI								
OUEPI								
Regulation²	0.065213	3.13***	0.000276	0.48	0.077358	3.75***	0.000420	0.72
Regulation	−0.340123	−2.63***	−0.007423	−1.77*	−0.378810	−2.98***	−0.007903	−1.80*
Organization	2.403168	6.42***	0.007400	0.73	2.428380	6.53***	0.007957	0.78
Level	1.339706	3.66***	−0.011128	−1.13	1.317227	3.65***	−0.011654	−1.19
Largest	1.094980	0.71	0.045528	0.95	0.824379	0.55	0.044731	1.06
Balance	3.125634	1.76*	−0.075511	−1.75*	3.326103	1.88*	−0.072877	−1.66*
Management	3.846831	1.61	0.113338	1.69*	2.307462	0.94	0.089758	1.27
Institution	−0.754452	−0.70	−0.019467	−0.62	0.168467	0.19	−0.013832	−0.48
Industry	1.020703	2.63***	−0.000698	−0.06	1.111291	2.85***	0.000525	0.05
State_1	−0.877365	−1.66*	−0.005119	−0.29				
State_2					−1.575841	−2.70***	−0.017650	−0.84
Deviation	−0.688479	−3.28***	−0.010892	−2.75***	−0.837309	−3.84***	−0.013175	−2.89***
Opportunity	−0.216998	−0.81	−0.015334	−2.33**	−0.300385	−1.10	−0.016027	−2.38**
Leverage	−0.082731	−0.06	0.012158	0.32	−0.276248	−0.20	0.010580	0.29
Returns	−0.297837	−0.64	0.015579	0.99	−0.288070	−0.62	0.015682	1.00
ROA	5.210494	1.30	0.063174	0.53	4.371775	1.09	0.052704	0.44
Cost	5.519743	1.20	0.211208	0.96	6.129276	1.33	0.222577	1.00
Size	0.715002	3.48***	−0.020274	−3.90***	0.744814	3.57***	−0.019773	−3.95***
Age	0.029053	0.69	0.001534	1.77*	0.045408	1.09	0.001721	1.94*
Region	−0.270164	−2.26**	−0.005426	−1.10	−0.290942	−2.49**	−0.005843	−1.17
Year09	1.123523	2.08**	−0.002542	−0.24	1.058214	1.98**	−0.003385	−0.33
Year10	1.497351	2.71***	−0.002787	−0.24	1.545410	2.85***	−0.002815	−0.24
Year11	−0.543904	−1.08	0.003363	0.22	−0.475758	−0.98	0.003236	0.22
R-squared	0.3112		0.1424		0.3179		0.1445	
Adj R-squared	0.2764		0.0989		0.2834		0.1012	
F-Values	10.25***		2.96***		10.67***		3.09***	
D-W	2.095		1.624		2.104		1.660	
N	499		499		499		499	

变量	模型（23）				模型（24）			
	EPIP		EPIE		EPIP		EPIE	
	系数	T值	系数	T值	系数	T值	系数	T值
Costant	−5.200552	−1.11	0.555112	3.95***	−5.041052	−1.07	0.556985	3.98***
EPI²								
EPI								
UEPI	0.002644	0.01	−0.051059	−5.72***	0.065388	0.17	−0.050457	−5.59***
OUEPI								
Regulation²	0.066916	3.22***	0.000229	0.40	0.078583	3.82***	0.000337	0.58
Regulation	−0.341734	−2.62***	−0.006808	−1.68*	−0.378543	−2.97***	−0.007160	−1.69*
Organization	2.389792	6.39***	0.011317	1.11	2.416152	6.51***	0.011619	1.13
Level	1.338869	3.67***	−0.010426	−1.05	1.313480	3.65***	−0.010724	−1.09
Largest	1.066183	0.69	0.039777	0.82	0.826048	0.55	0.038162	0.89
Balance	2.969096	1.66*	−0.083503	−1.87*	3.221447	1.80*	−0.081124	−1.77*
Management	3.748505	1.58	0.107139	1.57	2.245639	0.92	0.091860	1.29
Institution	−0.725702	−0.67	−0.020314	−0.63	0.179826	0.20	−0.013340	−0.46
Industry	1.088545	2.80***	0.000024	0.00	1.160751	2.97***	0.000735	0.07
State_1	−0.861498	−1.63	−0.006580	−0.37				
State_2					−1.574187	−2.69***	−0.014242	−0.66
Deviation	−0.700048	−3.34***	−0.009347	−2.41**	−0.848191	−3.89***	−0.010850	−2.47**
Opportunity	−0.224655	−0.84	−0.015111	−2.29**	−0.304704	−1.12	−0.015775	−2.34**
Leverage	−0.059786	−0.04	−0.000021	0.00	−0.231985	−0.17	−0.001441	−0.04
Returns	−0.269340	−0.58	0.014317	0.91	−0.265728	−0.57	0.014351	0.91
ROA	5.249802	1.31	0.060475	0.51	4.412439	1.10	0.052601	0.44
Cost	5.277563	1.15	0.209582	0.94	5.978998	1.30	0.217053	0.96
Size	0.706081	3.47***	−0.019705	−3.84***	0.739465	3.59***	−0.019364	−3.91***
Age	0.025926	0.61	0.001298	1.52	0.043879	1.04	0.001460	1.65*
Region	−0.266637	−2.21**	−0.004911	−1.01	−0.287136	−2.44**	−0.005149	−1.05
Year09	1.112505	2.08**	−0.001256	−0.12	1.046846	1.97**	−0.001878	−0.18
Year10	1.469967	2.71***	0.002965	0.25	1.509436	2.84***	0.003187	0.27
Year11	−0.571798	−1.15	0.004366	0.29	−0.508028	−1.06	0.004729	0.32
R-squared	0.3104		0.1356		0.3172		0.1367	
Adj R-squared	0.2771		0.0937		0.2841		0.0949	
F-Values	10.70***		3.10***		11.17***		3.21***	
D-W	2.092		1.669		2.102		1.699	
N	499		499		499		499	

续表

变量	模型（25）				模型（26）			
	EPIP		EPIE		EPIP		EPIE	
	系数	T值	系数	T值	系数	T值	系数	T值
Costant	−5.552345	−1.18	0.565719	4.08***	−5.415117	−1.15	0.565691	4.09***
EPI²								
EPI								
UEPI								
OUEPI	0.331182	0.90	−0.065248	−6.31***	0.438938	1.20	−0.064695	−6.23***
Regulation²	0.065870	3.17***	0.000147	0.26	0.078121	3.80***	0.000209	0.37
Regulation	−0.344119	−2.64***	−0.006384	−1.62	−0.383607	−3.01***	−0.006568	−1.59
Organization	2.385844	6.38***	0.010965	1.09	2.414911	6.50***	0.011013	1.09
Level	1.352356	3.70***	−0.013836	−1.41	1.329742	3.69***	−0.013845	−1.42
Largest	1.142981	0.74	0.037234	0.79	0.913820	0.60	0.035018	0.84
Balance	3.108657	1.75*	−0.073160	−1.74*	3.370339	1.90*	−0.071867	−1.67*
Management	3.864704	1.63	0.110573	1.75*	2.264489	0.93	0.104767	1.57
Institution	−0.783793	−0.73	−0.013720	−0.44	0.120300	0.13	−0.006658	−0.23
Industry	0.978603	2.49**	0.008055	0.71	1.036998	2.63***	0.008270	0.74
State_1	−0.870650	−1.65*	−0.006870	−0.39				
State_2					−1.640859	−2.82***	−0.008971	−0.42
Deviation	−0.684592	−3.27***	−0.011681	−2.81***	−0.838537	−3.84***	−0.012240	−2.67***
Opportunity	−0.216107	−0.81	−0.015432	−2.39**	−0.297198	−1.09	−0.015978	−2.41**
Leverage	−0.009174	−0.01	−0.000908	−0.02	−0.180864	−0.13	−0.002081	−0.06
Returns	−0.289344	−0.62	0.014068	0.93	−0.286636	−0.62	0.014077	0.93
ROA	5.275022	1.32	0.051798	0.44	4.408561	1.11	0.047571	0.40
Cost	5.517934	1.20	0.212190	0.97	6.287785	1.37	0.214476	0.97
Size	0.710694	3.49***	−0.019288	−3.86***	0.746143	3.62***	−0.019161	−3.95***
Age	0.030155	0.72	0.001353	1.62	0.049097	1.18	0.001457	1.70*
Region	−0.268376	−2.22**	−0.005507	−1.15	−0.290276	−2.47**	−0.005535	−1.15
Year09	1.130321	2.11**	−0.004131	−0.40	1.066252	2.00**	−0.004435	−0.44
Year10	1.478401	2.73***	−0.000119	−0.01	1.521100	2.87***	0.000348	0.03
Year11	−0.558813	−1.12	0.005085	0.35	−0.497124	−1.04	0.005797	0.40
R-squared	0.3116		0.1695		0.3192		0.1697	
Adj R-squared	0.2783		0.1293		0.2862		0.1294	
F-Values	10.85***		3.44***		11.49***		3.61***	
D-W	2.095		1.544		2.107		1.548	
N	499		499		499		499	

注：（1）在单独对 EPI 或 Regulation 的一次项进行回归时，采用的是未经中心化处理的初始值，同时将 EPI 或 Regulation 的一次项及其平方项放入模型中时，采用的是经中心化处理后的数值；（2）经中心化处理后的 EPI 与 UEPI、OUEPI 之间、State_1 与 State_2 之间存在较强的多重共线性，在回归检验时未将它们同时放入模型中；（3）*、**、*** 分别表示 10%、5%、1% 的显著性水平。下同。

（EPIE）存在显著的负相关性与正相关性，这说明企业的环保投资规模与
环保投资效率并非表现为简单的"线性"关系，而是"U"形关系。换言
之，环保投资规模对环保投资效率的影响存在"门槛效应"：当环保投资
规模处于极小值的左边时，环保投资效率与环保投资规模具有负相关性；
当环保投资规模处于极小值的右边时，环保投资效率与环保投资规模具有
正相关性。只有当企业的环保投资规模达到一定水平和程度时，才能真正
起到改善环保投资效率的积极作用。结合环保投资规模（EPI）的一次项
与环保投资效率（EPIE）之间的显著负相关关系，可以得知，目前我国
企业环保投资规模位于"U"形的左边，这充分说明多数企业的环保投资
额和环保投资效率处于低水平状态。因此，假设 5-1A 得到了统计验证。
环保投资类别（UEPI 和 OUEPI）与环保投资绩效（EPIP）具有正相关关
系，但统计不显著。然而，环保投资类别（UEPI 和 OUEPI）与环保投资
效率（EPIE）具有显著的负相关关系，这说明环保过度投资企业相比环保
投资不足企业具有更低的环保投资效率、高环保投资组企业相比低环保投
资组企业具有更低的环保投资效率。因此，假设 5-1B、假设 5-1C 得到
了统计验证。可见，环保投资规模是影响企业环保投资效率的重要因素。

（2）政府环境管制（Regulation）的一次项及其平方项分别与环保投
资绩效（EPIP）具有显著的负相关关系和正相关关系，即政府环境管制
强度与环保投资绩效之间表现出显著的"U"形关系。换言之，政府环境
管制强度对环保投资绩效的影响存在"门槛效应"：当政府环境规制强度
处于极小值的左边时，政府环境管制强度与环保投资绩效之间具有负相关
性；当政府环境规制强度处于极小值的右边时，政府环境管制强度与环保
投资绩效之间具有正相关性，因而政府环境管制需要达到一定程度后才能
发挥促进企业改善环保投资绩效的作用。由政府环境管制（Regulation）
的一次项与环保投资绩效（EPIP）之间的显著性负相关关系可知，目前
我国的环境规制强度处于"U"形的左边，即多数省（市、区）的环境规
制强度处于较低水平状态。这与前文探讨政府环境管制与企业环保投资行
为之间的关系时呈现出一致性的结论。同样，政府环境管制
（Regulation）的一次项及其平方项分别与环保投资效率（EPIE）存在负
相关关系和正相关关系，但只有环境管制一次项与环保投资效率之间的关

系在统计上表现出显著性。可见，虽然政府环境管制强度与环保投资效率之间的"U"形关系在统计上不显著，但是二者更多地表现出较强的负相关性，即政府环境管制强度越高，环保投资效率越低。这主要是由于目前我国政府环境管制强度处于低水平状态的原因所致，即政府环境管制与环保投资效率之间的关系处于"U"形曲线的左边，而且在环保投资效率的构成中，环保投资绩效是决定环保投资效率的最主要因素。因此，假设5-2只在一定程度上通过了统计验证。

（3）环境管理机构（Organization）与环保投资绩效（EPIP）表现出显著的正相关关系，即设立了环境管理机构的企业比未设立环境管理机构的企业具有更高的环保投资绩效。同样，环境治理水平（Level）与环保投资绩效（EPIP）表现出显著的正相关关系，即获得ISO14000环境管理体系认证的企业比未获得ISO14000环境管理体系认证的企业具有更高的环保投资绩效。然而，环境管理机构（Organization）、环境治理水平（Level）与环保投资效率（EPIE）之间均未表现出显著性关系。可见，环境管理机构、环境治理水平是影响企业环保投资效率的重要因素。因此，假设5-3A与假设5-3B只在一定程度上得到了统计验证。

（4）在各股权结构变量与企业环保投资绩效与投资效率的关系检验中，企业的第一大股东持股比例（Largest）与环保投资绩效（EPIP）存在正相关性，但这种关系在统计上不是很显著。股权制衡度（Balance）、管理层持股比例（Management）分别与环保投资绩效（EPIP）存在显著的正相关关系。同样，第一大股东持股比例（Largest）与环保投资效率（EPIE）存在正相关性，但该类关系在统计上不是很显著。股权制衡度（Balance）与环保投资效率（EPIE）存在显著的负相关关系。管理层持股比例（Management）与环保投资效率（EPIE）之间具有显著的正相关关系。此外，机构投资者持股比例（Institution）与环保投资绩效（EPIP）、环保投资效率（EPIE）均不存在显著性关系。本书认为：虽然企业大股东与管理层没有开展环境治理与环保投资的主观意愿，但其在有限的环保资金投入下强调和追求高效的环保投资绩效与投资效率，因而环保投资效率的高低也受到企业管理效率的影响。因此，假设5-4C与假设5-4D得到了统计验证，而假设5-4A与假设5-4B未能通过统计验证。

（5）行业属性（Industry）与环保投资绩效（EPIP）之间具有显著的正相关性，说明重污染行业企业相比非重污染行业企业具有更高的环保投资绩效，这与前文的非参数检验、方差与均值检验、变量相关性分析的结论相一致。然而，企业的行业属性（Industry）与环保投资效率（EPIE）之间并未表现出显著性关系。以上统计结论充分说明行业属性是影响企业环保投资效率的重要因素。因此，假设 5-5 只在一定程度上得到了统计验证。

（6）控股性质（State_1）与环保投资绩效（EPIP）之间在 10% 的显著性水平上呈微弱的负相关关系，产权性质（State_2）与环保投资绩效（EPIP）之间具有显著的负相关关系。可见，国有控股企业相比民营控股企业具有较低的环保投资绩效，国有产权企业相比民营产权企业具有更低的环保投资绩效。同理，控股性质（State_1）、产权性质（State_2）与环保投资效率（EPIE）之间均未表现出显著性关系。以上统计结论说明控股性质、产权性质是影响企业环保投资效率的重要因素。因此，假设 5-6A 与假设 5-6B 只在一定程度上得到了统计验证。

（7）两权分离度（Deviation）与环保投资绩效（EPIP）、环保投资效率（EPIE）之间均呈现出显著的负相关关系，这表明企业控制权与现金流权的分离程度对环保投资绩效与投资效率均构成了较强的负面影响。因此，假设 5-7 通过了统计检验。

2）分组样本的多元回归分析

我国政府环境保护部门及其监管部门对不同行业的企业实施了差异化环境管制政策，而且我国资本市场中存在着大量的国有控股企业和国有产权企业，基于此，本书将全样本按行业属性、控股性质和产权性质分类，进而对各分类后的子样本进行回归检验，以探讨企业环保投资绩效与投资效率的影响因素是否存在行业差异、控股差异和产权差异。

需要特别说明的是：前文对被解释变量为环保投资效率（EPIE）的多元回归分析中发现环境管制（Regulation）变量与环保投资效率（EPIE）之间的 "U" 形关系在统计上并不成立，但环境管制变量的一次项与环保投资效率却呈现出显著的负相关性。若将环境管制变量的一次项与其平方项同时纳入按以上标准分类后的子样本回归模型中，本书发现当被解释变量为环保投资效率（EPIE）时，有不少分步回归模型的显著性很低甚至未能达到基本的统计检验要求。因此，为保证各分步回归模型的显著性，本书在考察企业环保投资效率的影响因素时，只考虑环境管制变量的一次项，而且环境管制变量的一次项取值为未经中心化处理的初始值。

（1）按行业属性（Industry）分类后的分组样本回归检验

①对环保投资绩效（EPIP）的回归检验，重污染行业企业与非重污染行业企业的回归检验结果见表5-8和表5-9。

表5-8　　企业环保投资绩效的多元回归分析（按行业属性分组）1

变量	重污染行业		非重污染行业		重污染行业		非重污染行业	
	系 数	T 值	系 数	T 值	系 数	T 值	系 数	T 值
Costant	−5.169754	−0.85	−7.206372	−0.89	−4.854501	−0.79	−6.526553	−0.82
EPI^2	59.964580	0.31	−1013.982000	−1.05	55.975730	0.30	−1110.351000	−1.16
EPI	−6.606636	−0.30	79.405940	1.62	−6.762837	−0.32	83.281830	1.80*
UEPI								
OUEPI								
Regulation^2	0.026076	0.90	0.104859	2.86***	0.036281	1.27	0.122214	3.32***
Regulation	−0.043966	−0.22	−0.557648	−2.54**	−0.059730	−0.31	−0.642947	−2.91***
Organization	2.899027	5.58***	1.458087	2.70***	2.986606	5.85***	1.464413	2.74***
Level	1.212482	2.61***	1.486628	2.55**	1.159209	2.49**	1.485934	2.58**
Largest	3.268778	1.51	−0.848735	−0.36	3.262968	1.54	−1.377190	−0.62
Balance	1.878398	0.78	5.792374	2.06**	2.031293	0.86	6.264641	2.25**
Management	4.957330	1.43	3.231240	1.01	3.538023	1.04	−0.016036	0.00
Institution	−1.968110	−1.33	0.546107	0.32	−0.529229	−0.44	0.866382	0.61
State_1	−1.217279	−1.66*	−0.618429	−0.79				
State_2					−2.071780	−2.55**	−1.964241	−2.26**
Deviation	−0.505612	−2.02**	−0.668035	−1.55	−0.593928	−2.36**	−1.116371	−2.37**
Opportunity	0.078732	0.20	−0.582931	−1.64	−0.026571	−0.07	−0.689188	−1.85*
Leverage	−0.981002	−0.49	−1.302511	−0.63	−1.174290	−0.59	−1.775622	−0.86
Returns	−0.178917	−0.34	−0.692048	−0.88	−0.069402	−0.13	−0.837886	−1.05
ROA	0.082969	0.02	10.331020	1.35	−1.590863	−0.30	10.586690	1.38
Cost	9.462245	1.42	−4.472272	−0.63	9.980544	1.51	−3.618775	−0.52
Size	0.642473	2.57**	0.955337	2.76***	0.664410	2.60***	1.030869	3.05***
Age	0.014556	0.23	0.043556	0.66	0.036789	0.59	0.068654	1.04
Region	−0.014041	−0.07	−0.486765	−3.17***	−0.021827	−0.12	−0.537590	−3.56***
Year09	0.527094	0.73	2.143169	2.40**	0.543564	0.76	1.987136	2.21**
Year10	1.278759	1.75*	1.369369	1.56	1.341280	1.88*	1.393072	1.62
Year11	−0.722268	−1.12	−0.538011	−0.60	−0.633899	−1.04	−0.528289	−0.59
R-squared	0.2858		0.4202		0.2945		0.4357	
Adj R-squared	0.2258		0.3449		0.2353		0.3624	
F-Values	6.79***		6.39***		6.95***		6.40***	
D-W	2.119		1.879		2.106		1.874	
N	298		201		298		201	

表5-9　　企业环保投资绩效的多元回归分析（按行业属性分组）2

变量	重污染行业		非重污染行业		重污染行业		非重污染行业	
	系数	T值	系数	T值	系数	T值	系数	T值
Costant	−4.587020	−0.75	−5.723149	−0.75	−5.230832	−0.86	−6.004464	−0.78
EPI^2								
EPI								
UEPI	−0.238206	−0.48	0.618721	0.86				
OUEPI					0.290009	0.59	0.868425	1.45
$Regulation^2$	0.036677	1.27	0.124666	3.50***	0.035671	1.25	0.125369	3.55***
Regulation	−0.060060	−0.31	−0.675125	−3.20***	−0.073251	−0.38	−0.669982	−3.26***
Organization	3.003959	5.88***	1.433034	2.64***	2.985360	5.85***	1.428468	2.65***
Level	1.163873	2.51**	1.506724	2.61***	1.180175	2.53**	1.505609	2.61***
Largest	3.181203	1.49	−1.533462	−0.70	3.335103	1.59	−1.305210	−0.59
Balance	1.897485	0.79	5.771531	2.04**	2.178480	0.92	6.079863	2.14**
Management	3.490266	1.04	−0.551710	−0.15	3.597480	1.05	−0.321928	−0.09
Institution	−0.541166	−0.46	0.744896	0.51	−0.618488	−0.53	0.691232	0.48
State_1								
State_2	−2.046189	−2.52**	−1.864840	−2.12**	−2.112876	−2.59***	−1.931673	−2.23**
Deviation	−0.587190	−2.31**	−1.124093	−2.35**	−0.578285	−2.31**	−1.095878	−2.31**
Opportunity	−0.032558	−0.08	−0.649591	−1.71*	0.012749	0.03	−0.699152	−1.90*
Leverage	−1.241725	−0.63	−1.469452	−0.72	−1.128580	−0.57	−1.343193	−0.67
Returns	−0.051108	−0.10	−0.824774	−1.03	−0.125270	−0.24	−0.825280	−1.03
ROA	−1.544134	−0.29	11.789230	1.54	−1.707117	−0.32	12.020850	1.63
Cost	9.882066	1.50	−4.365666	−0.62	10.122360	1.54	−4.252911	−0.62
Size	0.662444	2.60***	0.955888	2.93***	0.667611	2.62***	0.949963	2.89***
Age	0.032165	0.49	0.066791	1.01	0.045336	0.72	0.075055	1.14
Region	−0.022361	−0.12	−0.538753	−3.69***	−0.030070	−0.17	−0.534522	−3.65***
Year09	0.561326	0.79	1.994475	2.21**	0.545149	0.76	2.051833	2.29**
Year10	1.372985	1.97**	1.470734	1.71*	1.376312	1.99**	1.490282	1.74*
Year11	−0.623159	−1.04	−0.574790	−0.67	−0.627083	−1.03	−0.509900	−0.59
R-squared	0.2949		0.4230		0.2952		0.4274	
Adj R-squared	0.2385		0.3517		0.2388		0.3566	
F-Values	7.19***		6.26***		7.33***		6.60***	
D-W	2.107		1.845		2.109		1.853	
N	298		201		298		201	

从表5-8和表5-9中可以看出，重污染行业企业与非重污染行业企业的回归检验结果存在以下现象和特征：

第一，环保投资规模（EPI）与环保投资绩效（EPIP）之间的显著"∩"形关系在重污染行业企业与非重污染行业企业中均未通过统计检验，但仅从统计的显著性水平来看，非重污染行业企业要好于重污染行业企业。同时，环保投资规模（EPI）与环保投资绩效（EPIP）之间的微弱负相关关系在非重污染行业企业中得以体现；环保投资类别（UEPI和OUEPI）与环保投资绩效（EPIP）的关系均未在统计上体现出显著性。

第二，政府环境管制（Regulation）与环保投资绩效（EPIP）之间的显著"U"形关系在非重污染行业企业中得以很好体现，虽然二者的这种关系也体现在重污染行业企业样本中，但统计上不显著。

第三，环境管理机构（Organization）、环境治理水平（Level）与环保投资绩效（EPIP）之间的显著正相关关系均在重污染行业企业与非重污染行业企业中得以很好体现。

第四，第一大股东持股比例（Largest）、管理层持股比例（Management）、机构投资者持股比例（Institution）与环保投资绩效（EPIP）之间均未在重污染行业企业与非重污染行业企业中体现出显著性关系，但就统计显著性水平而言，重污染行业企业要好于非重污染行业企业。股权制衡度（Balance）与环保投资绩效（EPIP）之间的显著正相关关系仅体现在非重污染行业企业中。

第五，控股性质（State_1）与环保投资绩效（EPIP）之间的微弱负相关关系主要体现在重污染行业企业中，产权性质（State_2）与环保投资绩效（EPIP）之间的显著负相关关系均在重污染行业企业与非重污染行业企业中得以体现。

第六，在重污染行业企业与非重污染行业企业中，两权分离度（Deviation）与环保投资绩效（EPIP）之间均表现出显著的负相关关系。

②对环保投资效率（EPIE）的回归检验，重污染行业企业与非重污染行业企业的回归检验结果见表5-10和表5-11。

表 5-10　**企业环保投资效率的多元回归分析（按行业属性分组）1**

变量	重污染行业		非重污染行业		重污染行业		非重污染行业	
	系 数	T 值	系 数	T 值	系 数	T 值	系 数	T 值
Costant	0.508362	3.18***	0.784356	2.46**	0.505676	3.20***	0.789526	2.48**
EPI²	12.737080	3.56***	76.425020	3.58***	12.564170	3.62***	73.338630	3.77***
EPI	−1.879137	−4.21***	−5.047381	−3.70***	−1.873019	−4.22***	−4.855350	−3.97***
UEPI								
OUEPI								
Regulation	−0.004732	−1.89*	−0.012656	−1.75*	−0.004529	−1.93*	−0.013023	−1.77*
Organization	0.002427	0.20	0.015926	0.68	0.002659	0.21	0.016876	0.72
Level	0.000055	0.00	−0.028268	−1.50	−0.000358	−0.03	−0.030061	−1.58
Largest	0.081072	1.40	0.030026	0.38	0.077685	1.40	0.036585	0.56
Balance	−0.018539	−0.39	−0.126210	−1.67*	−0.019494	−0.41	−0.126228	−1.60
Management	0.030448	0.50	0.216350	1.50	0.026809	0.38	0.189222	1.23
Institution	−0.043733	−1.04	0.034177	0.80	−0.023845	−0.72	0.022574	0.47
State_1	−0.017626	−0.90	0.011386	0.37				
State_2					−0.018624	−0.70	−0.007009	−0.21
Deviation	−0.012952	−2.43**	−0.005476	−0.73	−0.012941	−2.42**	−0.009554	−0.99
Opportunity	−0.005051	−0.69	−0.024733	−2.48**	−0.006743	−0.84	−0.025140	−2.34**
Leverage	−0.032373	−0.59	0.056039	1.41	−0.034619	−0.64	0.058626	1.59
Returns	−0.005087	−0.46	0.032657	0.91	−0.003779	−0.32	0.032813	0.88
ROA	−0.129930	−1.45	0.319520	1.24	−0.138830	−1.67*	0.332065	1.22
Cost	0.399373	1.27	−0.200370	−1.04	0.403514	1.27	−0.174539	−0.89
Size	−0.018823	−3.09***	−0.030915	−2.71***	−0.018717	−3.20***	−0.030102	−2.74***
Age	0.002912	2.32**	0.000398	0.32	0.003080	2.38**	0.000497	0.39
Region	−0.004549	−0.94	−0.005619	−0.61	−0.004239	−0.88	−0.006232	−0.67
Year09	−0.011360	−0.94	0.012258	0.66	−0.011195	−0.93	0.011549	0.65
Year10	−0.007088	−0.40	0.001290	0.07	−0.005885	−0.33	−0.000753	−0.04
Year11	−0.014268	−0.82	0.018794	0.62	−0.012445	−0.72	0.015958	0.54
R-squared	0.1730		0.1871		0.1721		0.1864	
Adj R-squared	0.1068		0.0866		0.1059		0.0858	
F-Values	1.63**		2.24***		1.63**		2.23***	
D-W	1.637		2.018		1.663		1.839	
N	298		201		298		201	

表5-11　企业环保投资效率的多元回归分析（按行业属性分组）2

变量	重污染行业		非重污染行业		重污染行业		非重污染行业	
	系数	T值	系数	T值	系数	T值	系数	T值
Costant	0.516239	3.27***	0.805196	2.55**	0.544661	3.41***	0.807109	2.58**
EPI^2								
EPI								
UEPI	−0.044096	−4.28***	−0.059616	−3.52***				
OUEPI					−0.061763	−4.60***	−0.064263	−3.89***
Regulation	−0.003939	−1.82*	−0.012422	−1.72*	−0.003090	−1.58	−0.012812	−1.78*
Organization	0.007102	0.57	0.017097	0.72	0.005330	0.44	0.017665	0.75
Level	−0.000129	−0.01	−0.031887	−1.65*	−0.004984	−0.42	−0.031526	−1.65*
Largest	0.069439	1.24	0.043064	0.66	0.073746	1.39	0.027203	0.42
Balance	−0.034724	−0.69	−0.120752	−1.51	−0.009969	−0.23	−0.132840	−1.63
Management	0.029459	0.42	0.199547	1.29	0.045768	0.73	0.189232	1.23
Institution	−0.026752	−0.81	0.029835	0.62	−0.014516	−0.45	0.033158	0.70
State_1								
State_2	−0.014904	−0.56	−0.010163	−0.30	−0.009676	−0.37	−0.006974	−0.21
Deviation	−0.010440	−2.11**	−0.009353	−0.94	−0.012351	−2.34**	−0.011326	−1.13
Opportunity	−0.007002	−0.89	−0.028033	−2.56**	−0.010782	−1.30	−0.024635	−2.27**
Leverage	−0.044758	−0.81	0.042306	1.19	−0.041646	−0.78	0.031684	0.90
Returns	−0.003112	−0.27	0.032402	0.85	−0.003353	−0.30	0.032875	0.87
ROA	−0.125381	−1.54	0.291711	1.08	−0.103023	−1.30	0.262510	1.03
Cost	0.404371	1.26	−0.166927	−0.83	0.395861	1.27	−0.154437	−0.78
Size	−0.018422	−3.15***	−0.028014	−2.61***	−0.019139	−3.30***	−0.026769	−2.55**
Age	0.002787	2.17**	0.000302	0.23	0.002982	2.44**	−0.000229	−0.17
Region	−0.003547	−0.76	−0.006169	−0.66	−0.003860	−0.85	−0.006748	−0.73
Year09	−0.008803	−0.75	0.009690	0.52	−0.010789	−0.95	0.005759	0.31
Year10	0.000064	0.00	−0.002385	−0.12	−0.001724	−0.10	−0.004991	−0.25
Year11	−0.011211	−0.65	0.019249	0.65	−0.005574	−0.33	0.015420	0.54
R−squared	0.1716		0.1620		0.2091		0.1803	
Adj R−squared	0.1085		0.0636		0.1489		0.0841	
F−Values	1.75**		2.05***		2.10***		2.26***	
D−W	1.596		1.809		1.604		1.920	
N	298		201		298		201	

从表5-10和表5-11中可以看出，重污染行业企业与非重污染行业企业的回归检验结果存在以下现象与结论：

第一，环保投资规模（EPI）与环保投资效率（EPIE）之间的显著"U"形关系、环保投资类别（UEPI和OUEPI）与环保投资效率（EPIE）之间的显著负相关关系均在重污染行业企业与非重污染行业企业中通过了统计检验。

第二，政府环境管制（Regulation）与环保投资效率（EPIE）之间的负相关关系在重污染行业企业与非重污染行业企业中均得以体现，但仅在10%的显著性水平上通过统计检验。

第三，环境管理机构（Organization）、环境治理水平（Level）与环保投资效率（EPIE）之间的关系均未在重污染行业企业与非重污染行业企业中得以很好体现。

第四，各股权结构变量与环保投资效率之间的关系均未在重污染行业企业与非重污染行业企业中得以很好体现。然而，就显著性水平而言，第一大股东持股比例（Largest）与环保投资效率（EPIE）之间的正相关性在重污染行业企业中得以较好体现，管理层持股比例（Management）与环保投资效率（EPIE）之间的正相关关系、股权制衡度（Balance）与环保投资效率（EPIE）之间的负相关关系均在非重污染行业企业中得以较好体现。

第五，控股性质（State_1）与环保投资效率（EPIE）、产权性质（State_2）与环保投资效率（EPIE）之间均未能在重污染行业企业与非重污染行业企业中体现出显著性关系。

第六，两权分离度（Deviation）与环保投资效率（EPIE）之间的显著负相关关系仅体现在重污染行业企业中，而在非重污染行业企业中未能在统计上表现出显著性。

（2）按控股性质（State_1）分类后的分组样本回归检验

①对环保投资绩效（EPIP）的回归检验，国有控股企业与民营控股企业的回归检验结果见表5-12和表5-13。

表5-12　企业环保投资绩效的多元回归分析（按控股性质分组）1

变量	国有控股		民营控股		国有控股		民营控股	
	系数	T值	系数	T值	系数	T值	系数	T值
Costant	−4.043112	−0.63	−9.564589	−1.22	−3.241401	−0.49	−10.068970	−1.27
EPI^2					−258.062300	−1.45	94.619480	0.14
EPI					23.400680	1.17	12.873750	0.30
UEPI								
OUEPI								
Regulation^2	0.066883	2.38**	0.050196	1.27	0.064925	2.29**	0.046660	1.16
Regulation	−0.272644	−1.40	−0.468005	−2.46**	−0.298241	−1.54	−0.461861	−2.45**
Organization	2.416147	4.94***	2.459289	4.17***	2.376434	4.85***	2.526231	4.23***
Level	1.377720	2.85***	1.118013	1.85*	1.410650	2.90***	1.047981	1.72*
Largest	1.150776	0.45	1.064447	0.47	1.108877	0.44	1.085522	0.47
Balance	2.576040	1.05	5.064091	1.87*	2.927230	1.17	5.171070	1.88*
Management	−35.902620	−0.70	2.773809	0.99	−40.634470	−0.77	3.161264	1.10
Institution	−1.455159	−0.75	−0.494589	−0.33	−1.533894	−0.80	−0.447793	−0.30
Industry	0.436682	0.84	1.536260	2.71***	0.362728	0.68	1.468085	2.51**
Deviation	−1.454562	−2.07**	−0.547354	−2.11**	−1.473411	−2.09**	−0.524970	−2.01**
Opportunity	0.294462	0.70	−0.467957	−1.36	0.320941	0.74	−0.492181	−1.45
Leverage	−0.282274	−0.14	0.647489	0.29	−0.406802	−0.20	0.711219	0.31
Returns	0.099226	0.17	−0.490025	−0.64	0.055949	0.09	−0.446723	−0.59
ROA	−0.794275	−0.15	10.218190	1.72*	−1.010678	−0.18	10.271610	1.74*
Cost	8.088145	1.40	1.244361	0.17	8.318148	1.45	1.186100	0.16
Size	0.669141	2.42**	0.817045	2.37**	0.659615	2.37**	0.837980	2.39**
Age	0.041023	0.72	−0.002806	−0.04	0.036308	0.63	0.008212	0.12
Region	−0.322333	−1.68*	−0.176929	−1.01	−0.372406	−1.96**	−0.177166	−1.03
Year09	1.600698	2.37**	1.074017	0.99	1.701144	2.44**	0.974934	0.88
Year10	1.391938	1.99**	2.288269	2.22**	1.571361	2.18**	2.223287	2.13**
Year11	−0.858992	−1.27	0.293332	0.31	−0.676272	−0.99	0.173175	0.18
R−squared	0.3123		0.3569		0.3173		0.3595	
Adj R−squared	0.2524		0.2937		0.2516		0.2900	
F−Values	6.23***		7.00***		5.73***		6.56***	
D−W	2.148		2.071		2.157		2.082	
N	263		236		263		236	

表 5-13　企业环保投资绩效的多元回归分析（按控股性质分组）2

变量	国有控股		民营控股		国有控股		民营控股	
	系 数	T 值	系 数	T 值	系 数	T 值	系 数	T 值
Costant	−4.862659	−0.75	−8.835335	−1.12	−5.251072	−0.82	−9.562466	−1.22
EPI^2								
EPI								
UEPI	0.553834	1.05	−0.557341	−0.87				
OUEPI					0.738856	1.52	−0.001695	0.00
Regulation^2	0.062178	2.20**	0.052489	1.32	0.064637	2.31**	0.050203	1.27
Regulation	−0.264054	−1.35	−0.455071	−2.38**	−0.285498	−1.47	−0.468002	−2.46**
Organization	2.356207	4.74***	2.420652	4.07***	2.348672	4.79***	2.459175	4.15***
Level	1.368759	2.81***	1.136397	1.89*	1.409414	2.89***	1.118007	1.85*
Largest	1.257311	0.50	0.838754	0.36	1.298524	0.52	1.063898	0.46
Balance	3.043857	1.21	4.698183	1.70*	2.907477	1.17	5.063406	1.88*
Management	−37.145400	−0.71	2.467001	0.90	−38.833090	−0.78	2.773205	0.98
Institution	−1.533940	−0.81	−0.440575	−0.29	−1.602521	−0.84	−0.494347	−0.33
Industry	0.297833	0.55	1.713118	3.02***	0.261803	0.49	1.537008	2.59***
Deviation	−1.454382	−2.06**	−0.569268	−2.22**	−1.420980	−2.02**	−0.547455	−2.12**
Opportunity	0.350180	0.81	−0.463941	−1.35	0.382490	0.89	−0.467930	−1.35
Leverage	−0.193121	−0.10	0.502355	0.23	−0.267408	−0.13	0.646927	0.29
Returns	0.049517	0.08	−0.446882	−0.59	0.123507	0.21	−0.489781	−0.64
ROA	−1.007588	−0.18	10.085390	1.68*	−1.335006	−0.25	10.217030	1.71*
Cost	8.662998	1.51	0.656869	0.09	8.620622	1.52	1.242806	0.17
Size	0.688372	2.48**	0.799961	2.32**	0.694981	2.54**	0.817017	2.36**
Age	0.049957	0.86	−0.011209	−0.17	0.049886	0.88	−0.002826	−0.04
Region	−0.328928	−1.69*	−0.164838	−0.94	−0.329088	−1.70*	−0.176942	−1.01
Year09	1.641350	2.40**	1.069977	0.99	1.720230	2.51**	1.074039	0.99
Year10	1.387924	2.00**	2.303006	2.23**	1.464656	2.10**	2.288358	2.21**
Year11	−0.803353	−1.18	0.251944	0.27	−0.797409	−1.17	0.293342	0.31
R-squared	0.3157		0.3592		0.3189		0.3569	
Adj R-squared	0.2530		0.2930		0.2565		0.2904	
F-Values	6.22***		6.94***		6.60***		6.72***	
D-W	2.160		2.081		2.168		2.072	
N	263		236		263		236	

从表5-12和表5-13中可以看出，国有控股企业与民营控股企业的回归检验结果存在以下现象和特征：

第一，环保投资规模（EPI）与环保投资绩效（EPIP）之间的曲线关系、线性关系均未能在国有控股企业与民营控股企业中得以体现。而且，环保投资类别（UEPI和OUEPI）与环保投资绩效（EPIP）之间的关系在这两类企业中也未能在统计上表现出显著性。

第二，政府环境管制（Regulation）与环保投资绩效（EPIP）之间的显著"U"形关系主要体现在国有控股企业中。同时，二者之间的线性关系仅在民营控股企业中表现为显著的负相关关系。

第三，环境管理机构（Organization）、环境治理水平（Level）与环保投资绩效（EPIP）之间的显著正相关关系均在国有控股企业与民营控股企业中得以很好体现。

第四，各股权结构变量与公司环保投资绩效之间的关系均未在国有控股企业样本与民营控股企业中得以很好体现。然而，公司的股权制衡度（Balance）与环保投资绩效（EPIP）之间仅在民营控股企业中体现出微弱的正相关关系。

第五，行业属性（Industry）与环保投资绩效（EPIP）之间的显著正相关关系主要体现在民营控股企业中。

第六，在国有控股企业与民营控股企业中，两权分离度（Deviation）与环保投资绩效（EPIP）之间均表现出显著的负相关关系。

②对环保投资效率（EPIE）的回归检验，国有控股企业与民营控股企业的回归检验结果见表5-14和表5-15。

从表5-28和表5-29中可以看出，国有控股企业与民营控股企业的回归检验结果存在以下现象和特征：

第一，环保投资规模（EPI）与环保投资效率（EPIE）之间的显著"U"形关系、环保投资类别（UEPI和OUEPI）与环保投资效率（EPIE）之间的显著负相关关系均在国有控股企业与民营控股企业中通过了统计检验。

表 5-14 **企业环保投资效率的多元回归分析（按控股性质分组）1**

变量	国有控股		民营控股		国有控股		民营控股	
	系数	T 值	系数	T 值	系数	T 值	系数	T 值
Costant	0.350977	1.94*	0.423914	2.40**	0.348027	1.70*	0.586326	2.28**
EPI^2	17.768950	3.47***	52.984160	3.41***				
EPI	−2.494314	−3.73***	−4.165804	−3.58***				
UEPI								
OUEPI								
Regulation					−0.005151	−1.24	−0.011320	−1.81*
Organization	0.018264	0.89	−0.001885	−0.14	0.017209	0.83	0.005916	0.43
Level	−0.000413	−0.02	−0.025507	−2.12**	0.002716	0.16	−0.029397	−2.31**
Largest	−0.161624	−1.34	0.101914	1.50	−0.149079	−1.25	0.105234	1.51
Balance	−0.229324	−1.81*	−0.078720	−1.47	−0.188133	−1.59	−0.053786	−1.05
Management	−1.781714	−1.20	0.149918	2.32**	−1.885578	−1.15	0.166089	2.39**
Institution	−0.162649	−1.79*	−0.003392	−0.07	−0.180680	−1.86*	0.005454	0.11
Industry	0.008645	0.45	−0.002857	−0.17	−0.000165	−0.01	−0.021868	−1.45
Deviation	−0.042430	−2.14**	−0.010489	−2.05**	−0.040763	−2.05**	−0.004943	−1.13
Opportunity	−0.005864	−0.38	−0.011609	−1.84*	−0.000046	0.00	−0.017394	−2.06**
Leverage	0.013397	0.25	0.015469	0.22	0.019442	0.34	0.016246	0.23
Returns	0.030991	0.77	−0.000625	−0.04	0.022050	0.58	0.000330	0.02
ROA	0.126032	0.49	−0.036794	−0.38	0.123873	0.48	0.035570	0.33
Cost	0.521823	0.93	0.223849	0.83	0.619022	1.08	0.247483	0.89
Size	−0.013359	−1.61	−0.015121	−2.16**	−0.011964	−1.41	−0.017819	−2.10**
Age	0.003022	1.50	−0.000227	−0.22	0.003518	1.70*	0.000445	0.41
Region	0.010541	1.52	−0.006722	−1.28	0.005789	0.66	−0.012408	−1.49
Year09	−0.001794	−0.13	0.025459	0.97	0.007359	0.53	0.012792	0.48
Year10	0.008804	0.47	0.003713	0.26	0.015116	0.79	−0.000960	−0.07
Year11	0.032373	0.91	−0.009708	−0.50	0.044446	1.19	−0.003530	−0.17
R-squared	0.1663		0.1945		0.1371		0.1524	
Adj R-squared	0.0936		0.1155		0.0658		0.0736	
F-Values	1.43*		2.15***		1.05		1.75**	
D-W	2.075		2.095		1.903		1.888	
N	263		236		263		236	

163

表 5-15 企业环保投资效率的多元回归分析（按控股性质分组）2

变量	国有控股		民营控股		国有控股		民营控股	
	系数	T值	系数	T值	系数	T值	系数	T值
Costant	0.418782	2.03**	0.636999	2.44**	0.455765	2.25**	0.664889	2.58**
EPI²								
EPI								
UEPI	−0.057866	−3.95***	−0.047086	−3.27***				
OUEPI					−0.073441	−4.07***	−0.071737	−3.78***
Regulation	−0.004029	−0.98	−0.009641	−1.61	−0.002956	−0.74	−0.010308	−1.76*
Organization	0.022910	1.10	0.003015	0.22	0.023661	1.16	0.001628	0.12
Level	0.003339	0.19	−0.028245	−2.27**	−0.000576	−0.03	−0.030236	−2.43**
Largest	−0.158802	−1.35	0.086114	1.28	−0.163125	−1.39	0.081913	1.30
Balance	−0.238940	−1.92*	−0.086198	−1.52	−0.221953	−1.83*	−0.085007	−1.58
Management	−1.768780	−1.12	0.142368	2.13**	−1.600221	−1.02	0.143731	2.27**
Institution	−0.170404	−1.80*	0.010733	0.22	−0.165104	−1.79*	0.016752	0.36
Industry	0.012851	0.66	−0.007107	−0.40	0.016541	0.83	0.009488	0.50
Deviation	−0.040426	−2.09**	−0.006704	−1.52	−0.043940	−2.25**	−0.009107	−1.83*
Opportunity	−0.005798	−0.40	−0.016998	−2.10**	−0.008764	−0.60	−0.016183	−2.12**
Leverage	0.010353	0.18	0.003931	0.06	0.018067	0.32	−0.007621	−0.11
Returns	0.027052	0.71	0.004000	0.26	0.019550	0.53	0.010718	0.70
ROA	0.145830	0.56	0.023318	0.23	0.177471	0.69	−0.015031	−0.15
Cost	0.566258	1.00	0.200859	0.73	0.569409	1.02	0.186118	0.71
Size	−0.013522	−1.59	−0.019013	−2.23**	−0.014328	−1.72*	−0.018634	−2.25**
Age	0.002483	1.24	−0.000232	−0.23	0.002591	1.33	−0.000343	−0.35
Region	0.007010	0.81	−0.011355	−1.40	0.006702	0.79	−0.012935	−1.61
Year09	0.002753	0.20	0.012253	0.47	−0.004685	−0.34	0.013412	0.53
Year10	0.014136	0.76	0.000042	0.00	0.007253	0.41	0.002419	0.18
Year11	0.037192	1.03	−0.007508	−0.37	0.037670	1.06	−0.003800	−0.20
R-squared	0.1653		0.1831		0.1861		0.2311	
Adj R-squared	0.0926		0.1029		0.1152		0.1556	
F-Values	1.35		2.13***		1.51*		2.42***	
D-W	2.140		1.877		1.835		2.234	
N	263		236		263		236	

第二，政府环境管制（Regulation）与环保投资效率（EPIE）之间的负相关关系仅在民营控股企业中得以体现，且仅在10%的显著性水平上通过统计检验。

第三，环境管理机构（Organization）与环保投资效率（EPIE）之间的关系均未在国有控股企业与民营控股企业中得以很好体现，而环境治理水平（Level）与环保投资效率（EPIE）之间的显著负相关关系仅存在于民营控股企业中。

第四，在各股权结构变量与环保投资效率之间的关系中，第一大股东持股比例（Largest）与环保投资效率（EPIE）之间的关系均未在国有控股企业与民营控股企业中得以很好体现。然而，股权制衡度（Balance）与环保投资效率（EPIE）之间的微弱负相关性也主要体现在国有控股企业中，管理层持股比例（Management）与环保投资效率（EPIE）之间的显著正相关关系仅存在于民营控股企业中，机构投资者持股比例（Institution）与环保投资效率（EPIE）之间的微弱负相关关系仅存在于国有控股企业中。

第五，行业属性（Industry）与环保投资效率（EPIE）之间的关系未能在国有控股企业与民营控股企业中得以很好体现。

第六，两权分离度（Deviation）与环保投资效率（EPIE）之间的显著负相关关系均体现在国有控股企业与民营控股企业中，但就统计的显著性水平而言，国有控股企业要好于民营控股企业。

（3）按产权性质（State_2）分类后的分组样本回归检验

①对环保投资绩效（EPIP）的回归检验，国有产权企业与民营产权企业的回归检验结果见表5-16和表5-17。

从表5-16和表5-17中可以看出，国有产权企业与民营产权企业的回归检验结果存在以下现象和特征：

第一，环保投资规模（EPI）与环保投资绩效（EPIP）之间的曲线关系、线性关系均未能在国有产权企业与民营产权企业中得以体现。而且，环保投资类别（UEPI和OUEPI）与环保投资绩效（EPIP）之间的关系在这两类企业中也未能在统计上表现出显著性。

表5-16 企业环保投资绩效的多元回归分析（按产权性质分组）1

变量	国有产权		民营产权		国有产权		民营产权	
	系 数	T 值	系 数	T 值	系 数	T 值	系 数	T 值
Costant	−11.459640	−2.16**	−11.692570	−0.64	−11.164380	−2.07**	−12.513620	−0.66
EPI^2					−128.203400	−0.75	429.941000	0.28
EPI					11.798340	0.66	3.698946	0.05
UEPI								
OUEPI								
Regulation^2	0.064242	2.92***	0.088026	0.40	0.064179	2.91***	0.058142	0.25
Regulation	−0.265625	−1.74*	−0.668247	−1.66*	−0.279908	−1.84*	−0.569427	−1.26
Organization	2.650378	6.50***	1.665232	1.83*	2.643672	6.47***	1.780765	1.89*
Level	1.579545	4.10***	0.052830	0.05	1.581999	4.08***	−0.057421	−0.06
Largest	−0.582318	−0.32	2.281890	0.66	−0.597845	−0.33	2.385314	0.67
Balance	1.907630	1.04	8.890835	1.67*	2.047356	1.10	8.996012	1.66*
Management	−39.669110	−0.93	−0.635371	−0.22	−40.481220	−0.94	0.037532	0.01
Institution	0.294785	0.30	1.112586	0.45	0.255489	0.26	1.416921	0.56
Industry	0.740889	1.74*	2.387831	2.42**	0.703415	1.61	2.362101	2.34**
Deviation	−0.838087	−2.52**	−0.777519	−2.30**	−0.839791	−2.52**	−0.757190	−2.25**
Opportunity	0.152377	0.47	−1.085335	−2.39**	0.151647	0.46	−1.141779	−2.52**
Leverage	−0.834728	−0.54	1.429153	0.43	−0.894015	−0.57	1.470060	0.43
Returns	−0.308275	−0.64	0.647522	0.64	−0.322759	−0.66	0.701025	0.68
ROA	1.990199	0.43	2.023974	0.20	1.932592	0.41	2.270788	0.23
Cost	9.091477	1.82*	−2.859503	−0.23	9.145536	1.83*	−2.128716	−0.17
Size	0.928048	4.08***	1.162569	1.43	0.925724	4.02***	1.177612	1.42
Age	0.043404	0.99	−0.144479	−1.01	0.043444	0.98	−0.127053	−0.82
Region	−0.160343	−1.08	−0.454041	−1.71*	−0.180323	−1.22	−0.419917	−1.50
Year09	1.260632	2.10**	0.481660	0.34	1.292078	2.13**	0.319372	0.22
Year10	1.096488	1.89*	2.135380	1.63	1.173918	1.97**	2.018765	1.50
Year11	−0.974411	−1.78*	0.711174	0.67	−0.894634	−1.60	0.423253	0.37
R-squared	0.3395		0.4050		0.3404		0.4089	
Adj R-squared	0.3021		0.2581		0.2991		0.2451	
F-Values	11.26***		3.61***		10.26***		3.65***	
D-W	2.151		1.657		2.152		2.027	
N	392		107		392		107	

表 5-17　企业环保投资绩效的多元回归分析（按产权性质分组）2

变量	国有产权		民营产权		国有产权		民营产权	
	系 数	T 值	系 数	T 值	系 数	T 值	系 数	T 值
Costant	−11.484470	−2.17**	−10.769940	−0.58	−11.991930	−2.27**	−11.410020	−0.61
EPI²								
EPI								
UEPI	0.021439	0.05	−0.502463	−0.47				
OUEPI					0.459667	1.15	−0.160221	−0.17
Regulation²	0.064170	2.91***	0.103881	0.47	0.064235	2.92***	0.090456	0.41
Regulation	−0.265916	−1.74*	−0.686105	−1.70*	−0.278811	−1.83*	−0.674898	−1.69*
Organization	2.648752	6.47***	1.526401	1.63	2.627062	6.43***	1.626148	1.76*
Level	1.578725	4.09***	0.041533	0.04	1.595726	4.12***	0.057790	0.06
Largest	−0.575007	−0.31	2.104031	0.60	−0.446562	−0.24	2.202519	0.64
Balance	1.926675	1.02	8.573764	1.63	2.134640	1.14	8.765872	1.66*
Management	−39.588770	−0.93	−0.847473	−0.29	−38.140930	−0.91	−0.651388	−0.22
Institution	0.292909	0.29	1.057550	0.42	0.222170	0.22	1.098635	0.44
Industry	0.735519	1.67*	2.557788	2.58**	0.595785	1.35	2.443325	2.41**
Deviation	−0.838642	−2.52**	−0.776774	−2.27**	−0.834112	−2.51**	−0.780601	−2.31**
Opportunity	0.153310	0.47	−1.067025	−2.36**	0.170189	0.52	−1.081424	−2.37**
Leverage	−0.829852	−0.53	1.413684	0.42	−0.781651	−0.50	1.407170	0.42
Returns	−0.309674	−0.64	0.673705	0.65	−0.301559	−0.62	0.672224	0.65
ROA	1.982626	0.42	1.495574	0.15	1.858126	0.40	1.913854	0.19
Cost	9.111032	1.83*	−3.366631	−0.27	9.310784	1.88*	−3.148165	−0.25
Size	0.928619	4.08***	1.138562	1.40	0.939287	4.13***	1.159482	1.42
Age	0.043832	0.97	−0.157182	−1.05	0.050520	1.14	−0.149198	−1.00
Region	−0.161082	−1.08	−0.461232	−1.73*	−0.174295	−1.17	−0.461315	−1.74*
Year09	1.261126	2.10**	0.516668	0.36	1.297932	2.15**	0.497518	0.35
Year10	1.096617	1.89*	2.224356	1.72*	1.133728	1.96**	2.169524	1.64
Year11	−0.972144	−1.77*	0.754836	0.69	−0.946110	−1.72*	0.731282	0.67
R-squared	0.3395		0.4067		0.3418		0.4052	
Adj R-squared	0.3002		0.2513		0.3026		0.2495	
F-Values	10.74***		3.52***		11.25***		3.66***	
D-W	2.151		1.909		2.158		1.986	
N	392		107		392		107	

第二，政府环境管制（Regulation）与环保投资绩效（EPIP）之间的显著"U"形关系主要体现在国有产权企业中。然而，二者之间的线性关系仅在民营产权企业中表现为微弱的负相关关系。

第三，环境管理机构（Organization）、环境治理水平（Level）与环保投资绩效（EPIP）之间的显著正相关关系均在国有产权企业与民营产权企业中得以很好体现。但就统计的显著性水平而言，国有产权企业要好于民营产权企业。

第四，除股权制衡度（Balance）与环保投资绩效（EPIP）之间仅在民营产权企业中体现出微弱的正相关关系外，其他股权结构变量与环保投资绩效之间的关系均未在国有产权企业与民营产权企业中得以很好体现。

第五，行业属性（Industry）与环保投资绩效（EPIP）之间的显著正相关关系均在国有产权企业与民营产权企业中得以体现，但就统计的显著性水平而言，民营产权企业要好于国有产权企业。

第六，在国有产权企业与民营产权企业中，两权分离度（Deviation）与环保投资绩效（EPIP）之间均表现出显著的负相关关系。

②对环保投资效率（EPIE）的回归检验，国有产权企业与民营产权企业的回归检验结果见表5-18和表5-19。

从表5-18和表5-19中可以看出，国有产权企业与民营产权企业的回归检验结果存在以下现象和特征：

第一，环保投资规模（EPI）与环保投资效率（EPIE）之间的显著"U"形关系、环保投资类别（UEPI和OUEPI）与环保投资效率（EPIE）之间的显著负相关关系均在国有产权企业与民营产权企业中通过了统计检验。

第二，政府环境管制（Regulation）与环保投资效率（EPIE）之间的显著负相关关系仅在国有产权企业中得以体现。

第三，环境管理机构（Organization）、环境治理水平（Level）与环保投资效率（EPIE）之间的关系均未在国有产权企业与民营产权企业中得以很好体现。

表5-18 企业环保投资效率的多元回归分析（按产权性质分组）1

变量	国有产权		民营产权		国有产权		民营产权	
	系数	T值	系数	T值	系数	T值	系数	T值
Costant	0.323592	3.80***	0.823584	1.20	0.340844	3.47***	0.902848	1.09
EPI^2	16.353570	4.50***	89.548210	2.77***				
EPI	−2.224442	−4.91***	−5.512968	−2.93***				
UEPI								
OUEPI								
Regulation					−0.004783	−2.33**	−0.008876	−0.72
Organization	0.007157	0.62	−0.005036	−0.18	0.007926	0.67	0.017035	0.65
Level	−0.004729	−0.45	−0.036706	−1.37	−0.004563	−0.42	−0.034837	−1.25
Largest	−0.007082	−0.15	0.094371	1.01	−0.001452	−0.03	0.139868	1.33
Balance	−0.098710	−1.96**	0.012943	0.11	−0.073006	−1.52	0.105645	0.94
Management	−0.964517	−1.15	0.130352	1.98**	−0.857406	−1.00	0.130618	1.50
Institution	−0.025187	−0.76	0.025595	0.37	−0.031722	−0.93	0.047967	0.69
Industry	0.004331	0.36	−0.003231	−0.12	−0.003421	−0.29	−0.034332	−1.40
Deviation	−0.017512	−2.93***	−0.014138	−1.88*	−0.014291	−2.41**	−0.010952	−1.43
Opportunity	−0.007296	−1.13	−0.019981	−2.04**	−0.006973	−1.04	−0.023826	−2.06**
Leverage	−0.030959	−0.81	0.176527	1.82*	−0.028641	−0.74	0.147242	1.50
Returns	0.020499	1.01	−0.006710	−0.32	0.016826	0.84	−0.008547	−0.41
ROA	0.006853	0.05	0.178879	1.02	0.019562	0.13	0.218491	1.12
Cost	0.130953	0.53	0.743014	1.38	0.176640	0.70	0.741244	1.34
Size	−0.012490	−3.42***	−0.034334	−1.07	−0.011583	−3.11***	−0.036393	−0.98
Age	0.001333	1.32	0.000873	0.23	0.001991	1.85*	0.003404	0.83
Region	0.004139	1.35	−0.018005	−1.59	−0.000156	−0.04	−0.017953	−1.39
Year09	−0.004728	−0.44	0.040946	1.19	−0.000429	−0.04	0.021049	0.59
Year10	0.004170	0.29	0.003959	0.15	0.011898	0.80	−0.024091	−1.03
Year11	−0.000662	−0.04	0.004543	0.15	0.009879	0.55	0.001046	0.04
R−squared	0.1204		0.3465		0.0771		0.2870	
Adj R−squared	0.0705		0.1851		0.0273		0.1212	
F−Values	2.78***		1.45		2.20***		1.02	
D−W	1.522		2.339		1.768		1.905	
N	392		107		392		107	

169

表5-19　企业环保投资效率的多元回归分析（按产权性质分组）2

变量	国有产权		民营产权		国有产权		民营产权	
	系 数	T 值	系 数	T 值	系 数	T 值	系 数	T 值
Costant	0.380251	3.95***	1.025541	1.23	0.399120	4.13***	1.056036	1.32
EPI²								
EPI								
UEPI	−0.052415	−4.89***	−0.057696	−2.47**				
OUEPI					−0.064019	−5.24***	−0.077219	−3.57***
Regulation	−0.003350	−1.76*	−0.010037	−0.84	−0.002942	−1.61	−0.011509	−0.96
Organization	0.011888	1.02	0.002496	0.09	0.011173	0.98	−0.000900	−0.03
Level	−0.002760	−0.26	−0.036131	−1.29	−0.006818	−0.66	−0.032444	−1.21
Largest	−0.019162	−0.42	0.119631	1.20	−0.020358	−0.46	0.101735	1.06
Balance	−0.120683	−2.28**	0.060446	0.53	−0.104629	−2.12**	0.039765	0.36
Management	−1.056260	−1.23	0.111530	1.40	−1.070253	−1.23	0.126286	1.63
Institution	−0.026536	−0.80	0.038636	0.56	−0.021605	−0.67	0.039307	0.58
Industry	0.009116	0.74	−0.016642	−0.60	0.016784	1.31	−0.008760	−0.34
Deviation	−0.012675	−2.23**	−0.010404	−1.48	−0.014844	−2.46**	−0.012140	−1.67*
Opportunity	−0.009144	−1.39	−0.021389	−1.99**	−0.009453	−1.45	−0.021726	−2.18**
Leverage	−0.040838	−1.05	0.151691	1.59	−0.036035	−0.96	0.140651	1.54
Returns	0.020239	1.02	−0.006064	−0.28	0.015891	0.84	0.003022	0.14
ROA	0.036487	0.25	0.167901	0.90	0.037947	0.26	0.171903	0.99
Cost	0.131107	0.52	0.677747	1.28	0.146109	0.60	0.598737	1.17
Size	−0.012756	−3.41***	−0.039484	−1.07	−0.013147	−3.49***	−0.038096	−1.08
Age	0.000938	0.93	0.001856	0.50	0.001000	1.03	0.001072	0.29
Region	0.001845	0.48	−0.019201	−1.50	0.001788	0.48	−0.021731	−1.68*
Year09	−0.001789	−0.17	0.025372	0.73	−0.005625	−0.54	0.028886	0.84
Year10	0.011090	0.78	−0.012732	−0.53	0.006709	0.49	−0.006901	−0.29
Year11	0.003755	0.21	0.005740	0.20	0.005934	0.35	0.010531	0.37
R−squared	0.1260		0.3166		0.1572		0.3481	
Adj R−squared	0.0764		0.1478		0.1094		0.1870	
F−Values	2.76***		1.26		3.09***		1.71**	
D−W	1.586		2.283		1.590		2.407	
N	392		107		392		107	

第四，在各股权结构变量与环保投资效率之间的关系中，第一大股东持股比例（Largest）、机构投资者持股比例（Institution）与环保投资效率（EPIE）之间的关系均未在国有产权企业与民营产权企业中得以很好体现。股权制衡度（Balance）与环保投资效率（EPIE）之间的显著负相关关系也主要体现在国有产权企业中，管理层持股比例（Management）与环保投资效率（EPIE）之间的微弱正相关关系仅存在于民营产权企业中。

第五，行业属性（Industry）与环保投资效率（EPIE）之间的关系未能在国有产权企业与民营产权企业中得以很好体现。

第六，两权分离度（Deviation）与环保投资效率（EPIE）之间的显著负相关关系均体现在国有产权企业与民营产权企业中，但就统计的显著性水平而言，国有产权企业要好于民营产权企业。

5.3.4　稳健性检验

本书采用以下两种方法测试企业环保投资效率及其影响因素之间关系的稳定性，具体的过程及分析如下：

第一，分别以 LnEPIP、LnEPIP/LnEPI 代替 EPIP、EPIE，即对环保投资绩效与投资效率进行一定的去规模化处理。从表 5-20 和表 5-21 的稳健性检验结果中可以发现：

①环保投资规模（EPI）的一次项及其平方项分别与环保投资绩效（LnEPIP）具有正相关性与负相关性，但统计均不显著，说明环保投资规模与环保投资绩效之间的线性关系、"∩"形关系均不成立。同样，环保投资规模（EPI）的一次项及其平方项分别与环保投资效率（LnEPIP/LnEPI）存在显著的负相关性与正相关性，这说明环保投资规模与环保投资效率之间的"U"形关系仍然成立。此外，环保投资类别（UEPI 和 OUEPI）与环保投资绩效（LnEPIP）不存在显著性相关关系，而环保投资类别（UEPI 和 OUEPI）与环保投资效率（LnEPIP/LnEPI）具有显著负相关关系。因此，假设 5-1A、假设 5-1B、假设 5-1C 均得到了统计验证。

表 5-20　　企业环保投资绩效与投资效率影响因素的稳健性检验 1

变量	LnEPIP		LnEPIP/LnEPI		LnEPIP		LnEPIP/LnEPI	
	系 数	T 值	系 数	T 值	系 数	T 值	系 数	T 值
Costant	1.012966	2.26**	0.258044	8.91***	1.039528	2.31**	0.259648	8.97***
EPI²	−8.643628	−0.37	7.398977	5.39***	−9.545082	−0.42	7.350068	5.43***
EPI	0.733994	0.40	−1.001114	−8.81***	0.756935	0.42	−0.999559	−8.98***
UEPI								
OUEPI								
Regulation²	0.006378	3.03***	0.000403	2.93***	0.007423	3.64***	0.000465	3.47***
Regulation	−0.034465	−2.71***	−0.002858	−3.27***	−0.037810	−3.03***	−0.003055	−3.56***
Organization	0.204251	5.61***	0.011557	4.88***	0.206643	5.71***	0.011712	4.95***
Level	0.145752	4.14***	0.007655	3.38***	0.143595	4.13***	0.007513	3.35***
Largest	0.108272	0.74	0.009893	1.00	0.087098	0.61	0.008787	0.93
Balance	0.320991	1.94*	0.014954	1.31	0.338449	2.06**	0.015994	1.41
Management	0.368194	1.77*	0.034240	2.51**	0.231231	1.07	0.025893	1.82*
Institution	−0.046097	−0.46	−0.003212	−0.49	0.028649	0.34	0.000875	0.16
Industry	0.102634	2.63***	0.002624	1.03	0.110550	2.82***	0.003097	1.21
State_1	−0.070850	−1.30	−0.003859	−1.07				
State_2					−0.134585	−2.27**	−0.007845	−2.01**
Deviation	−0.064137	−2.61***	−0.004560	−3.02***	−0.077381	−3.03***	−0.005368	−3.40***
Opportunity	−0.033077	−1.17	−0.003501	−1.85*	−0.039989	−1.38	−0.003890	−2.03**
Leverage	−0.009017	−0.06	0.003471	0.38	−0.025033	−0.18	0.002572	0.28
Returns	−0.025600	−0.55	−0.001131	−0.36	−0.024771	−0.53	−0.001083	−0.34
ROA	0.530753	1.33	0.042115	1.57	0.458189	1.15	0.037823	1.40
Cost	0.437223	0.93	0.015813	0.47	0.493217	1.06	0.019338	0.58
Size	0.060506	3.25***	−0.004991	−4.25***	0.063197	3.35***	−0.004824	−4.10***
Age	0.003087	0.76	0.000367	1.40	0.004487	1.12	0.000449	1.72*
Region	−0.032161	−2.75***	−0.002259	−2.84***	−0.034095	−3.03***	−0.002382	−3.11***
Year09	0.072717	1.40	0.003824	1.14	0.067043	1.30	0.003486	1.04
Year10	0.085281	1.55	0.003128	0.88	0.088894	1.67*	0.003306	0.96
Year11	−0.084793	−1.63	−0.005192	−1.55	−0.079745	−1.62	−0.004949	−1.57
R−squared	0.2891		0.3021		0.2948		0.3070	
Adj R−squared	0.2531		0.2667		0.2591		0.2719	
F−Values	9.65***		11.59***		10.11***		11.88***	
D−W	2.081		1.785		2.082		1.785	
N	499		499		499		499	

表5-21　　企业环保投资绩效与投资效率影响因素的稳健性检验2

变量	LnEPIP		LnEPIP/LnEPI		LnEPIP		LnEPIP/LnEPI	
	系数	T值	系数	T值	系数	T值	系数	T值
Costant	1.034955	2.33**	0.261293	8.97***	0.995266	2.24**	0.257253	8.98***
EPI²								
EPI								
UEPI	−0.008680	−0.22						
OUEPI			−0.022704	−9.43***	0.029186	0.82	−0.021322	−9.25***
Regulation²	0.007508	3.71***	0.000431	3.19***	0.007415	3.68***	0.000359	2.78***
Regulation	−0.037202	−3.02***	−0.002557	−3.10***	−0.037588	−3.06***	−0.002385	−2.91***
Organization	0.206808	5.71***	0.013426	5.64***	0.206474	5.70***	0.013108	5.56***
Level	0.143241	4.14***	0.007801	3.46***	0.144091	4.17***	0.006665	2.96***
Largest	0.086793	0.61	0.006431	0.66	0.095755	0.67	0.006852	0.73
Balance	0.325371	1.94*	0.011359	1.00	0.345229	2.10**	0.019054	1.71*
Management	0.228035	1.06	0.027408	1.93*	0.234294	1.09	0.033996	2.45**
Institution	0.030376	0.36	0.001378	0.25	0.025751	0.30	0.003269	0.60
Industry	0.115635	2.94***	0.003599	1.43	0.103990	2.64***	0.004489	1.74*
State_1								
State_2	−0.133639	−2.25**	−0.006373	−1.62	−0.139527	−2.36**	−0.005314	−1.34
Deviation	−0.077656	−3.04***	−0.004333	−2.65***	−0.077004	−3.02***	−0.004786	−3.13***
Opportunity	−0.040220	−1.40	−0.003753	−1.99**	−0.039433	−1.37	−0.003685	−1.92*
Leverage	−0.022561	−0.16	−0.001899	−0.21	−0.016961	−0.12	−0.001084	−0.12
Returns	−0.022939	−0.50	−0.001527	−0.47	−0.025401	−0.55	−0.002117	−0.69
ROA	0.463741	1.16	0.038738	1.44	0.461695	1.16	0.036246	1.35
Cost	0.478853	1.03	0.016670	0.50	0.513087	1.10	0.022211	0.67
Size	0.063027	3.36***	−0.004572	−3.81***	0.063850	3.40***	−0.004328	−3.64***
Age	0.004333	1.08	0.000351	1.33	0.004924	1.25	0.000464	1.75*
Region	−0.033143	−2.90***	−0.001878	−2.53**	−0.033622	−2.95***	−0.002131	−2.82***
Year09	0.066109	1.29	0.003985	1.20	0.067496	1.31	0.003187	0.94
Year10	0.085942	1.66*	0.005291	1.56	0.086361	1.67*	0.004189	1.26
Year11	−0.083843	−1.71*	−0.005077	−1.60	−0.082264	−1.68*	−0.004326	−1.34
R-squared	0.2946		0.3006		0.2955		0.2981	
Adj R-squared	0.2604		0.2667		0.2614		0.2641	
F-Values	10.52***		11.43***		10.78***		11.35***	
D-W	2.080		1.767		2.083		1.755	
N	499		499		499		499	

②政府环境管制（Regulation）的一次项及其平方项分别与环保投资绩效（LnEPIP）具有显著的负相关关系和正相关关系，即政府环境管制强度与环保投资绩效之间表现出显著的"U"形关系。同样，政府环境管制（Regulation）的一次项及其平方项分别与环保投资效率（LnEPIP/

LnEPI）具有显著的负相关关系和正相关关系，即政府环境管制强度与环保投资效率之间也表现出显著的"U"形关系。这与前文统计得出的"政府环境管制（Regulation）与企业环保投资效率（EPIE）之间表现出显著的负相关性"结论具有一定的差异，但这两种结论并不矛盾，因为目前我国多数省（市、区）的环境管制力度处于低强度状态，环境管制强度对环保投资效率的影响还处于"U"形曲线的左边，即二者更多地表现出负相关性。因此，假设5-2得到了充分验证。

③环境管理机构（Organization）、环境治理水平（Level）分别与环保投资绩效（LnEPIP）表现出显著的正相关关系，这与前文的统计结论相一致。同样，环境管理机构（Organization）、环境治理水平（Level）与环保投资效率（LnEPIP/LnEPI）表现出显著的正相关关系，这与前文的统计结论具有一定的差异。但结合前述的"LnEPIP/LnEPI相比EPIE更能代表企业环保投资效率"分析结论。因此，假设5-3A与假设5-4B得到了充分验证。

④第一大股东持股比例（Largest）与环保投资绩效（LnEPIP）存在正相关性，但这种关系在统计上不是很显著；股权制衡度（Balance）、管理层持股比例（Management）分别与环保投资绩效（LnEPIP）存在显著的正相关性，机构投资者持股比例（Institution）与环保投资绩效（LnEPIP）不存在显著性关系。同样，与环保投资绩效（LnEPIP）相比，各股权结构变量均与环保投资效率（LnEPIP/LnEPI）存在同样的关系。因此，假设5-4B、假设5-4C与假设5-4D得到了充分验证，假设5-4A在一定程度上得到了统计验证。

⑤行业属性（Industry）与环保投资绩效（LnEPIP）之间具有显著的正相关性，但与环保投资效率（LnEPIP/LnEPI）之间仅在10%的显著性水平上表现出正相关性。因此，假设5-5只在一定程度上得到了统计验证。

⑥控股性质（State_1）与环保投资绩效（LnEPIP）之间呈现出很弱的负相关关系，产权性质（State_2）与环保投资绩效（LnEPIP）之间具有显著的负相关关系。同理，控股性质（State_1）、产权性质（State_2）与环保投资效率（LnEPIP/LnEPI）之间存在同样的关系。因此，假设5-6A只在一定程度上得到了统计验证，而假设5-6B得到了充分验证。

⑦两权分离度（Deviation）与环保投资绩效（LnEPIP）、环保投资效

率（LnEPIP/LnEPI）之间均呈现出显著的负相关关系。因此，假设5-7得到了充分验证。

第二，随机抽取1/2样本，对250家样本进行再次回归检验，以验证样本选取的稳定性。根据稳健性检验结果见表5-22和表5-23，可以发现：小样本的回归检验结果与前文对全样本的回归检验结果基本一致，在此不再一一描述。

表5-22　　企业环保投资绩效与投资效率影响因素的稳健性检验3

变量	EPIP		EPIE		EPIP		EPIE	
	系数	T值	系数	T值	系数	T值	系数	T值
Costant	−10.752040	−1.68*	0.386514	3.75***	−11.154430	−1.74*	0.390920	3.51***
EPI^2	−128.074800	−0.38	17.359440	3.72***	−109.382300	−0.33	17.141260	3.57***
EPI	18.890880	0.73	−2.089134	−4.22***	16.061610	0.63	−2.107243	−4.17***
UEPI								
OUEPI								
Regulation^2	0.110308	3.69***	0.000250	0.61	0.108205	3.55***	0.000393	0.97
Regulation	−0.603283	−3.09***	−0.005961	−2.03**	−0.594039	−3.02***	−0.006530	−2.06**
Organization	2.131068	4.25***	0.000253	0.03	2.113026	4.22***	−0.000094	−0.01
Level	1.866881	3.80***	−0.001701	−0.14	1.885725	3.84***	−0.001932	−0.16
Largest	−0.041470	−0.02	0.061219	1.20	−0.389565	−0.20	0.049950	1.14
Balance	1.997323	0.80	−0.025633	−0.72	1.756909	0.71	−0.029531	−0.80
Management	6.066278	1.91*	0.072491	1.13	7.239962	2.25**	0.075434	1.05
Institution	−1.558708	−1.01	−0.026880	−0.73	−0.963624	−0.76	−0.006245	−0.20
Industry	0.951279	1.87*	0.014186	1.45	0.902186	1.73*	0.015422	1.51
State_1	−0.535251	−0.73	−0.019473	−1.09				
State_2					0.216842	0.29	−0.014709	−0.62
Deviation	−0.285086	−0.78	−0.018884	−2.96***	−0.168271	−0.46	−0.018647	−2.57**
Opportunity	0.608332	1.37	−0.006277	−1.07	0.585546	1.35	−0.008192	−1.21
Leverage	−2.392665	−1.27	0.072778	1.57	−2.587459	−1.36	0.070661	1.50
Returns	−1.108316	−1.68*	−0.005884	−0.55	−1.067570	−1.62	−0.005492	−0.51
ROA	0.873529	0.14	−0.051215	−0.57	0.949318	0.16	−0.052931	−0.59
Cost	9.211284	1.45	0.528287	1.66*	8.678244	1.31	0.521768	1.63
Size	0.927869	3.39***	−0.016847	−3.63***	0.914403	3.31***	−0.016898	−3.69***
Age	0.054846	0.94	0.002192	2.03**	0.051883	0.88	0.002255	2.02**
Region	−0.372576	−2.23**	−0.003035	−0.70	−0.344892	−2.04**	−0.003136	−0.64
Year09	2.097136	2.56**	−0.023446	−1.79*	2.099984	2.57**	−0.025025	−1.94*
Year10	1.765404	2.39**	−0.021868	−1.42	1.756162	2.39**	−0.022035	−1.44
Year11	0.281046	0.39	−0.022408	−1.23	0.389625	0.56	−0.018960	−1.00
R-squared	0.3438		0.2463		0.3422		0.2424	
Adj R-squared	0.2738		0.1659		0.2720		0.1616	
F-Values	5.90***		2.54***		5.88***		2.65***	
D-W	2.083		2.022		2.074		2.035	
N	250		250		250		250	

175

表5-23   企业环保投资绩效与投资效率影响因素的稳健性检验4

变量	EPIP		EPIE		EPIP		EPIE	
	系 数	T 值	系 数	T 值	系 数	T 值	系 数	T 值
Costant	−10.800060	−1.69*	0.403538	3.67***	−11.760840	−1.82*	0.429559	3.90***
EPI²								
EPI								
UEPI	0.085893	0.16	−0.037365	−3.83***				
OUEPI					0.738057	1.50	−0.053099	−4.96***
Regulation²	0.109478	3.60***	0.000324	0.79	0.110608	3.61***	0.000215	0.57
Regulation	−0.608559	−3.06***	−0.005498	−1.77*	−0.599963	−3.04***	−0.006035	−2.09**
Organization	2.092284	4.19***	0.003092	0.31	2.069777	4.15***	0.003566	0.37
Level	1.882636	3.84***	−0.002682	−0.22	1.919235	3.91***	−0.004163	−0.35
Largest	−0.463049	−0.24	0.049780	1.11	−0.195483	−0.10	0.040188	0.92
Balance	1.684197	0.67	−0.037868	−0.96	1.811130	0.73	−0.027073	−0.78
Management	7.091693	2.21**	0.076426	1.01	7.213714	2.28**	0.082135	1.22
Institution	−0.986554	−0.78	−0.005794	−0.19	−1.100938	−0.87	0.003101	0.10
Industry	0.945895	1.77*	0.016173	1.56	0.788820	1.47	0.021334	2.03**
State_1								
State_2	0.246047	0.33	−0.013150	−0.54	0.069027	0.09	−0.007189	−0.30
Deviation	−0.179639	−0.49	−0.015246	−2.11**	−0.202174	−0.56	−0.016532	−2.29**
Opportunity	0.578207	1.32	−0.009052	−1.34	0.603399	1.39	−0.008776	−1.30
Leverage	−2.541519	−1.37	0.053946	1.10	−2.394615	−1.28	0.054117	1.15
Returns	−1.023809	−1.54	−0.008189	−0.74	−1.109370	−1.68*	−0.004887	−0.45
ROA	1.093196	0.18	−0.059636	−0.66	0.768813	0.13	−0.049485	−0.58
Cost	8.314887	1.26	0.523792	1.59	9.296068	1.41	0.493694	1.52
Size	0.899263	3.27***	−0.016392	−3.63***	0.917722	3.31***	−0.016644	−3.70***
Age	0.049139	0.82	0.001948	1.70*	0.064383	1.09	0.001536	1.44
Region	−0.348188	−1.98**	−0.002998	−0.62	−0.346348	−1.97*	−0.003504	−0.75
Year09	2.079277	2.55**	−0.022808	−1.78*	2.152551	2.62***	−0.027330	−2.14**
Year10	1.723564	2.33**	−0.014183	−0.99	1.759930	2.39**	−0.018884	−1.35
Year11	0.359718	0.52	−0.014332	−0.78	0.379855	0.54	−0.014413	−0.83
R−squared	0.3407		0.2252		0.3469		0.2731	
Adj R−squared	0.2736		0.1463		0.2804		0.1992	
F−Values	6.14***		2.53***		6.46***		3.22***	
D−W	2.060		2.079		2.054		2.079	
N	250		250		250		250	

5.4 ——— 企业环保投资效率影响因素的研究结论 ———

本书以我国 499 家 A 股上市公司为研究对象，采用方差与均值检验法、相关性分析法、多元回归分析法和稳健性检验法，实证检验了企业环保投资效率的影响因素，这既能为完善企业环保治理机制提供制度导向，又可为政府的环境管制与行业管制政策、利益相关者的投资决策等提供政策指引。本章的主要研究结论如下：

第一，企业的环保投资规模与环保投资效率之间呈显著的"U"形关系，环保投资规模对环保投资效率的影响存在"门槛效应"，而且当前我国企业环保投资的现状处于"U"形曲线的左边，说明多数企业存在环保投资额偏低、环保投资效率较低的现状。因此，只有当企业的环保投资规模达到一定的水平和程度后，才能真正起到改善环保投资效率的积极作用。进一步研究发现：环保过度投资企业相比环保投资不足企业具有更低的环保投资效率；高环保投资组企业相比低环保投资组企业具有更低的环保投资效率。总之，企业的环保投资规模存在一个"门槛"，只有环保投资规模超过这个"门槛"，企业的环保投资效率才能得以改善和提高，而且环保投资规模与环保投资效率之间的显著"U"形关系、环保过度投资企业和高环保投资组企业与环保投资效率之间的显著负相关关系均存在于重污染行业企业与非重污染行业企业、国有控股企业与民营控股企业、国有产权企业与民营产权企业中。可见，企业环保投资规模的适度性对环保投资效率至关重要。

第二，政府环境管制强度与企业环保投资绩效之间表现出显著的"U"形关系，即政府环境管制强度对企业环保投资绩效的影响存在"门槛效应"，目前我国多数省（市、区）的环境规制强度处于"U"形曲线的左边。然而，这种显著性关系在非重污染行业企业、国有控股企业和国有产权企业中得以很好体现。同样，政府环境管制强度与企业环保投资效率之间也存在"U"形关系，但二者更多地表现出较强的负相关性，即政府环境管制强度越高，企业环保投资效率越低。目前这种关系主要体现在国有产权企业中，虽然在重污染行业企业与非重污染行业企业、民营控股企业中也均得以体现，但统计的显著性较弱。

第三，企业环保管理机构的设置、环境治理水平的高低对环保投资绩效产生显著的正面影响，即设立了环境管理机构的企业比未设立环境管理机构的企业、获得ISO14000环境管理体系认证的企业比未获得ISO14000环境管理体系认证的企业具有更高的环保投资绩效。这种正相关关系在重污染行业企业与非重污染行业企业、国有控股企业与民营控股企业、国有产权企业与民营产权企业中均得以很好体现，但在民营控股企业与民营产权企业中的统计显著性较弱。同时，企业环保管理机构的设置、环境治理水平的高低对环保投资效率也产生显著的正面影响，即设立了环境管理机构的企业比未设立环境管理机构的企业、获得ISO14000环境管理体系认证的企业比未获得ISO14000环境管理体系认证的企业具有更高的环保投资效率。

第四，企业的第一大股东持股比例与环保投资绩效存在正相关性，但这种关系在统计上不是很显著；股权制衡度、管理层持股比例分别与环保投资绩效存在显著的正相关关系。然而，股权制衡度与环保投资绩效之间的显著性关系主要体现在非重污染行业企业、民营控股企业与民营产权企业中。同样，企业的第一大股东持股比例与环保投资效率存在正相关性，但该类关系在统计上不显著；股权制衡度与环保投资效率存在显著的负相关关系，而这种关系主要存在于非重污染行业企业、国有控股企业与国有产权企业中；管理层持股比例与环保投资效率之间具有显著的正相关关系，而这种关系主要存在于民营控股企业与民营产权企业中。总之，企业大股东与管理层对环保投资效率产生了一定的正面影响，即在企业有限的环保资金投入中，他们会注重和追求高效的环保投资绩效与环保投资效率。此外，机构投资者持股比例与企业环保投资绩效、环保投资效率均不存在显著性关系，但机构投资者持股比例与企业环保投资效率之间在国有控股企业中存在微弱的负相关关系。

第五，企业的行业属性与环保投资绩效之间具有显著的正相关关系，即重污染行业企业相比非重污染行业企业具有更好的环保投资绩效，而这种关系主要体现在民营控股企业与民营产权企业中。然而，企业的行业属性与环保投资效率之间的正相关性较弱，即重污染行业企业相比非重污染行业企业具有稍高的环保投资效率。

第六，企业的控股性质与环保投资绩效具有微弱的负相关关系，但这种关系主要体现在重污染行业企业中；企业的产权性质与环保投资绩效之间具有显著的负相关关系，而且这种关系在重污染行业企业与非重污染行业企业中均得以体现。可见，国有控股企业比民营控股企业具有较低的环保投资绩效，国有产权企业比民营产权企业具有更低的环保投资绩效。同样地，产权性质与企业环保投资效率之间具有显著的负相关关系，即民营产权企业相比国有产权企业具有更高的环保投资效率。

第七，企业的两权分离度与环保投资绩效、环保投资效率之间均呈现出显著的负相关关系，这表明控制权与现金流权的分离程度对企业环保投资绩效及投资效率均构成了较强的负面影响。而且，两权分离度与环保投资绩效之间的显著负相关关系存在于重污染行业企业与非重污染行业企业、国有控股企业与民营控股企业、国有产权企业与民营产权企业中；两权分离度与环保投资效率之间的显著负相关关系存在于国有控股企业与民营控股企业、国有产权企业与民营产权企业、重污染行业企业中，但不存在于非重污染行业企业。

研究表明，企业环保投资规模及其类别、政府环境管制强度、企业环境管理机构的设置、环境治理水平、股权结构、行业属性、控股性质、产权性质、两权分离度等均是影响企业环保投资绩效及投资效率的重要因素。而且，相对而言，这些因素对企业环保投资绩效的影响比对环保投资效率的影响更为直接和更具解释力。

第 6 章

企业环保投资效率的经济后果

本章主要从企业价值、企业融资和社会责任信息披露三个方面研究企业环保投资效率的经济后果。具体章节安排如下：6.1 节为企业环保投资效率对企业价值的影响；6.2 节为企业环保投资效率对企业融资的影响；6.3 节为企业环保投资效率对社会责任信息披露的影响。

6.1 ——————— 企业环保投资效率与企业价值 ———————

企业环保投资效率会影响企业绩效及企业价值。同时，不同的行业属性和产权性质也会对环保投资效率与企业价值之间的关系产生影响。

6.1.1 理论分析与研究假设

以波特为代表的修正学派认为，良好的环境绩效可以促使企业通过环境管理提高生产率，降低生产成本，获得新的市场机会，是企业获得竞争优势的潜在来源。因此，环境绩效与经济绩效正相关。众多学者对波特假说进行了验证和支持，如 Hart 和 Ahuja（1996）、Russo 和 Fouts（1997）以上市公司为样本，通过回归分析发现环境绩效与企业绩效之间存在正相关关系；Konar 和 Cohen（2001）的研究得出环境绩效与企业的无形资产和市场价值（托宾 Q）呈正相关关系的结论；Klassen 和 McLaughlin（1996）

用事件研究法得出环境绩效和股市反应之间有正向关系的结论；Dowell
和 Hart 等（2000）、Iraldo 和 Testa 等（2009）研究了环境管理对企业市场
价值的影响，认为采用严格国际环境标准的企业将获得更高的市场价值；
Sharfman（2008）的研究也发现环境风险管理可以降低资本成本。近几
年，国外还有大量关于类似于环境绩效的"生态效率"与企业价值的研
究，研究者多采用数据库中的生态效率综合排名或是否通过 ISO14001 国
际环境认证以及是否发布环境报告来定义，其研究结果基本相同，即生态
效率企业较非生态效率企业的企业价值更高（Al-Najjar 和 Anfimiadou，
2012；Sinkin 等，2008；Guenster 等，2011）。

　　国内学者在这方面的研究不多，杨东宁和周长辉（2004）提出"基
于组织能力的企业环境绩效"的理论模型，将组织能力作为联系环境
绩效与经济绩效之间的内在因素，从动态的角度解释了企业环境绩效
与经济绩效的正相关关系。在实证研究方面，陈劲（2002）、邓丽
（2007）、吕峻和焦淑艳（2011）分别选取不同行业的上市公司，实证
检验了环境绩效与经济绩效的关系，研究结论表明二者存在显著的正
相关关系。

　　基于战略管理理论的分析更能解释环境绩效与经济绩效关系的内在原
因。首先，实施积极的环境战略能够使企业获得成本优势（Hart，1995；
Klassen 和 McLaughlin，1996）：一是节省污染末端治理设备的购置安装和
运行成本；二是通过降低原材料消耗成本和废物排放成本，提高能源资源
使用效率，进而提高生产效率；三是通过调整生产方式和流程，降低周转
时间；四是降低环境规制遵守成本和违规风险成本。其次，企业实施积极
的环境战略还能够获得先动优势（Hart，1995；Christmann，2000），因为
企业在环境管理上的先动优势，可以对政府制定的环境规制产生影响，从
而增加竞争对手遵守环境标准的成本。再次，实施积极的环境战略还可以
为企业带来差异化优势。企业通过积极的环境管理，能够提高企业声誉，
获得消费者、公众、社区和其他利益相关者的好评，建立消费者的品牌偏
好和提高顾客忠诚度，从而使企业获得更高的产品溢价。积极开发绿色环
保产品或获得环保认证的企业，也能够吸引绿色消费者，获得较高的市场
份额，通过利用产品差异化战略从而保证较高的毛利率（Klassen 和

McLaughlin，1996；Christmann，2000）。众多学者（如 Klassen 和 McLaughlin，1996；Russo 和 Fouts，1997；Klassen 和 Whybark，1999；Wagner 和 Schaltegger，2004；Sharfman 和 Fernando，2008）的研究表明，企业采取积极主动的环境战略将会获得较高的企业绩效，并且能够降低企业的资本成本，从而提高企业价值。

从以上分析可以看出：一方面，企业实施积极的环境战略可以提高环境绩效，从而提高环保投资绩效与投资效率；另一方面，环境绩效又与企业绩效正相关。因此，环保投资效率的提高，可以提升企业绩效与企业价值。

基于上述分析，提出如下研究假设：

假设6-1：环保投资效率与企业价值正相关。

由于重污染行业企业和非重污染行业企业的属性存在差异，环保投资效率对企业价值的影响也会存在差异。在重污染行业企业中，由于环保资金的投入规模更大（唐国平等，2013），环保投资效率与企业价值的关系应该更为显著。因此，提出以下子假设：

假设6-1A：相比非重污染行业企业，重污染行业企业的环保投资效率对企业价值的促进作用更强。

在不同产权性质的企业中，环保投资效率与企业价值的关系会存在差异，因为国有企业比民营企业承担了更多的社会责任和政策性负担（Shleifer 和 Vishny，1994；林毅夫和李志赟，2004），受到的社会关注度更高，环保投资规模要高于民营企业（唐国平等，2013），在国有企业中环保投资效率对企业价值的影响应该更为显著。因此，提出以下子假设：

假设6-1B：相比非国有企业，国有企业的环保投资效率对企业价值的促进作用更强。

6.1.2　研究设计

1）变量选取和定义

（1）企业价值

对企业价值的衡量可以分为两类：一类是基于会计指标，如总资产收益率（ROA）、净资产收益率（ROE）等；另一类是基于市场指标，如托宾 Q（Tobin's Q）、市净率等。本书分别采用总资产收益率和托宾 Q 作为企业价值度量指标。

（2）环保投资效率

环保投资效率（EPIE）是指环保投资绩效与环保投资额的比率。为了消除企业规模的影响，用营业收入对环保投资额进行了无量纲化处理。环保投资绩效由环保投资的经济绩效、社会绩效与环境绩效构成。其中，环保投资的经济绩效是指企业环保投资行为产生的经济效益，包括环保投资为企业带来的收入增加、费用减少、成本降低以及综合经济效益的增加；环保投资的社会绩效是指外部利益相关者对企业环保投资行为的评价，包括消费者（顾客）、周边环境（社区、居民）、投资者（股东）、债权人（银行等）以及政府对企业积极有效的环保投资行为所给予的评价；环保投资的环境绩效是指企业将环保投资用于生产经营过程中资源和能源的开发与节约利用、污染治理与生态环境保护等环境活动所取得的可测结果，包括环境管理、降污减排、节能降耗与生态保护四个方面。

183

（3）控制变量

根据企业价值相关文献的研究，本书的检验模型引入了产权性质（State）、行业属性（Industry）、两职合一（Dual）、第一大股东持股比例（First）、股权制衡度（Balance）、管理层持股比例（Manager）、财务杠杆（Leverage）、财务绩效（ROA）、成长能力（Growth）、企业规模（Size）、企业年龄（Age）、企业所处地区的市场化程度（Market）等相关变量。变量具体设计见表6-1。

表6-1 变量设计

变量名称	变量符号	变量定义
被解释变量：		
企业价值	Performance	ROA=净利润/平均资产总额
		Tobin's Q=（每股价格×流通股股数+每股净资产×非流通股股数+负债账面价值）/总资产
解释变量：		
环保投资效率	EPIE	环保投资绩效与环保投资额之比

变量名称	变量符号	变量定义
控制变量:		
产权性质	State	虚拟变量:企业为国有企业,取0;企业为非国有企业,取1
行业属性	Industry	虚拟变量:企业为重污染行业,取1;企业为非重污染行业,取0
两职合一	Dual	虚拟变量:董事长兼任总经理,取1;否则,取0
管理层持股比例	Manager	管理层持有的股本数与企业总股本数之比
第一大股东持股比例	First	第一大股东拥有的股本数与企业总股本数之比
股权制衡度	Balance	第二大股东至第五大股东持股比例之和
董事会规模	Board	董事会人数
独立董事规模	Outdirect	独立董事人数
财务杠杆	Leverage	企业资产负债率
财务绩效	ROA	总资产收益率(企业价值作为因变量时,不控制该变量)
成长能力	Growth	营业收入增长率
企业规模	Size	企业期末总资产的自然对数
企业年龄	Age	企业已上市的年份数取自然对数
地区市场化程度	Market	取樊纲等构建的市场化指数,以2009年市场化指数代替
年份	Year	虚拟变量:设置3个年度虚拟变量

2)模型设定

为了验证假设6-1,我们设定以下模型(6.1):

$$Performance_{i,t} = \alpha_0 + \alpha_1 EPIE_{i,t-1} + \alpha_2 State_{i,t} + \alpha_3 Industry_{i,t} + \alpha_4 Dual_{i,t} +$$
$$\alpha_5 Manager_{i,t} + \alpha_6 First_{i,t} + \alpha_7 Balance_{i,t} + \alpha_8 Board_{i,t} + \alpha_9 Outdirect_{i,t} +$$
$$\alpha_{10} Lev_{i,t} + \alpha_{11} Growth_{i,t} + \alpha_{12} Age_{i,t} + \alpha_{13} Size_{i,t} + \alpha_{14} Market_{i,t} +$$
$$\sum Year_{i,t} + \mu_i$$

模型(6.1)

需要说明的是,考虑到环保投资效率的经济后果有滞后性,模型中的环保投资效率与因变量及控制变量有滞后一期的时间间隔。这一方面可以观测环保投资效率的经济后果,另一方面可以克服部分内生性问题。

3）样本选择与数据来源

样本选择与数据来源同本书第 4 章，此处不再赘述。

6.1.3　实证结果与分析

1）变量的描述性统计

表 6-2 列示了本书研究变量和控制变量的描述性统计结果。从该表中可以看出，总资产收益率（ROA）的平均值为 0.0513，标准差、最小值与最大值分别为 0.0586、−0.102 和 0.283，说明企业的盈利能力存在较大差异。托宾 Q（Tobin's Q）的平均值为 1.6775，标准差、最小值与最大值分别为 0.8745、0.7811 和 5.8529，说明企业价值也存在较大差异。

表 6-2　　　　　　　主要变量描述性统计结果

变　量	观测值	平均值	标准差	中位数	最小值	最大值
EPIE	570	8.0662	1.8878	7.9448	3.9992	13.58
ROA	570	0.0513	0.0586	0.0431	−0.102	0.283
Tobin's Q	570	1.6775	0.8745	1.4072	0.7811	5.8529
State	570	0.2333	0.4233	0	0	1
Industry	570	0.5912	0.4920	1	0	1
Dual	570	0.100	0.3003	0	0	1
Manager	570	0.0081	3.0854	0.0000	0	0.1983
First	570	0.4165	0.1653	0.4144	0.0811	0.7584
Balance	570	0.1571	0.1235	0.1169	0.0082	0.4944
Board	570	6.2982	1.7200	6	3	12
Outdirect	570	3.7053	0.8596	3	3	6
Leverage	570	0.5093	0.1821	0.5114	0.0749	0.8446
Growth	570	0.1507	0.3303	0.1169	−0.6118	1.8352
Size	570	23.1841	1.4817	22.9932	20.4070	27.2028
Age	570	2.2826	0.6246	2.4849	0	3.0445
Market	570	9.0195	1.9959	9.0200	4.9800	11.8000

控制变量中，董事会规模（Board）和独立董事规模（Outdirect）的平均值分别为 6.2982 和 3.7053，说明企业的独立董事占董事会人数比例基本达到证监会规定的比例要求，这也是本书未采用独立董事比例而是采用人数衡量独立董事规模的原因。其他变量不再赘述。

2）相关性分析

表6-3列示了主要变量之间的相关系数。从该表中可以看出，环保投资效率（EPIE）与财务绩效（ROA）之间显著正相关，与企业市场价值（Tobin's Q）也正相关但不显著。行业属性（Industry）、产权性质（State）都与企业价值（ROA和Tobin's Q）显著正相关。其他控制变量中，两职合一（Dual）、管理层持股比例（Manager）与企业价值（ROA和Tobin's Q）显著正相关，而股权制衡度（Balance）、董事会规模（Board）、独立董事规模（Outdirect）、成长能力（Growth）等变量仅与财务绩效（ROA）显著正相关。第一大股东持股比例（First）、资产负债率（Leverage）、企业年龄（Age）等都与企业市场价值（Tobin's Q）显著负相关。其他变量不再一一赘述。各个变量之间的相关系数基本都显著，且均未超过0.5，说明变量间不存在严重的多重共线性。

3）多元回归分析

（1）全样本的多元回归分析

分别用会计指标（ROA）和市场指标（Tobin's Q）衡量企业价值，表6-4列示了环保投资效率与企业价值的全样本回归结果。结果表明：

①环保投资效率（EPIE）与企业价值（ROA和Tobin's Q）在1%的显著性水平上正相关，表明环保投资效率的提高有助于提高企业价值。因此，假设6-1通过了统计检验。

②产权性质（State）和行业属性（Industry）显示出较强的相关性，下文将进一步按照行业属性和产权性质进行分组检验。其他控制变量中，股权制衡度（Balance）与会计指标（ROA）在5%的显著性水平上正相关，说明第二大股东到第五大股东对第一大股东的制衡有利于提高企业环保投资效率。独立董事规模对企业价值也有显著正向影响。成长能力、企业年龄、企业规模、资产负债率都会对企业价值产生显著影响，在此不再一一赘述。

表6-3 企业环保投资效率与企业价值的相关系数分析

变量	Q	ROA	EPIE	State	Industry	Dual	Manager	First	Balance	Board	Outdirect	Leverage	Growth	Size	Age	Market
Q	1															
ROA	0.444^{***}	1														
EPIE	0.002	0.102^{**}	1													
State	0.200^{***}	0.158^{***}	0.029	1												
Industry	0.077^{*}	0.039	-0.258^{***}	-0.056	1											
Dual	0.147^{***}	0.104^{***}	-0.085^{**}	0.134^{***}	0.027	1										
Manager	0.069^{*}	0.093^{**}	-0.012	0.394^{***}	0.012	0.094^{**}	1									
First	-0.162^{***}	0.003	0.008	-0.255^{***}	0.115^{***}	-0.141^{***}	-0.166^{***}	1								
Balance	-0.035	0.154^{***}	0.110^{***}	0.125^{***}	0.041	0.055	0.156^{***}	-0.325^{***}	1							
Board	-0.059	0.083^{**}	0.042	-0.161^{***}	0.013	0.041	-0.055	0.005	0.034	1						
Outdirect	-0.120^{***}	0.082^{*}	0.044	-0.202^{***}	-0.090^{**}	-0.035	-0.109^{***}	0.086^{**}	0.028	0.483^{***}	1					
Leverage	-0.339^{***}	-0.446^{***}	0.077^{*}	-0.226^{***}	0.003	-0.103^{***}	-0.212^{***}	0.017	-0.055	0.006	0.107^{***}	1				
Growth	0.001	0.235^{***}	0.013	0.018	0.026	-0.015	0.024	0.020	0.124^{***}	0.051	0.071^{*}	0.071^{*}	1			
Size	0.005	-0.098^{***}	0.045	-0.262^{***}	0.015	-0.073^{*}	-0.342^{***}	-0.151^{***}	-0.279^{***}	0.056	-0.035	0.219^{***}	-0.102^{***}	1		
Age	-0.440^{***}	-0.044	0.182^{***}	-0.357^{***}	-0.002	-0.127^{***}	-0.229^{***}	0.394^{***}	0.055	0.157^{***}	0.332^{***}	0.438^{***}	0.127^{***}	0.034	1	
Market	-0.039	0.058	0.073^{*}	0.230^{***}	-0.250^{***}	0.124^{***}	0.172^{***}	-0.064	0.120^{***}	-0.126^{***}	-0.130^{***}	-0.181^{***}	-0.050	-0.141^{***}	-0.071^{*}	1

注：表中数字为pearson相关系数，$*$、$**$、$***$分别表示10%、5%、1%的显著性水平。

表6-4 企业环保投资效率与企业价值的回归结果

变量	ROA (1)	Tobin's Q (2)
EPIE	0.0037***	0.0553***
	(3.5283)	(3.4119)
State	0.0186***	0.2063**
	(2.6755)	(2.0776)
Industry	0.0076*	0.1499**
	(1.6609)	(2.1582)
Dual	0.0127	0.2277**
	(1.6066)	(1.7173)
Manager	0.0001	−0.0051
	(0.1952)	(−0.4325)
First	0.0086	−0.0594
	(0.5676)	(−0.2338)
Balance	0.0442**	−0.217
	(2.2452)	(−0.7848)
Board	−0.0001	−0.0308
	(−0.0535)	(−1.5440)
Outdirect	0.0071**	0.0684**
	(2.2231)	(1.7173)
Leverage	−0.1719***	−1.0800***
	(−10.2837)	(−4.4553)
Growth	0.0394***	0.114
	(4.4545)	(1.0689)
Age	0.0106***	0.1372**
	(2.7556)	(2.3176)
Size	0.0057***	−0.1970***
	(3.3950)	(−7.6328)
Market	−0.0008	−0.0403**
	(−0.7230)	(−2.4313)
Constant	−0.0888**	6.4643***
	(−2.4002)	(12.7913)
年度	控制	控制
N	570	570
Adj R2	0.328	0.317
F值	12.95***	14.22***

注：括号中为经过white异方差调整后t值，*、**、***分别表示10%、5%、1%的显著性水平。

（2）分组样本的多元回归分析

为了探讨重污染行业企业和非重污染行业企业、国有企业与非国有企业之间的差异，本书进一步按照行业属性和产权性质进行了分组回归分析。

①按照行业属性的分组回归，表6-5列示了按照行业属性分组的回归结果。从该表中可以看出，重污染行业企业和非重污染行业企业存在显著

差异。在重污染行业企业中，环保投资效率（EPIE）和企业价值（ROA和 Tobin's Q）显著正相关，而在非重污染行业企业中，二者无显著的相关性。这说明在重污染行业企业中提高环保投资效率可以显著地提升企业价值，因为重污染行业企业的环保投资额更多，对企业的经营业绩影响更大。因此，假设6-1A通过了统计检验。

表6-5 企业环保投资效率与企业价值的回归结果（按行业属性分组）

变量	ROA		Tobin's Q	
	（1）	（2）	（3）	（4）
	重污染行业	非重污染行业	重污染行业	非重污染行业
EPIE	0.0051***	0.0012	0.0905***	0.0156
	(2.8962)	(0.9976)	(3.3250)	(0.7671)
State	0.0303**	0.0095	0.133	0.2948**
	(2.5208)	(1.2154)	(0.8529)	(2.5280)
Dual	0.0151	0.0072	0.1660	0.3440
	(1.3659)	(0.6384)	(1.1533)	(1.2378)
Manager	−0.0004	0.0018	−0.0202	0.0348
	(−0.4383)	(1.2974)	(−1.4993)	(1.2264)
First	0.0183	0.0111	−0.255	0.163
	(0.7701)	(0.6150)	(−0.7270)	(0.4361)
Balance	0.0351	0.0523**	−0.265	−0.233
	(1.2109)	(2.2259)	(−0.6496)	(−0.7221)
Board	−0.0015	0.0022	−0.0206	−0.0327
	(−0.6324)	(1.4359)	(−0.6920)	(−1.3782)
Outdirect	0.0143***	−0.0021	0.0824	−0.0045
	(2.6776)	(−0.7773)	(1.2923)	(−0.1025)
Leverage	−0.1896***	−0.1185***	−1.3819***	−0.586
	(−7.7165)	(−7.0078)	(−4.3414)	(−1.4719)
Growth	0.0510***	0.0294***	0.154	0.0568
	(3.8442)	(2.8042)	(1.1683)	(0.3514)
Age	0.0167***	0.00410	0.125	0.1447*
	(2.5912)	(0.7955)	(1.4231)	(1.8237)
Size	0.0035	0.0062**	−0.2045***	−0.1747***
	(1.3804)	(2.5245)	(−6.3957)	(−3.6578)
Market	−0.0012	−0.0010	−0.0695***	0.0016
	(−0.7666)	(−0.6759)	(−2.7993)	(0.0729)
Constant	−0.0618	−0.0740	6.9172***	5.8297***
	(−1.3191)	(−1.2630)	(10.8575)	(6.3561)
年度	控制	控制	控制	控制
N	337	233	337	233
Adj R2	0.368	0.261	0.308	0.360
F值	10.91***	7.00***	10.17***	6.86***

注：括号中为经过white异方差调整后t值，*、**、***分别表示10%、5%、1%的显著性水平。

②按照产权性质的分组回归，表6-6列示了按照产权性质分组的回归结果。从该表中可以看出，国有企业与非国有企业的产权性质存在显著差异。在国有企业中，环保投资效率（EPIE）与企业价值（ROA和Tobin's Q）在1%的水平上显著性正相关，而在非国有企业中这种关系不显著。这说明在国有企业中提高环保投资效率可以显著地提升企业价值。因此，假设6-1B通过了统计检验。

表6-6 企业环保投资效率与企业价值的回归结果（按产权性质分组）

变量	ROA		Tobin's Q	
	（1）	（2）	（3）	（4）
	非国有	国有	非国有	国有
EPIE	0.0036	0.0032***	0.0662	0.0569***
	(1.4524)	(2.9768)	(1.1317)	(3.7693)
Industry	0.0234*	0.0047	−0.0596	0.2425***
	(1.9769)	(0.9146)	(−0.3549)	(3.4702)
Dual	0.0179	0.0136***	0.4798*	0.0135
	(1.1206)	(2.0350)	(1.8649)	(0.1280)
Manager	0.0008	0.0024	0.0194	−0.0123
	(0.9730)	(0.9510)	(1.2652)	(−1.0960)
First	0.1112***	−0.0169	0.913	−0.269
	(2.7501)	(−1.0066)	(1.2031)	(−1.0703)
Balance	0.0754	0.0505**	0.597	−0.132
	(1.4550)	(2.4137)	(0.6961)	(−0.4623)
Board	−0.0010	−0.0003	−0.110	−0.0116
	(−0.2196)	(−0.1718)	(−1.4462)	(−0.6689)
Outdirect	0.0117	0.0053	−0.0407	0.0632
	(1.6469)	(1.4866)	(−0.4206)	(1.5757)
Leverage	−0.1347**	−0.1830***	−2.0626***	−0.8953***
	(−2.4431)	(−11.2205)	(−3.3591)	(−3.4714)
Growth	0.0212	0.0438***	0.0243	0.112
	(1.3150)	(4.3203)	(0.1009)	(1.2233)
Age	0.0157*	0.0084*	0.6196***	0.0013
	(1.6869)	(1.8942)	(3.5594)	(0.0216)
Size	0.0106	0.0066***	−0.2400*	−0.2022***
	(1.3218)	(3.7591)	(−1.9189)	(−8.0423)
Market	0	−0.0017	−0.0209	−0.0380**
	(0.0073)	(−1.3241)	(−0.4494)	(−2.1960)
Constant	−0.249	−0.0727*	7.3165***	6.6642***
	(−1.4635)	(−1.8968)	(3.0553)	(13.2087)
年度	控制	控制	控制	控制
N	133	437	133	437
Adj R2	0.240	0.378	0.361	0.318
F值	2.89***	14.22***	4.44***	14.11***

注：括号中为经过white异方差调整后t值，*、**、***分别表示10%、5%、1%的显著性水平。

4）稳健性检验

为验证上述研究结果的稳健性，本书进行了三种稳健性测试：（1）剔除行业特征差异的影响，选择样本中制造业企业共384家，再次进行同样的多元回归分析；（2）考虑环保投资效率对企业价值的滞后效应，将企业价值数据再滞后一期，即用当期的环保投资效率与滞后两期的企业价值进行回归分析；（3）将衡量企业价值的总资产收益率（ROA）用净资产收益率（ROE）代替，进行环保投资效率与企业价值的多元回归分析。从稳健性检验结果可以看出，主要研究变量除了回归系数稍有差异外，显著性水平与本章的结论保持一致，说明本章的研究结果具有较好的稳健性。限于篇幅，不再列示稳健性检验结果。

6.1.4　结　论

本部分实证研究表明，环保投资效率与企业价值显著正相关，说明环保投资效率的提高能够提升企业的财务绩效（ROA），也能够增加企业市场价值（Tobin's Q）。进一步研究发现，环保投资效率对企业价值的正向促进关系存在行业差异和产权差异，且在重污染行业企业和国有企业中表现得更加显著。

6.2　企业环保投资效率与企业融资

本节主要研究企业环保投资效率对企业股权融资与债务融资的影响及其经济后果，以检验企业良好的环保投资效率是否真正能够改进其融资效率。

6.2.1　理论分析与研究假设

1）环保投资效率与企业融资

首先，企业的环保投资效率高，意味着企业更好地承担了环保责任，能够使利益相关者更加了解企业，进而降低企业内外部之间的信息不对称程度，提高企业的融资能力；其次，企业环保投资效率高有助于企业塑造良好的声誉，而良好的声誉能够帮助企业从投资者或金融机构获得资金，进而提高企业的融资能力；最后，在我国现有的制度背景下，监管层对企业申请上市及再融资提出了一系列的条件及审核程序，企业的环保投资效率会影响各监管层对企业再融资申请的审核，从而影响企业的融资能力与融资效率。为督促重污染行业企业认真执行国家环境保护法律、法规和政策，避免企业因环境污染问题带来投资风险，调控社会募集资金投资方向，根据证监会对企业环境保护核查的相关规定，国家环境保护部2003年制定了《关于对申请上市的企业和申请再融资的上市企业进行环境保护核查的规定》，并于2007年发布了《关于进一步规范重污染行业生产经营公司申请上市或再融资环境保护核查工作的通知》。上述文件明确提出，企业投资于重污染行业，需要再融资的，需要核查其环境保护方面的措施以及污染物的排放情况等。

2）不同产权性质下的环保投资效率对企业融资的影响

在我国现有的制度背景下，按照产权性质将企业分为国有企业和民营企业，由于两类企业特殊的性质与背景，造成了两类企业融资能力的差别。国有企业存在预算软约束现象，使得国有企业相比民营企业更加容易获得资金。虽然经过30多年的改革，我国经济的市场化程度得到了大幅度的提升，但政策性负担所导致的预算软约束问题依然存在，它仍然对国民经济的高效运行具有严重的负面影响。而我国的民营企业很大一部分脱胎于乡镇企业或由国有企业民营化而来，与政府部门和国有银行分支机构也有着千丝万缕的关系，它们也有获得政府援助的可能性。然而，一般来说民营企业没有像国有企业那样获得政府援助的预期。这种预期上的差别会使得预算软约束问题对两类企业的融资能力产生不同的影响。上述差异的存在可能是企业环保投资效率促进国有企业融资能力提高的作用并不明显的一个重要原因。由于软约束的预期已经在一定程度上扭曲了国有企业的融资能力，这些国有企业的融资能力对环保投资效率提高所带来的积极效果的反应并不敏感。而民营企业由于不存在这种软约束预期，其融资能力受到的由环保投资效率提高产生的影响就较大。因此，环保投资效率可以提高民营企业的债务融资能力，即环保投资效率提高，短期债务融资会减少，长期债务融资会增加。

对于我国信贷市场而言，政府在信贷资源的配置方面仍然具有决定性的影响，在决定向哪些企业提供贷款时，政府往往具有决定权。我们从现实中观察到的事实是，政府利用这种权力，将更多的信贷资金提供给了与之具有密切关系的国有企业（Li等，2009；方军雄，2007）。在我国，民营企业获得融资的难度远高于国有企业。我国四大国有商业银行拥有全国70%以上的信贷资金，在信贷市场上处于垄断地位，但由于国有商业银行一直受行政过分干预的准财政运作体制的约束，导致其对民营企业的歧视现象。对银行而言，环保投资效率高的民营企业，由于其声誉机制较好，银行认为其贷款风险也较小。由此可见，在信息不对称的信贷市场，尽管银行不能完全直接观察民营企业的预期还款能力，但银行可以通过观察民营企业表现出来的特征，来判断民营企业的还款能力。对于环保投资效率高、社会声誉较好的民营企业，银行会认为其还款能力越强，因而更愿意贷款给这类企业。民营企业环保投资效率提高对其融资能力产生的影响较大，而国有企业本身处于信贷市场的优势地位，其融资能力的提高对环保投资效率提高所带来的积极效果的反应并不敏感。

配股和增发新股是上市公司主要的股权再融资方式，且具有融资规模大、融资成本低、资金使用约束条件少等特点。我国国有上市公司内部契约安排的一个突出特点是国有股占绝对控股地位，并且国有股无法上市流通。由于国有股不能上市流通，即使利用股权融资也不会稀释大股东对企业的控制权，这些国有法人股的代表并不占有剩余收益，他们唯一关心的就是手中控制权的收益，而控制权收益很大程度上来自于利用股市"圈钱"。因此，国有企业更倾向于股票融资。一般情况下，股权越集中的上市公司利用股票融资"圈钱"的动机越强烈，其融资顺序安排也必然偏向于外部股票融资。相对于债权融资而言，股权融资没有还本付息的硬性约束，作为企业现金流的稳定来源，政府可以用于扩大企业的经营规模而不是经营效益，规模扩大往往能够代表其政绩突出。对于企业经营者而言，由于我国国有上市公司经营者的选拔往往通过行政任命，他们不是企业资本的真正所有者，他们不用承担企业经营的风险，并且几乎没有剩余索取权，经营者缺乏激励，而唯一的激励来自于手中的控制权。对于企业而言，债务融资会给企业带来一定的财务风险，如果经营不善，其控制权会发生转移。对于民营企业而言，可能由于担心控制权稀释而在股权融资偏好上不显著。另外，政府在能否上市的政策上向国有企业倾斜，这种倾斜的政策造成了市场优化资金配置的功能被削弱。因此，民营企业在IPO和增发配股方面所受到的严格审批程序，在一定程度上制约了民营企业的股权融资。

基于以上分析，提出如下假设：

假设6-2：在非国有企业中，环保投资效率提高，短期债务融资会减少，长期债务融资会增加。

假设6-3：在国有企业中，环保投资效率越高，股权融资会越多。

6.2.2　研究设计

1）样本选取与数据来源

本书以2008—2011年间披露了企业环保投资金额的我国A股上市公司为研究样本，并对样本作如下剔除：（1）剔除了ST公司；（2）剔除了金融行业公司；（3）剔除数据缺失的公司。经过上述处理最终得到2008—2011年间共计537家样本企业。

本书的数据来源于以下几种途径：（1）企业环保投资额的初始数据来源于上市公司披露的《企业社会责任报告》、《可持续发展报告》和《环境报告书》，经过手工收集和整理而来；（2）公司治理和财务数据来自于CSMAR数据库。为了消除极端值对研究结论的影响，本书涉及的所有连续变量均在1%和99%分位数进行Winsorize缩尾处理。

2）实证模型

为了验证上述研究假设，本书建立了以下模型：

$$Fin = \alpha_0 + \alpha_1 EPIE + \sum \alpha_K Control_K + \varepsilon \qquad\qquad 模型（6.2）$$

模型（6.2）中Fin为是企业外部融资变量，包括企业外部债务融资

（Lib）和外部股权融资（Equ），本书还进一步把外部债务融资分为短期债务融资（Lib_s）和长期债务融资（Lib_l）。环保投资效率（EPIE）是解释变量，表示企业的环保投资效率。Control是一组控制变量，包括企业规模（Size）、资产负债率（Leverage）、企业成长性（Growth）、流动比率（Liq）、资产结构（AS）、可抵押资产（CA）、企业实际税率（Tax）、非债务避税（NDTS）、产权性质（Nature）。此外，本书还使用了年度和行业控制变量。

3）变量定义

（1）被解释变量

借鉴吴超鹏等（2012）的做法，本书涉及的三个被解释变量的定义如下：短期债务融资（Lib_s）等于当年短期借款和一年内到期的长期借款除以年初总资产；长期债务融资（Lib_l）等于当年应付债券和长期应付款的增加额除以年初总资产；外部股权融资（Equ）等于当年外部权益净增加值除以年初总资产，根据 Baker 等（2003）的定义，外部权益净增加值等于账面权益的净增加值减去留存收益的净增加值。

（2）解释变量

解释变量为企业环保投资效率（EPIE）。多数学者在研究企业投资效率时，常以企业业绩、企业价值（如净资产收益率、托宾 Q、主营业务利润率等）作为衡量投资效率的替代指标。由于目前我国多数省（市、区）的环境管制强度不高、企业普遍没有开展环保投资的积极性，从而造成企业环保投资额偏低的现状。通常情况下，企业为遵守环境政策与环保法律法规，甚至为迎合政府的环境管制，往往也会在有限的环保资金投入下追求高效的环保投资绩效。环保投资绩效是构成环保投资效率的最主要因素，说明在环保投资效率的构成中环保投资绩效应占据很大的权重。正因如此，本书在探讨企业环保投资效率（EPIE）时，也以企业环保投资绩效（EPIP）作为替代指标，并根据环保投资额对其进行标准化处理，计算公式为：EPIE=EPIP/EPI，其中EPI为《企业社会责任报告》中披露的环保投资额。本部分的变量定义见表6-7。

195

表 6-7   **变量定义**

变量类型	变量名称	变量代码	变量定义
被解释变量	短期债务融资	Lib_s	（当年短期借款+一年内到期的长期借款）/年初总资产
	长期债务融资	Lib_l	（当年应付债券+长期应付款的增加额）/年初总资产
	外部股权融资	Equ	当年外部权益净增加值/年初总资产
解释变量	环保投资效率	EPIE	环保投资绩效与环保投资额之比
控制变量	企业规模	Size	总资产的自然对数
	资产负债率	Leverage	总负债/总资产
	企业成长性	Growth	（当年销售额−前一年销售额）/前一年销售额
	流动比率	Liq	流动资产/流动负债
	资产结构	AS	固定资产净额/总资产
	可抵押资产	CA	（当年年末固定资产+存货）/当年年末总资产
	企业实际税率	Tax	（所得税费用−递延所得税费用）/息税前利润
	非债务避税	NDTS	（固定资产折旧+无形资产摊销）/总资产
	产权性质	Nature	企业为国有企业，取1；否则，取0

6.2.3 实证结果分析

1）描述性统计分析

表 6-8 列示了描述性统计结果。

表 6-8   **主要变量描述性统计结果**

变量	观测值	平均值	标准差	25分位数	中位数	75分位数	最小值	最大值
Lib_s	552	0.0295	0.0933	−0.0158	0.0141	0.063	−0.2207	0.4014
Lib_l	552	0.0323	0.0871	−0.0081	0.0023	0.0564	−0.1384	0.4565
Equ	552	0.05	0.1249	—	0.0064	0.0367	−0.1002	0.7108
EPIE	573	0.0347	0.1068	0.0011	0.0049	0.018	—	0.8116
Size	573	23.0222	1.4604	21.9363	22.8216	23.9277	20.117	26.9495
Leverage	573	0.5016	0.1791	0.3833	0.5037	0.6394	0.0771	0.8491
Liq	573	1.5777	1.3203	0.9378	1.2491	1.7208	0.2234	9.0966
Growth	552	0.2276	0.326	0.0438	0.1856	0.3704	−0.5152	1.656
AS	573	0.3087	0.1756	0.1683	0.2839	0.434	0.0079	0.7602
CA	573	0.466	0.1692	0.3437	0.4561	0.5952	0.0871	0.8504
Tax	558	0.1139	0.6782	0.0204	0.1128	0.1943	−2.7025	4.8752
NDTS	573	0.0304	0.0171	0.0174	0.0281	0.0401	0.0012	0.0778

从表6-8中可以看出，企业短期债务融资（Lib_s）、长期债务融资（Lib_l）和外部股权融资（Equ）的平均值分别为0.0295、0.0323和0.05，说明三种不同的融资方式所获取的资金占总资产的比例分别为2.95%、3.23%和5%。解释变量EPIE的平均值为0.0347，中位数为0.0049，标准差为0.1068，最小值和最大值分别为0和0.8116，说明企业的环保投资效率存在较突出的个体性差异。由于本书的环保投资效率（EPIE）是由企业的环保投资绩效（EPIP）除以环保投资额（EPI）所得，因此表中数据也说明总体上企业的环保投资绩效偏小。其他研究变量的情况与已有研究类似。

2）相关性分析

环保投资效率（EPIE）与短期债务融资（Lib_s）、长期债务融资（Lib_l）和外部各变量的相关系数见表6-9。从该表可以看出，环保投资效率（EPIE）的相关系数分别为-0.09、0和0.03，但是都未通过显著性检验。这一结论并不能说明什么问题，因为考虑到不同的产权性质在融资偏好和融资能力上存在较大差异，所以在后文中我们将按企业产权性质分组回归检验企业环保投资效率对企业融资的影响。此外，各研究变量之间的相关系数普遍较小，说明本书的检验不存在严重的多重共线性问题。

表6-9　　　**企业环保投资效率与企业融资的相关系数分析**

变量	Lib_s	Lib_l	Equ	EPIE	Size	Leverage	Liq	Growth	AS	CA	Tax	NDTS
Lib_s	1											
Lib_l	0.06	1										
Equ	0.15***	0.11**	1									
EPIE	−0.09	0	0.03	1								
Size	0.10**	0.09**	−0.04	−0.17	1							
Leverage	0.21***	0.27***	−0.11**	−0.09**	0.40***	1						
Liq	−0.16***	−0.10**	0.07*	0.10**	−0.32***	−0.67***	1					
Growth	0.22***	0.16***	0.27***	−0.05	0.11***	0.02	0.03	1				
AS	−0.05	0.05	−0.05	−0.15***	0.12***	0.08*	−0.35***	−0.08*	1			
CA	−0.04	−0.02	−0.08*	−0.09**	0.07*	0.19***	−0.32***	−0.06	0.74***	1		
Tax	−0.01	0.01	0	−0.02	−0.01	−0.02	0	0.03	−0.07*	−0.13***	1	
NDTS	−0.14***	−0.05	−0.05	−0.15***	0.10**	0	−0.25***	−0.09**	0.75***	0.52***	−0.12***	1

注：*、**、***分别表示10%、5%、1%的显著性水平。

3）回归分析

企业环保投资效率与外部融资的回归分析结果见表6-10。列（1）和（3）表明国有企业由于存在天然的债务融资优势，企业环保投资效率

（EPIE）对短期债务融资（Lib_s）和长期债务融资（Lib_l）均没有显著影响。在列（2）中，环保投资效率（EPIE）的系数为−0.268，且在1%的水平上显著，这表明在非国有企业中，环保投资效率会降低企业的短期债务融资额。而在列（4）中，环保投资效率（EPIE）的系数为0.167，且在10%的水平上显著，这表明在非国有企业中，环保投资效率可以提高企业的长期债务融资额。列（2）和列（4）的结果表明，在非国有企业中，企业环保投资效率一方面会降低企业的短期债务融资额，另一方面会增加企业的长期债务融资额，即企业环保投资效率会提高非国有企业的外部债务融资能力，这与假设6-2的结论一致。对股权融资而言，列（5）的结果显示，环保投资效率的系数为0.0778，且在10%的水平上显著，这表明在国有企业中，环保投资效率可以显著提高企业的外部股权融资额。而列（6）的结果表明，对非国有企业而言，环保投资效率对外部股权融资没有显著影响。这与假设6-3的结论一致。

表6-10 企业环保投资效率与外部融资回归分析

变量	短期债务融资（Lib_s）		长期债务融资（Lib_l）		股权融资（Equ）	
	国有企业	非国有企业	国有企业	非国有企业	国有企业	非国有企业
	(1)	(2)	(3)	(4)	(5)	(6)
EPIE	−0.0428	−0.268***	0.0156	0.167*	0.0778*	−0.167
	(−1.077)	(−2.877)	(0.413)	(1.982)	(1.669)	(−0.990)
Size	−0.00399	0.0112	−0.00428	0.00233	0.00815**	−0.0296
	(−1.145)	(1.054)	(−1.295)	(0.242)	(1.996)	(−1.538)
Leverage	0.122***	−0.0586	0.232***	0.174**	−0.0798*	−0.0846
	(3.319)	(−0.712)	(6.649)	(2.336)	(−1.852)	(−0.568)
Liq	−0.00406	−0.0123	0.0193***	0.00771	0.00293	−0.00588
	(−0.667)	(−1.240)	(3.341)	(0.860)	(0.411)	(−0.327)
Growth	0.0572***	0.0119	0.0599***	−0.00665	0.144***	−0.0120
	(4.084)	(0.418)	(4.500)	(−0.258)	(8.779)	(−0.232)
AS	0.0327	0.121	0.150***	0.104	0.0624	−0.121
	(0.570)	(1.069)	(2.742)	(1.019)	(0.927)	(−0.588)
CA	−0.0390	0.0746	−0.0953**	−0.138*	−0.0185	−0.0982
	(−0.840)	(0.916)	(−2.162)	(−1.875)	(−0.339)	(−0.667)
Tax	−0.00973	−0.0232	−0.00495	0.00338	−0.0101	0.00304
	(−1.570)	(−1.606)	(−0.839)	(0.259)	(−1.392)	(0.116)
NDTS	−0.736*	−3.317***	−0.483	−0.319	−0.486	−0.0689
	(−1.825)	(−4.517)	(−1.259)	(−0.480)	(−1.025)	(−0.0518)
Constant	0.179*	−0.172	−0.00132	−0.00818	−0.134	0.895**
	(1.939)	(−0.722)	(−0.0150)	(−0.0379)	(−1.237)	(2.072)
Observations	424	113	424	113	424	113
R−squared	0.189	0.387	0.224	0.203	0.223	0.188

注：括号中为经过white异方差调整后t值，*、**、***分别表示10%、5%、1%的显著性水平。

6.2.4　结论

上述研究表明：（1）环保投资效率对企业融资能力具有积极影响，企业提高环保投资效率有助于企业从信贷市场和资本市场获得融资。（2）对于国有企业而言，环保投资效率与企业的股权融资存在显著的正相关关系，即国有企业环保投资效率的提高会带来股权融资能力的提高。（3）对于非国有企业来说，环保投资效率与企业的债务融资之间存在显著的相关关系，具体表现为环保投资效率与非国有企业的短期债务显著负相关，与长期债务显著正相关，即非国有企业的环保投资效率的提高会带来债务融资能力的提高。

6.3 ——— 企业环保投资效率与社会责任信息披露 ———

我国作为世界最大的发展中国家和最具活力的发展经济体之一，伴随经济的高速增长，资源能源的过度消耗、严重的工业污染和生态环境破坏等问题也越来越突出，我国经济与社会发展正在失去持续性增长的潜能。2010年，我国已成为全球第一大能源消费国，其能源消耗强度是美国的3倍、日本的5倍。我国温室气体的排放量高居世界第二位，预计2025年将超过排在第一的美国。中国环境宏观战略研究成果表明，我国的环境压力居世界首位，环境资源问题比任何国家都突出，环境问题的国际化成为中国无法回避的隐忧，我国需要采取有效措施预防与整治环境污染已经迫在眉睫。

加大环境保护投资是提高环境污染防治效果的主要途径之一，环保投资作为投资的一种特殊形式，主要是为了防治环境污染和改善生态环境，其既具有投资的一般特征，也具有自身的特殊性。环保投资的根本目的在于促进经济增长与环境保护、社会进步的协调发展，以获取包含了环境效益、社会效益和经济效益在内的综合效益，而我国企业环境保护问题的关键在于提高企业环保投资效率。虽然环保投入是环境治理的主要因素，但是如果没有较高的企业环保投资效率，仅有环保投入的增加，产生好的环境效益还是很困难的（颉茂华，2009 等）。尽管我国企业环保投资额在日益增加，但企业造成的环境污染越发严重的现实，充分说明了提高企业环保效率会对改善环境污染起重要作用，因为"有了效率往往就会有效益"（刘志远，2007）。

另外，根据自愿披露理论，管理层为避免信息不对称导致的逆向选择给企业带来的损失，往往倾向于积极披露企业的"好消息"，以便与其他具有"坏消息"的企业区别开来。那么，高效的企业环保投资是否会促进其企业社会责任信息的披露呢？

6.3.1　理论分析与研究假设

1）企业社会责任（CSR）信息披露影响因素

在我国，企业社会责任信息属于自愿披露的信息，所以企业在是否披露信息、如何披露信息以及披露哪些信息等问题的选择上有很大的随意性。同时，企业社会责任信息披露问题也引起了学者们的广泛兴趣，产生了大量关于企业社会责任信息披露影响因素方面的文献。

一是企业治理方面。Roberts（1992）认为，独立董事的比例越大，企业社会责任信息的披露程度也就越高；Haniffa 和 Cooke（2005）的研究发现，企业社会责任信息披露与非执行董事比例和国外股东持股比例显著正相关；Joyce（2005）认为，企业所有权结构不同，社会责任信息披露的内容也会有一定程度的差异；Richard（2006）在总结回顾以往关于企业治理研究的基础上得出了亚洲地区企业的企业治理对企业社会责任的影响相对比较明显的结论。

二是企业规模方面。许多学者认为企业规模越大的企业，其企业社会责任信息披露越全面（Trotman，1981；Cowen 和 Ferrer，1987；Patten，1991；Brammer 和 Pavelin，2004；Jenkins 和 Yakovleva，2006）。

三是财务绩效方面。不同学者关于财务绩效与企业社会责任信息披露之间关系的研究结论并不一致。Griffin（1997）统计、归纳了 1972—1997 年间的 61 篇关于企业社会责任信息披露影响因素研究的文献，结果发现企业业绩与信息披露水平之间呈正相关的有 33 篇，呈负相关的有 20 篇，不具相关关系的有 8 篇。

四是行业性质方面。Cowen等（1987）研究发现，行业性质对美国的企业社会责任信息披露水平有着显著影响，能源消耗大、重污染的行业倾向于披露更多有关环境、能耗等方面的信息；Patten（1991）研究发现，公共关注度高、政治敏感性强的行业会披露更多的社会责任信息；Clarke和Sweet（1999）通过研究认为需要大量消耗自然资源和易对生态环境造成破坏的行业，如石油、核工业和化工行业等所披露的社会责任信息较全面、详细；Jenkins（2006）认为，行业性质是企业社会责任信息披露的一个影响因素，重污染行业企业披露的社会责任信息更多、更广泛。

五是财务风险方面。Roberts（1992）通过对150多家美国大公司进行研究发现，财务风险越大的企业，其社会责任信息披露水平越高；Mark（2003）通过对新加坡上市公司社会责任信息披露影响因素进行实证研究，却得到与前者相反的结论。

2）环保投资效率和企业社会责任（CSR）信息披露之间的关系

企业承担环保责任、追求高效率的环保投资是其履行社会责任的重要内容。企业对环保等社会责任的履行有助于其构建良好的声誉（Fombrun和Shanley，1990；Linthicum等，2010；Verschoor，2005），而企业良好的声誉可以为企业自身带来丰厚的声誉效益，使其产品更受消费者的青睐、客户关系更加长久稳定（Walton等，1998）、产品销售更容易提高（Branco，2006；Christmann和Taylor，2001）、财务业绩更好（Al-Tuwaijri等，2004；Russo和Fouts，1997）、资本市场的投资者对其也更有信心（Sharfman和Fernando，2008；Spicer，1978）等。

我国的企业社会责任信息披露行为具有双重特征。根据外部压力理论，考虑到政府和社会公众会直接或间接地对企业施加信息披露方面的压力，为确保企业"正当性"不受到威胁，维护企业形象与提升企业价值，企业管理层不得不适当地、有选择性地披露企业社会责任信息。但自愿性信息披露理论则认为，管理层为避免信息不对称导致的逆向选择给企业带来的不利或损失，往往会主动披露环境等社会责任履行方面的"好消息"，以便与其他具有"坏消息"的企业区别开来，或者仅仅模糊披露甚至不披露"坏消息"。由于企业环保投资效率计量的难度与不准确性，借助于企业的自愿性信息披露动机，环保投资效率高的企业倾向于将此类信息告知投资者和其他利益相关者。而这种利用客观的和"硬"的计量信息揭示其环保投资效率的做法，很难为环境绩效差的企业所模仿，因此，自愿性信息披露理论预示环保投资效率和企业社会责任信息披露之间存在正相关关系。基于以上分析，提出以下假设：

假设6-4：企业环保投资效率越高，其企业社会责任信息披露质量越高。

6.3.2 研究设计

1）样本的选取与数据来源

本书以2008—2011年间披露了企业环保投资额的我国A股上市公司为样本，并对其进行以下处理：（1）剔除了ST公司；（2）剔除了金融行业公司；（3）剔除数据缺失的公司。经过上述处理最终得到2008—2011年间共计424家样本企业。

本书研究的数据来源于以下几种途径：（1）企业环保投资额的初始数据来源于上市公司披露的《企业社会责任报告》、《可持续发展报告》和《环境报告书》，经过手工收集和整理而来。（2）社会责任信息披露数据来自于润灵环球责任评级官网，经手工整理而来。（3）公司治理和财务数据来自于CSMAR数据库。为了消除极端值对研究结论的影响，本书涉及的所有连续变量均在1%和99%分位数进行了Winsorize缩尾处理。

2）实证模型

为了验证上述研究假设，建立以下模型：

$$CSR = \alpha_0 + \alpha_1 EPIE + \sum \alpha_k Control_k + \varepsilon \qquad 模型（6.3）$$

3）变量定义

（1）被解释变量

本书根据润灵环球责任评级机构披露的企业社会责任得分和评级分别设置两个被解释变量：一是企业社会责任信息披露得分（Score）；二是社会责任信息披露的等级（Level）。其中，社会责任信息披露得分直接取自润灵环球责任评级报告的企业社会责任披露得分。此外，润灵环球责任评级机构除了报告企业社会责任信息披露得分外，还披露了根据企业社会责任信息披露得分进行的评级结果，即把企业社会责任信息披露分成A、B、C、D四个等级，本书对其依次赋值3分、2分、1分、0分，得到社会责任信息披露等级（Level）变量。

（2）解释变量

解释变量为企业环保投资效率（EPIE），在探讨企业环保投资效率（EPIE）时，也以企业环保投资绩效（EPIP）作为替代指标，并根据环保投资额对其进行标准化处理，计算公式为：EPIE=EPIP/EPI，其中EPI为《企业社会责任报告》中披露的环保投资额。

（3）控制变量

控制变量主要包括：企业规模（Size）、资产负债率（Leverage）、经营业绩（ROE）、第一大股东持股比例（First）、独立董事比例（Inde）、董事会规模（Board）、监事会规模（SpvBoard）、两职合一（Dual）、高管持股（Mshare）、上市地点（List）、地区（Zone）、产权性质（Nature）。此外，还使用了年度和行业控制变量。具体变量定义见表6-11。

表6-11　　　　　　　　　　　　**变量定义**

变量类型	变量名称	变量代码	变量定义
被解释变量	企业社会责任信息披露得分	Score	直接取自润灵环球责任评级报告的企业社会责任披露得分
	企业社会责任信息披露的等级	Level	根据企业社会责任信息披露得分进行的评级结果，即把企业社会责任信息披露分成A、B、C、D四个等级
解释变量	环保投资效率	EPIE	环保投资绩效与环保投资额之比
控制变量	企业规模	Size	总资产的自然对数
	资产负债率	Leverage	总负债/总资产
	经营业绩	ROE	净利润/所有者权益
	第一大股东持股比例	Frist	第一大股东持股比例
	独立董事比例	Inde	独立董事人数/董事会规模
	董事会规模	Board	董事会总人数
	监事会规模	SpvBoard	监事会总人数
	两职合一	Dual	董事长兼任总经理，取1；否则，取0
	高管持股	Mshare	前3名高管持股数量/总股数
	上市地点	List	企业在上海证券交易所上市，取1；否则，取0
	地区	Zone	企业在东部沿海地区，取1；否则，取0
	产权性质	Nature	企业为国有企业，取1；否则，取0

6.3.3 实证结果分析

1）描述性统计结果

表6-12列示了企业环保投资效率与企业社会责任信息披露的描述性统计结果。从表6-12中可以看出，被解释变量企业社会责任信息披露得分（Score）的平均值为39.4762，最大值为79.54，说明我国企业社会责任信息披露的整体水平偏低，这也与前文的研究结果一致。另一个被解释变量企业社会责任信息披露的等级（Level）结果也显示同样的结论，其平均值为1.9707，25分位数和75分位数均为2，说明大部分企业的社会责任信息披露的等级结果都是B。解释变量企业环保投资效率（EPIE）的平均值为0.0366，中位数为0.0047，标准差为0.1166，最小值和最大值分别为0和0.8156，说明企业的环保投资效率存在较突出的个体性差异。由于企业环保投资效率（EPIE）是由企业的环保投资绩效（EPIP）除以环保投资额（EPI）得出，此表中的数据也反映了我国企业总体上在环保投资方面取得的绩效偏低。在控制变量中，地区（Zone）和产权性质（Nature）的平均值分别为0.6756和0.7927，由于企业均披露了环保投资额，所以此数据表明位于东部沿海地区的企业与国有企业更倾向于披露自身的环保投资信息。其他研究变量的结果与已有研究文献类似。

表6-12　　　　　　　**主要变量描述性统计结果**

变量	观测值	平均值	标准差	25分位数	中位数	75分位数	最小值	最大值
Score	410	39.4762	14.1714	29.19	35.015	47.14	19.18	79.54
Level	410	1.9707	0.5454	2	2	2	0	3
EPIE	410	0.0366	0.1166	0.0011	0.0047	0.0173	0	0.8156
Size	410	23.1402	1.4063	22.0489	22.96	24.068	20.6726	26.8733
Leverage	410	0.5065	0.1785	0.3836	0.5107	0.6442	0.0827	0.8406
ROE	410	0.1184	0.0904	0.0564	0.1079	0.1693	-0.1262	0.41
Frist	410	42.0146	16.4817	29.67	41.865	53.24	8.11	74.87
Inde	409	0.3739	0.0622	0.3333	0.3333	0.3846	0.3	0.5714
Board	409	9.978	2.2637	9	9	11	5	18
Spvboard	409	4.3105	1.4311	3	5	5	2	9
Dual	402	0.8856	0.3187	1	1	1	0	1
Mshare	410	0.0117	0.047	0	0	0.0002	0	0.3286
List	410	0.561	0.4969	0	1	1	0	1
Zone	410	0.6756	0.4687	0	1	1	0	1
Nature	410	0.7927	0.4059	1	1	1	0	1

2）相关系数分析

表6-13列示了企业环保投资效率与企业社会责任（CSR）信息披露的相关系数分析结果。从表6-13中可以看出，环保投资效率（EPIE）与企业社会责任信息披露得分（Score）和企业社会责任信息披露的等级（Level）均呈正相关关系，这与前述研究假设一致，但是未通过显著性水平检验。当然，最终的结果有待于多元回归分析进一步检验。此外，该表中还显示各个变量之间的相关系数均没有超过0.5，最大值为0.45，这表明本书研究不存在严重的多重共线性问题。

3）企业环保投资效率与企业社会责任（CSR）信息披露的回归分析

表6-14列示了企业环保投资效率与企业社会责任信息披露的多元回归分析结果。列（1）是环保投资效率（EPIE）对企业社会责任信息披露得分（Score）的回归结果，可以发现，列（1）中环保投资效率（EPIE）的系数为5.227，且在10%的水平上显著，这表明环保投资效率与企业社会责任信息披露得分显著正相关，即企业环保投资效率越高，企业社会责任信息披露的得分越高。列（2）是环保投资效率（EPIE）对企业社会责任信息披露的等级（Level）的回归结果，同样可以发现，列（2）中环保投资效率（EPIE）的系数为0.252，且在5%的水平上显著为正，这表明环保投资效率与企业社会责任信息披露评级结果显著正相关，即企业环保投资效率越高，其社会责任信息披露的评级结果也越高。列（1）和列（2）的结果均与前文的研究假设一致，即企业环保投资效率越高，企业社会责任信息披露质量也越高。因此，假设6-5得到验证。从控制变量来看，企业规模（Size）和经营业绩（ROE）与企业社会责任信息披露得分（Score）和企业社会责任信息披露评级（Level）均显著正相关，这表明规模越大和经营业绩越好的企业，其社会责任信息披露的质量也越高。其他控制变量大致与已有研究文献一致。

表6-13 企业环保投资效率与企业社会责任信息披露相关系数分析

变量	Score	Level	EPIE	Size	Leverage	ROE	Frist	Inde	Board	Spvboard	Dual	Mshare	List	Zone	Nature
CSR	1														
Level	0.65***	1													
EPIE	0.03	0.06	1												
Size	0.44***	0.38***	-0.09*	1											
Leverage	0.08*	0.05	-0.04	0.46***	1										
ROE	0.16***	0.13***	-0.02	0.09***	-0.10*	1									
Frist	0.19***	0.15***	-0.03	0.37***	0.02	-0.03	1								
Inde	0.04	-0.03	-0.03	0.12**	0.08	0.01	0.07	1							
Board	0.16***	0.12***	-0.05	0.26***	0.07	0.12**	0.03	-0.26***	1						
Spvboard	0.13***	0.14***	-0.05	0.21***	0.10**	0.05	0.16***	-0.21***	0.37***	1					
Dual	0.04	0.08	0.05	0.17***	0.14***	-0.01	0.03	-0.00	0.07	0.06	1				
Mshare	-0.07	-0.01	-0.00	-0.27***	-0.27***	-0.03	-0.18***	-0.04	-0.11**	-0.18***	-0.20***	1			
List	0.06	0.07	0.07	0.13***	0.11**	-0.14***	0.11**	0.01	-0.01	0.17***	0.05	-0.20***	1		
Zone	0.10**	0.09*	0.05	0.09	-0.08	-0.01	0.01	-0.06	-0.08	-0.07	-0.10***	0.08*	0.05	1	
Nature	0.15***	0.14***	-0.01	0.32***	0.25***	-0.01	0.18	-0.04	0.22***	0.22***	0.14***	-0.45***	0.15***	-0.07	1

注：*、**、***分别表示10%、5%、1%的显著性水平。

表6-14 企业环保投资效率与企业社会责任信息披露回归分析

变量	Score (1)	Level (2)
EPIE	5.227*	0.252**
	(1.653)	(2.008)
Size	4.332***	0.143***
	(6.807)	(5.660)
Leverage	−4.737	−0.188
	(−1.085)	(−1.082)
ROE	12.36*	0.577*
	(1.672)	(1.964)
Frist	−0.00417	−0.000106
	(−0.0955)	(−0.0613)
Inde	1.520	−0.164
	(0.134)	(−0.363)
Board	0.225	0.0286**
	(0.663)	(2.119)
Spvboard	0.246	0.00182
	(0.488)	(0.0909)
Dual	−1.059	0.0620
	(−0.509)	(0.750)
Mshare	14.32	1.364**
	(0.917)	(2.198)
List	−0.0995	0.0251
	(−0.0743)	(0.471)
Zone	1.472	0.0455
	(1.039)	(0.809)
Nature	1.346	0.0767
	(0.739)	(1.061)
Constant	−68.34***	−1.808***
	(−4.853)	(−3.233)
Observations	401	401
R-squared	0.283	0.247

注：括号中为经过white异方差调整后t值，*、**、***分别表示10%、5%、1%的显著性水平。

6.3.4 结论

在已有研究文献的基础上，本书进一步探究了企业环保投资效率与企业社会责任（CSR）信息披露之间的关系。通过利用2008—2011年间我国A股上市公司中披露了环保投资金额的企业作为研究样本，实证检验了我国企业环保投资效率对其社会责任信息披露质量的影响。研究发现，企业环保投资效率越高，企业社会责任信息披露得分和企业社会责任信息披露评级结果也越高，这说明企业环保投资效率与其社会责任信息披露质量显著正相关。

第 7 章

研究总结与政策建议

本书在理论分析与调查研究的基础上，构建了企业环保投资效率评价指标体系，并以我国上市公司为例对企业环保投资及其效率的现状进行了统计分析，同时，运用所构建的评价指标体系对我国企业环保投资效率的影响因素和经济后果进行了实证研究。本章对主要研究内容与结论进行总结性描述，并据此提出相关的政策建议。

7.1 ——————— 研究总结 ———————

本书的主要研究结论、创新与不足如下：

7.1.1　研究结论

1）关于企业环保投资效率评价指标体系

企业环保投资效率是一个包含了经济效益、社会效益和环境效益的综合评价指标体系，是企业环保投资绩效与环保投资总额的比率。其中，企业环保投资绩效评价项目体系包含了经济绩效、社会绩效和环境绩效。其中，企业环保投资环境绩效由环境管理绩效、降污减排绩效、节能降耗绩效和生态保护绩效构成。

根据企业环保投资的"投资说"和多元化目标特征，本书认为，企业环保投资绩效与投资效率应充分体现企业开展环境治理与环保投资行为时所付出的代价和所取得的成就。具体而言，企业的环保投资应追求包含了环境效益、社会效益和经济效益在内的综合效益，而不应只追求经济效益。同时，还应遵循"投入产出法"，考虑环保投入，并用环保投资产出与环保资金投入的比率来衡量环保投资效率。鉴于目前我国尚未制定、执行"企业环境会计准则"和"环境会计基本制度"，而《企业社会责任报告》又缺乏系统完善的定量化环保信息。因此，为科学有效地评价企业的环保投资绩效与投资效率，本书运用"披露评分法"与"达标基数"定性赋值法相结合的方式，尝试性地构建了一套适用于各行业、各地区的企业环保投资绩效评价项目体系。同时，采用问卷调查和加权汇总权数的方法对各绩效评价项目进行程度分析，从而初步构建了一套较为完整的企业环保投资绩效指数和环保投资效率指数。其中，环保投资绩效评价项目体系包含环保投资经济绩效、环保投资社会绩效和环保投资环境绩效三方面的内容，而环保投资环境绩效又由环境管理绩效、降污减排绩效、节能降耗绩效和生态保护绩效构成。显然，将环保投资绩效与环保资金投入同时纳入企业环保投资绩效评价中，能较为科学、准确地衡量和评价企业环保投资效率的内在质量。

2）关于我国企业环保投资及其效率现状

（1）从规模角度来看，我国企业环保投资的规模、环保投资绩效和环保投资效率均较低

在环保投资规模方面，环保投资总额占其总投资额、营业收入、总资产的比例均较低，而且环保投资规模的平均值远低于中位数，这在很大程度上说明了我国多数企业存在环保投资规模偏低的现状。在环保投资绩效与投资效率方面，环保投资绩效与投资效率的总体水平偏低。然而，在环保投资绩效的内部构成中，环境绩效的完成情况远好于经济绩效和社会绩效，经济绩效的完成情况稍好于社会绩效。在环境绩效的内部构成中，降污减排绩效和节能降耗绩效最高、环境管理绩效次之、生态保护绩效最低。在各类环保投资效率中，环保投资的环境效率远高于环保投资的社会效率与经济效率。

（2）从行业角度来看，重污染行业、成熟性行业企业环保投资规模大，制造业和重污染行业企业环保投资效率较高

在环保投资规模方面，环保投资规模存在广泛的行业性差异，主要体现在重污染行业企业与非重污染行业企业之间。环保投资规模较大的制造业企业多属于重污染行业企业，环保投资规模较小的非制造业多属于非重污染行业，因而企业环保投资规模表现出与行业污染程度的正相关性。从行业发展阶段来看，成熟性行业企业的环保投资规模最大，成长性行业企业次之，衰退性行业企业最小，但不同发展阶段的各行业企业环保投资规模存在显著性差异的情况主要体现在成长性行业企业与成熟性行业企业之间。

从环保投资绩效与投资效率来看，环保投资绩效与投资效率均存在显著的行业性差异，但环保投资绩效较高的企业多属于制造业和重污染行业，环保投资效率较高的企业多属于制造业和非重污染行业。环保投资绩效的行业性差异主要体现在重污染行业与非重污染行业之间，环保投资效率的行业性差异主要存在于重污染行业与非重污染行业之间、制造业与非制造业之间。同时，不同行业发展阶段下的企业环保投资绩效与投资效率均存在显著性差异，环保投资绩效的显著性差异主要体现在成长性行业企业与成熟性行业企业之间，环保投资效率的显著性差异主要体现在成熟性行业企业与非成熟性行业企业之间。

（3）从地区角度来看，西部地区企业、低市场化企业投资规模较大，西部地区企业的环保投资绩效与投资效率较高

在环保投资规模方面，地区间的环保投资规模存在显著性差异，即西部地区企业最大，中部地区企业和东部地区企业其次，东北地区企业最小，但这种显著性差异多体现在中部地区企业与非中部地区企业之间。同时，不同市场化进程地区之间的企业环保投资规模存在显著性差异，这种显著性差异多体现在高市场化进程地区企业与非高市场化进程地区企业之间，即低市场化进程地区企业高于中市场化进程地区企业和高市场化进程地区企业，中市场化进程地区企业与高市场化进程地区企业基本相当。

在环保投资绩效与投资效率方面，虽然西部地区企业相比于其他地区企业具有更高的环保投资绩效，但企业环保投资绩效不存在显著的地区性差异；西部地区企业相比其他地区企业具有更高的环保投资效率，这种地

区性差异主要存在于中部地区企业与非中部地区企业之间。从企业所处地区的市场化进程来看,不同市场化进程地区之间的企业环保投资绩效与投资效率存在显著性差异,具体表现在:低市场化进程地区的企业环保投资绩效要高于中市场化进程地区与高市场化进程地区的企业,环保投资绩效的显著性差异主要存在于低市场化进程地区企业与非低市场化进程地区企业之间;高市场化进程地区的企业环保投资效率稍高于中市场化进程地区,环保投资效率的显著性差异主要体现在高市场化进程地区企业与非高市场化进程地区企业之间。

(4)从股权性质角度来看,国有企业比民营企业的环保投资规模要大,但环保投资效率并无显著性差异

国有企业比民营企业投入了较大规模的环保资金。企业环保投资绩效不存在显著性差异,但环保投资效率存在显著性差异,具体表现为:国有企业与民营企业之间的环保投资绩效相差不大,民营企业的环保投资效率要高于国有企业。

从不同股权分布状态下的企业环保投资绩效与投资效率来看,各股权分布状态之间的企业环保投资绩效与投资效率均存在显著性差异。具体而言,股权高度集中企业的环保投资绩效最高,而股权分散企业的环保投资效率最高。然而,环保投资绩效的显著性差异主要存在于股权高度集中企业与非股权高度集中企业之间,环保投资效率存在广泛性的股权分布差异。

(5)从成长性角度来看,中成长性企业的环保投资效率高于高成长性企业与低成长性企业

低成长性企业、中成长性企业和高成长性企业的环保投资规模相差不大,即不同成长性阶段下的企业在环保投资规模上不存在显著性差异。各类成长性企业的环保投资绩效仅存在微弱的差异,这种差异主要存在于高成长性企业与非高成长性企业之间,即高成长性企业的环保投资绩效稍低于低成长性企业与中成长性企业。各类成长性企业的环保投资效率存在广泛的显著性差异,具体表现为中成长性企业的环保投资效率高于高成长性企业与低成长性企业。

3)关于企业环保投资效率的影响因素

影响企业环保投资效率的因素包括企业外部的因素和企业内部的

因素。

（1）环保投资规模与环保投资效率之间呈显著的"U"形关系

环保投资规模对环保投资效率的影响存在"门槛效应"，当前我国企业环保投资的现状处于"U"形曲线的左边，说明多数企业存在环保投资额偏低、环保投资效率较低的现状。研究表明，环保过度投资企业相比环保投资不足企业、高环保投资组企业相比低环保投资组企业具有更低的环保投资效率。环保投资规模、环保投资类别与环保投资效率之间的显著性关系均存在于重污染行业企业与非重污染行业企业、国有控股企业与民营控股企业、国有产权企业与民营产权企业中。

（2）政府环境管制强度与环保投资效率之间表现出显著的"U"形关系

政府环境管制强度对环保投资效率的影响存在"门槛效应"，目前我国多数省（市、区）的环境管制强度处于"U"形曲线的左边。这种显著性关系主要存在于非重污染行业企业、国有控股企业和国有产权企业。同样，稳健性检验也发现政府环境管制强度与环保投资效率之间也存在"U"形关系，但二者更多地表现出较强的负相关性，这种关系主要体现在国有产权企业中。

（3）环保管理机构的设置、环境治理水平的高低对环保投资绩效及投资效率产生显著的正面影响

设立环境管理机构的企业比未设立环境管理机构的企业、获得ISO14000环境管理体系认证的企业比未获得ISO14000环境管理体系认证的企业，具有更高的环保投资绩效与投资效率。

（4）股权制衡度、管理层持股比例分别与环保投资效率存在显著的正相关关系

股权制衡度、管理层持股比例分别与环保投资绩效存在显著的正相关关系，这种关系主要体现在非重污染行业企业、民营控股企业与民营产权企业中；股权制衡度与环保投资效率存在显著的负相关关系，这种关系主要存在于非重污染行业企业、国有控股企业与国有产权企业中；管理层持股比例与环保投资效率之间具有显著的正相关关系，这种关系存在于民营控股企业与民营产权企业中。整体而言，企业大股东与管理层对环保投资

绩效与投资效率产生了一定的正面影响，即在企业有限的环保资金投入中，企业会注重和追求高效的环保投资绩效与投资效率。此外，机构投资者持股比例与环保投资绩效、环保投资效率均不存在显著性关系，但机构投资者持股比例与环保投资效率之间在国有控股企业中存在微弱的负相关性。

（5）企业的行业属性与环保投资效率之间具有显著的正相关性

重污染行业企业相比非重污染行业企业具有更高的环保投资绩效，而这种关系主要体现在民营控股企业与民营产权企业中。行业属性与环保投资效率之间的正相关性较弱，即重污染行业企业相比非重污染行业企业具有稍高的环保投资效率。

（6）控股性质与环保投资效率具有微弱的负相关关系

控股性质与环保投资效率具有微弱的负相关关系，这种关系主要体现在重污染行业企业中；企业的产权性质与环保投资绩效之间具有显著的负相关关系，而且这种关系在重污染行业企业与非重污染行业企业中均得以体现。可见，国有控股企业比民营控股企业具有较低的环保投资绩效，国有产权企业比民营产权企业具有更低的环保投资绩效。同样地，产权性质与企业环保投资效率之间具有显著的负相关关系，即民营产权企业比国有产权企业具有更高的环保投资效率。

（7）两权分离度与环保投资绩效、环保投资效率之间均呈现出显著的负相关关系

两权分离度与环保投资绩效、环保投资效率之间均呈现出显著的负相关关系，这表明控制权与现金流权的分离程度对环保投资绩效与投资效率均构成了较强的负面影响。而且两权分离度与环保投资绩效的显著负相关性存在于重污染行业企业与非重污染行业企业、国有控股企业与民营控股企业、国有产权企业与民营产权企业中；两权分离度与环保投资效率的显著负相关性存在于国有控股企业与民营控股企业、国有产权企业与民营产权企业、重污染行业企业中，但不存在于非重污染行业企业中。

总体而言，企业环保投资行为具有不同程度的行业差异、地区差异、产权差异和股权分布差异，而企业环保投资效率具有不同程度的行业差异、地区差异、产权差异、大股东控制差异、控股差异、股权分布差异和

成长性差异。这些统计结论为本书研究企业环保投资行为及其效率的影响因素提供了有益参考。研究表明：政府环境管制强度、行业属性、控股性质、产权性质、股权结构、董事会特征、管理层自信度、控制权与现金流权的分离度以及资产特征是影响企业环保投资行为的主要因素；环保投资规模、政府环境管制强度、环境管理、行业属性、控股性质、产权性质、股权结构、控制权与现金流权的分离度是影响企业环保投资效率的主要因素。

4）关于企业环保投资效率的经济后果

研究表明，企业环保投资效率能够提升企业价值、企业融资能力与社会责任信息披露水平。

（1）企业环保投资效率与企业价值

企业环保投资效率与企业价值之间具有显著正相关性，说明提高环保投资效率有助于提高企业的财务绩效（ROA），也能够增加企业的市场价值（Tobin's Q）。进一步研究发现，环保投资效率对企业价值的正向促进关系存在行业差异和产权差异，在重污染行业企业和国有企业中表现得更加显著。

（2）企业环保投资效率与企业融资

企业环保投资效率对企业融资能力具有积极影响，企业提高环保投资效率有助于企业从信贷市场和资本市场获得融资。对于国有企业而言，环保投资效率与企业的股权融资存在显著的正相关关系，即国有企业的环保投资效率的提高会带来股权融资能力的提高；对于非国有企业来说，环保投资效率与企业的债务融资之间存在显著的相关关系，具体表现为环保投资效率与非国有企业的短期债务显著负相关、与非国有企业的长期债务显著正相关，即非国有企业的环保投资效率的提高会带来债务融资能力的提高。

（3）企业环保投资效率与社会责任信息披露

企业环保投资效率与社会责任信息披露之间存在联系，企业环保投资效率越高，企业社会责任信息披露得分和企业社会责任信息披露的等级结果就越高，即企业社会责任信息披露质量越高。这说明提高企业环保投资效率能够促进企业对外信息披露水平的提升。

7.1.2　主要创新与不足

本书研究的主要创新体现在以下方面：

第一，首次将企业个体作为环境责任主体来研究其环保投资绩效与投资效率问题。相比而言，以往对环保投资绩效与投资效率的研究没有明确区分是政府层面还是企业层面，或者还是单就某一项目而言。本书认为，在社会经济日益发展、环境问题日益严峻的当今，首先必须明确企业个体应该是环境问题的首要责任主体。无论是国有企业还是非国有企业，以追求其自身价值最大化为最终目标，这是无可厚非的，但事实已经证明，大量的环境问题的产生（如环境污染、生态破坏、资源过度消耗等）也源于这种经济利益最大化的动机与行为。因此，"解铃还需系铃人"，围绕企业这个环境责任主体研究其环保投资效率，更具有现实意义。

第二，初步构建了一个体现经济效益、社会效益与环保效益三者有机结合的企业环保投资效率评价体系。该评价体系由企业环保投资绩效项目评价体系、企业环保投资绩效指数和企业环保投资效率指数为核心内容组成。本书基于经济学与管理学中的"效率"概念和环保投资的"投资说"与多元化目标特征，将"环保投资效率"界定为环保投资绩效与环保投入之间的比率。其中，环保投资绩效包含环境绩效、社会绩效和经济绩效三部分，而环境绩效又由环境管理绩效、降污减排绩效、节能降耗绩效和生态保护绩效构成。该评价体系的设计既体现了企业的"自然属性"，也体现了企业的"社会属性"，可以充分反映企业环境责任的履行程度。此外，本书所设计的"企业环保投资效率评价体系"的指标或项目结构、权重等均充分考虑了课题组研究人员的社会调研数据。因此，该评价体系具有重要的理论价值与应用价值。

第三，对企业环保投资效率的影响因素与经济后果分别进行了系统研究。研究表明，影响企业环保投资效率的主要因素包括环保投资规模、政府环境管制强度、环境管理、行业属性、控股性质、产权性质、股权结构、控制权与现金流权的分离度等。同时，企业提高环保投资效率能够提升企业价值、企业的融资能力和社会责任信息披露水平。上述研究成果，对于从环境保护宏观控制的政府监管层面、环境责任履行的企业主体层面以及关注环境问题的利益相关者层面等不同层面制定适宜的、有效的环境政策，具有重要的指导意义。

第四，在研究方法上，本书也进行了一些新的尝试。如本书采用"披露评分法"和"达标基数"定性赋值的方法评价企业的环保投资绩效与投资效率，能真实、全面地衡量企业的环保投资绩效，了解企业环保投资的实际状况；在构建企业环保投资绩效指数时，本书首先采用问卷调查形式对企业环保投资绩效评价项目进行了信度检验，进而采用加权汇总权数法对企业环保投资绩效评价项目进行了程度分析和权重分配，从而使所构建的企业环保投资绩效指数和环保投资效率指数更为客观和准确。

基于企业主体层面的环保投资及其效率研究目前尚属于较新的话题，本书也仅仅是对企业环保投资绩效与投资效率及其评价进行尝试性研究，这难免使得本书的相关研究会存在局限或不足：

第一，对于绝大多数以营利为目的的企业而言，环境责任都是一个敏感性话题。因此，无论是通过实地调研取得的数据，还是从"社会责任报告书"之类文件收集到的环保数据，都存在失真的可能性，这会导致本书的相关统计结果与结论出现偏差。

第二，我国许多企业并未在《企业社会责任报告》中披露其环保投资额的具体数据，这使得有效的样本量大幅减少。毫无疑问，样本数量的非充分性会导致实证研究结论的可靠性受到一定程度的影响。

第三，在构建企业环保投资绩效项目评价体系时所采用的"披露评分法"和"达标基数"定性赋值法相结合的方式，难免出现研究者的主观判断。同时，企业环保投资效率指数公式中的分子与分母存在不同的量纲，本书仅从数学中的单位描述来解释该公式的实际意义，而未能给出更严谨的表述结果。

7.2　政策建议

本书依据前述研究结论所提出的相关政策建议，包括政府、企业和利益相关者三个层面。

7.2.1 政府层面政策建议

1) 完善环保政策法规，加大环境管制强度

保护好生态环境的前提是确保环境政策得到贯彻落实，而且持续的环境管制和严格的环境管制标准是保证企业合理开展环保投资、有效运用污染治理技术、降低污染排放量的必要条件。从宏观上讲，政府作为环境资源的宏观管理者和环境管制的主体，应充分利用环境政策与环保法律法规以及财务杠杆监管、控制企业与社会公众的环境行为，为切实改变我国企业所普遍存在的环保投资不足、环保投资效率低下的现状奠定基础。

庇古理论认为，环境的负外部性是企业环境问题产生的重要原因，而纠正经济外部性的最佳方案是政府根据污染危害程度通过环境税费调整等行政措施对污染企业进行有效"惩罚"，力促私人成本与社会成本达到一致性，从而促使国民经济活动达到帕累托最优状态和社会福利最大化。科斯定理认为，产权的界定与明晰是解决经济外部性和优化配置资源的前提条件。显然，若将这两种理论有效运用到企业的环境保护活动中，政府就应该严格遵照《中华人民共和国环境保护法》所确立的"谁开发谁保护，谁污染谁治理"环保原则和经济合作与发展组织（OECD）倡导的"污染者付费"原则，明确企业主体的环境保护责任，并根据对环境的损害程度（如污染程度）来确定资源税征收标准、排污收费标准以及环境管制措施与管制力度。毋庸置疑，这种直接明确环境主体责任的管制措施能在很大程度上强化企业环保投资与环境治理的行为，从而促使企业将环境污染减少到帕累托最优状态。

此外，根据《国家环境保护"十二五"规划》（2011）提出的"分类指导、分级管理"基本原则，环境保护应因地制宜，在不同地区和行业实施有差别的环境政策。因此，政府应避免盲目提高环境管制强度的误区，应根据各行业和各地区的差异特征，制定出有差异化的环境政策，并注意滚动修订和不断优化环境管制的方式，及时调整环境管制强度。

2) 提高环境信息披露要求，强化环境信息审计

高质量的会计信息能发挥监督代理人有效执行"契约"的作用，从而降低"道德风险"与"逆向选择"的可能性，促进企业经营管理效率的提

高。在当前我国企业环保投资积极性不高、环境治理效率较低、政府环境管制强度不够的情况下，国家环境保护部和证监会应采取切实可行的措施进一步优化企业环境信息披露行为，规范企业环境信息披露的范围与方式，促使企业提高环境信息披露质量，尤其要明确要求企业对发生的重大环境事故进行及时处理并对外公告。企业以报告形式定期披露所承担的社会责任信息、环境责任信息和环境绩效信息，不仅可以有效监督企业遵守环境保护政策和环保法律法规，加强环境治理，有效改善企业的环境绩效，还可以帮助政府环境保护部门以及投资者、债权人等利益相关者根据企业披露的高质量的环境信息来进行有关投资决策。需要明确的是，虽然环境信息披露策略能弥补传统的政府环境管制措施在环境保护方面的缺失和不足，但并不能完全替代传统的政府环境管制措施。若将这两种途径作为互补的政府环境管制手段，能在很大程度上确保企业按照环境政策与环保法律法规要求从事相应的环境活动，进而促进企业环境绩效水平的提高。

政府还可以根据相应的环境管制与行业管制政策，结合各行业和企业的环境问题的特点与强度，对不同行业或企业采用不同的环境信息披露形式。如重污染行业企业可以以《环境报告书》的形式详细披露环境信息；非重污染行业企业可以以《企业社会责任报告》或《可持续发展报告》的形式附带披露环境信息等。为保证企业环境治理与环保投资信息披露的可靠性与相关性，提高企业环保投资绩效与投资效率，政府环境保护部门和证监会等监管部门应对企业的环境信息披露进行有效约束，因而建议将企业自愿披露《企业社会责任报告》的指导性原则调整为强制性要求企业披露《企业社会责任报告》的制度，而且企业披露的《企业社会责任报告》或《环境报告书》应经独立的第三方进行审计和鉴证。

3）制定、颁布我国"环境会计准则（或制度）"，规范环境会计行为

西方发达国家正从完善环境立法和环境会计准则与制度入手，从法律层面和制度层面引导企业正确认识改善环境绩效对塑造市场形象、提高生产经营能力和综合竞争力所发挥的巨大作用，从而促使企业自觉地开展环境治理行为和努力提高环保投资绩效与效率。自20世纪90年代以来，我国环境问题专家与会计学者相继开展了对环境会计基本理论的研究，并取得了一系列研究成果。然而，迄今为止，我国政府（或相应的会计准则制定机构）仍未制定或颁布"环境会计准则"或相关的"环境会计制度"，这不仅使得我国企业缺乏对环保投资业务与事项进行确认和计量的依据，而且导致企业无法正常地开展环境保护与环境治理的内部控制工作，无法客观评价企业的环保投资绩效与投资效率，甚至在很大程度上导致了多数企业忽视自身所应承担的环境责任，这也是一直以来我国多数企业的环保投资结构表现出"费用说"特征的根源所在。制定、颁布"环境会计准则"或"环境会计制度"，是企业加强环保内部控制制度建设、客观披露企业环境信息（企业环保投资信息等）的基础，也是开展企业环保投资绩效与投资效率评价的制度基础和信息来源。因此，制定、颁布我国"环境会计准则"或相应的"环境会计制度"，是现阶段我国政府环境监管部门与会计管理部门为推动企业开展卓有成效的环保工作而必须高度重视的社会性制度建设工作。

4）充分利用市场机制，建立多元化的环保投融资机制

除必要的行政管制手段外，政府应注重将市场方式引入环境管理领域，如污染许可证、排污税等。以市场为基础的环境政策工具往往要比纯粹的行政性环境管制措施更有效，这是因为以市场为基础的环境政策工具更能激发企业技术创新和采用先进污染治理与预防技术的积极性。《中国21世纪议程》（1994）和《国家环境保护"十二五"规划》（2011）均明确提出应充分利用市场机制，形成多元化的环保投入格局，鼓励各级政府和企业扩大利用社会资金解决环境问题。因此，为改变当前我国企业环保投资资金主要来源于政府的财政拨款、企业环保投资额不足和环保投资效率低下的现状，政府除需要完善环境政策与环保法律法规、增强环境管制强度外，还应建立与市场经济相适应的环保投融资机制，即从规范性和竞争性角度促进环保投资主体的多元化和运营管理的市场化，鼓励民间资本和外资参与到环境保护和污染防治工作中来。同时，为提高企业和利益相关者参与环保投资的积极性，规范各主体的环保投资行为，政府还应注意制定并适时颁布保护各投资主体环保投资合法利益的法律法规。

建立完善的环保投融资机制需要从以下方面入手：第一，促进环保投资主体多元化并明确环保投资主体的责任。这需要在环保投资的市场主导模式与政府主导模式中进行平衡选择。本书认为，政府应统筹规划和发挥市场监管作用，逐渐淡出竞争性强的环保投资领域，将有限的资金集中投资于区域性生态保护项目、大中型环保投资项目、公益性环保项目；而企业应发挥环境治理与环保投资的主体作用，既要严格遵守环境管制政策和环保法律法规，又要以环保投资为契机，充分发挥企业的环保"技术创新"效应，提高企业的环保形象，从而提升企业价值。第二，环保投资运营管理市场化。政府应鼓励和支持民营资本、外资等市场流动资金逐步进入到环保投资领域，允许专业化的环保公司开展专业化环境治理工作，以发挥社会分工优势，实现规模经济效应，这无疑有助于改变当前我国企业环保投资不足与环保投资效率低下的现状。第三，建立竞争性环保市场机制。进一步完善排污权交易制度和碳排放权交易制度，并加大资源税、环境税费等制度改革力度。

7.2.2　企业层面政策建议

1）真正提高环保意识，明确自身的环境责任与社会责任

科斯定理认为：制度安排是一切经济活动的前提，产权的界定与明晰有助于解决外部不经济、降低社会成本、促进资源优化配置等问题。该理论运用到环境治理方面时，可以起到明确政府、企业和社会公众等各自所应承担的环保责任。企业既是生产经营的市场主体，又是资源能源的主要消耗者和环境污染的主要制造者，理应成为最主要的环保投资主体和承担环境保护与环境治理的重任。自2006年以来，我国环境保护部和证监会大大强化了对上市公司、重污染行业企业和国有企业履行社会责任与环境责任的监管，而且利益相关者与社会公众的社会责任意识和环保意识也逐渐增强，对企业的环境诉求也越来越多。因此，企业单纯的环境"末端治理"和被动适应政府环境管制而开展的环保投资行为已经不能满足广大利益相关者的要求。企业大股东和管理层只有提高环保意识、坚持"绿色生产"理念、明确自身的社会责任与环境责任，并以实际行动开展环境治理与环保投资的工作，才能真正有效地解决自身的环境问题，也才能得到政府和广大利益相关者的认可和支持。

2）实施科学的环保投资决策，建立并执行环保内部控制制度

企业在提高环保意识与坚持"绿色生产"理念的同时，还需要进行科

221

学的环保投资决策，合理确定环保投资规模，优化环保投资结构，即将环保投资规模的适度性与环保投资结构的合理性相结合。合理的环保投资规模应符合综合效益最大化原则、与环境战略目标相联系的原则、与政府环境管制政策相符合的原则。环保投资规模过大势必制约企业在其他经济性项目方面的投资，环保投资规模过小又不利于环保投资绩效的改善和环保投资效率的提高。本书研究发现，对多数企业而言，"环保设施及系统的投入与改造支出"既是企业环保投资的主要内容，也是企业环保投资的主要方向，而其他各类环保支出的比重很低，这在很大程度上反映出我国企业环保投资结构存在不合理的现象。投资规模的确定与控制不仅要考察企业的生产能力，而且需要以提高投资效率为出发点，从而达到最优投资效率的投资规模。因此，对企业环保投资而言，企业不仅需要进行科学的环保投资决策，追求包含环境效益、社会效益和经济效益在内的综合效益最大化，而且也应以改善环保投资绩效、提高环保投资效率为出发点，实现适度性环保投资规模与最优化环保投资效率的有机结合。

近几年来，证监会出台了一系列针对重污染行业企业和国有企业的环保审查制度与社会责任信息披露指引，这些管制政策不仅强化了企业应积极开展自身环境治理工作的意识，而且体现了促进企业环保制度化管理的要求，如环境保护部于 2008 年在《关于深化企业环境监督员制度试点工作的通知》中提倡国家重点监控污染企业并鼓励其他企业组建环境管理组织架构、建立企业环境管理责任体系、设立环境管理机构。对企业而言，要真正执行环境政策与环保法律法规、有效解决自身环境问题，设置环境管理机构（或社会责任管理机构）、建立和执行环保内部控制制度是其必要条件和前提条件。本书的实证分析结果也证明，环境管理机构的设立有助于企业改善环保投资绩效和提高环保投资效率，因而环境管理机构在很大程度上发挥了提高企业环境管理能力的作用。同时，企业应保证环境管理机构具有一定的灵活性，以加强与其他部门之间的协作，并建立各级环保责任制度，从而提高企业各级组织机构参与环境治理的积极性，达到改善环保投资绩效和提高环保投资效率的目的。

3）加大企业环保投入，提高规模效应

企业环保投资规模对环保投资效率的影响存在"门槛效应"，而且当

前我国企业环保投资的现状处于"U"形曲线的左边，说明多数企业存在环保投资额偏低、环保投资效率较低的现状。因此，只有当企业的环保投资规模达到一定的水平和程度后，环保投资才能真正起到改善环保投资绩效、提高环保投资效率的积极作用。无论是重污染行业企业还是非重污染行业企业，均应进一步加大环保投入的力度，以实现环保投资规模对环保投资效率和环境改善的良性影响。

4）重视环保技术投入与应用，发挥"创新补偿"与"技术补偿"效应

波特假说认为，合理的环境管制可以确保企业实现"双赢"的局面，这既能有效保护资源环境和生态环境，又能促进企业环保技术创新、弥补环境成本和提高市场竞争优势。这是因为，在政府环境管制条件下，企业不得不自主研发或引进先进的污染治理技术和清洁生产技术，而先进环保技术的采用不仅能提高资源能源的利用率、减少污染排放量、改善环境质量，而且有助于降低生产成本、优化产品生产线、提高产品生产效率。可见，环保技术的投入与应用能为企业带来一定的"创新补偿"效应和"技术补偿"效应，这也是企业强化环境污染治理和解决企业自身环境问题的关键因素。然而，波特假说成立的前提是企业会自愿进行环境投资和技术革新，因此，为有效解决我国企业普遍存在环保投资额不足、环保投资绩效与投资效率偏低的现实问题，企业不仅应提高环境保护意识，树立"绿色生产"和"低碳经济"理念，而且应成为环保技术开发与创新的主体，加大污染控制技术与设备研发方面的投入，并努力促进污染治理技术和清洁生产技术向生产能力的转化，以便提高环保投资效率和生产效率。

7.2.3　利益相关者层面政策建议

1）建立起督促企业加大环保资金投入、认真履行环境责任的制约机制

在企业社会责任运动广泛开展的背景下，仅仅依靠政府和企业的环保投资行为来解决日益多元化的环境问题是远远不够的。利益相关者对企业环境问题的关注，往往能够有效地推动企业不断优化自身的环保投资行为，促使企业自觉履行环境责任。因此，企业的利益相关者以及社会公众

223

应该具有自发的环保意识，并参与到监督企业履行环保等社会责任的行动中来。尤其是外部利益相关者，应共同辅助和配合政府建立推动企业开展环保活动的社会机制，将企业的生产经营活动与环保行为根植于全体利益相关者共同监督的环境责任评价体系中。

投资者和债权人应当关注和监督企业的环保投资行为及其效率。作为企业资金的主要提供者，投资者和债权人除关注企业的财务绩效外，还应关注和评估企业的社会绩效和环境绩效。针对企业的环保投资效率以及环境责任履行状况，投资者与债权人可以充分利用市场机制，"用手投票"或"用脚投票"。对那些缺乏社会责任和环境责任的企业，对其减少资金投入甚至撤资，从而形成促进企业不断提高环保投资绩效与投资效率的重要力量。

消费者同样应该具有自发的环保意识，并将这种意识转化为对企业环保投资行为及其效率的监督力量。消费者选择并追求"绿色"生活方式，可以通过绿色生活观念、绿色消费态度等方式促进企业的环保投资行为和"绿色生产"行为，从而提升针对企业环保投资行为及其效率的社会监督力度。

2）充分发挥新闻媒体对企业履行环保责任的舆论监督作用

在促进企业加大环保投资力度、提高环保投资效率、切实履行环境责任方面，新闻媒体可以有效发挥舆论的导向与监督作用。通过向社会公众解读企业环境污染治理和环保投资状况，对环境污染严重、环境治理不力的企业或项目等进行"曝光"，充分发挥媒体在环保治理中的监督效应。政府可以通过与新闻媒体在环境保护以及企业环保投资效率评价等信息披露方面建立信息共享平台，形成联动机制，以促进企业提高环保投资效率、切实履行环境责任。同时，从资本市场监管角度来看，建议充分发挥证券分析师在环境信息与环保投资效率评价方面的专业作用，将企业的环境责任分析与环保投资效率评价纳入对上市公司的"证券分析"内容中。

附录1 企业环保投资绩效评价项目调查问卷

调 查 问 卷

您好！我们正在进行一项研究，探讨"企业环保投资绩效评价"的问题，希望得到您的支持。本问卷采取匿名形式，您只需要根据自己的实际情况、专业知识、工作经验和理解对问卷的每一项信息进行如实回答。我们对您提供的信息只用于学术研究，不会有其他任何用途。真诚感谢您的参与！

请在符合您情况的下列项目的相应位置上划"√"。

一、被调查者的基本情况表

一、您的性别		六、您目前工作所属行业	
1.男	（ ）	1.农、林、牧、渔业	（ ）
2.女	（ ）	2.采掘业	（ ）
二、您的年龄		3.制造业	（ ）
1.20岁以下	（ ）	4.电力、煤气及水的生产和供应业	（ ）
2.20~29岁	（ ）	5.建筑业	（ ）
3.30~39岁	（ ）	6.交通运输、仓储业	（ ）
4.40~49岁	（ ）	7.信息技术业	（ ）
5.50岁及以上	（ ）	8.批发和零售贸易业	（ ）
三、您的最高学历（包括在读）		9.金融、保险业	（ ）
1.专科或本科	（ ）	10.房地产业	（ ）
2.硕士	（ ）	11.社会服务业	（ ）
3.博士	（ ）	12.传播与文化产业	（ ）
4.其他	（ ）	13.综合（含行政事业单位、高校、医院）	（ ）
四、您的最高学历所学专业门类		七、您目前的职位	
1.理工类	（ ）	1.环保管理人员	（ ）
2.经济类	（ ）	2.其他管理人员（除环保管理人员之外的管理人员）	（ ）
3.企业管理类	（ ）		
4.财会审计类	（ ）	3.环保技术人员	（ ）
5.其他	（ ）	4.其他技术人员（除环保技术人员之外的技术人员）	（ ）
五、您目前工作单位的性质			
1.国有企业	（ ）	5.财会审计人员	（ ）
2.民营企业	（ ）	6.其他	（ ）
3.中外合资合作企业	（ ）		
4.外商独资企业	（ ）		
5.行政事业单位	（ ）		
6.其他	（ ）		

二、企业环保投资绩效的项目评价表

序号	项目内容	程度分布						
		非常同意	较为同意	稍微同意	中立态度	稍不同意	较不同意	很不同意
	第一类信息							
1	企业环保投资行为应带来经济收入的增加							
2	企业环保投资行为应带来费用的减少							
3	企业环保投资行为应带来成本的降低							
4	企业环保投资行为应带来综合产值或综合经济效益的增加							
	第二类信息							
5	企业环保投资行为应对社会产生正面影响							
6	消费者（顾客）应对企业积极有效的环保投资行为具有良好的评价							
7	周边环境（社区、居民）应对企业积极有效的环保投资行为具有良好的评价							
8	投资者（股东）应对企业积极有效的环保投资行为具有良好的评价							
9	债权人（银行等）应对企业积极有效的环保投资行为具有良好的评价							
10	政府应对企业积极有效的环保投资行为具有良好的评价							
	第三类信息							
11	企业应实施环境或生态保护规划、制度、政策或方案							
12	企业应积极有效地推行绿色办公							
13	企业应建立环境管理组织机构，完善环境经营管理体系							
14	企业应按照国家环境保护相关标准、ISO14000环境管理认证体系或其他环境管理认证体系等开展环境管理工作							
15	企业应强化环境守法，避免环境事故、环境诉讼或纠纷、环保行政处罚的发生							
16	企业应进行环境管理创新，加强环保工作的有效管理							
17	企业应开展关于环保方面的宣传、培训、教育和公益等工作，促进环境信息的公开与交流							
18	企业环保投资行为应使废气排放达标、减排或有效处理							
19	企业环保投资行为应使废水排放达标、减排或有效处理							
20	企业环保投资行为应使固体废弃物排放达标、减排或有效处理							
21	企业环保投资行为应有效地控制和处理噪声污染							
22	企业环保投资行为应强化对危险化学品和危险废弃物的管理，有效处理有毒有害的化学物质							
23	企业环保投资行为需要推进循环经济，开展资源能源的回收与循环使用工作，提高资源能源的利用率或重复利用率							
24	企业环保投资行为要努力地实现原材料、资源的节约，提高原材料的重复利用率和资源的利用效率							
25	企业环保投资行为应努力地促进水资源的节约，提高水资源的利用效率							
26	企业环保投资行为应努力地实现能源（除水）的节约，提高能源的利用效率							
27	企业应采用先进的环保设施，对环保设施和环保系统进行改造，以提高环保设备的运行效率，最大限度地减少资源能源的消耗							
28	企业环保投资行为应努力地研发和采用先进的环保技术和环保工艺，积极开展清洁生产工作							
29	企业应积极开展厂区或周边生态环境治理工作							
30	企业应积极参与保护生物多样性活动							

附　录

　　　　我国各省（市、区）市场化指数的取值情况

地区	省（市、区）	2006年	2007年	2008年	2009年	2010年	2011年
东部地区	北京	8.54	9.02	9.58	9.87	10.36	10.85
	天津	8.28	8.59	9.19	9.43	9.85	10.31
	河北	6.84	6.94	7.16	7.27	7.42	7.59
	上海	9.63	10.27	10.42	10.96	11.45	11.87
	江苏	9.39	10.14	10.58	11.54	12.36	13.21
	浙江	10.37	10.92	11.16	11.80	12.32	12.83
	福建	8.42	8.59	8.78	9.02	9.23	9.45
	山东	8.24	8.47	8.77	8.93	9.17	9.42
	广东	9.72	10.10	10.25	10.42	10.66	10.86
	海南	5.66	6.36	6.44	6.40	6.68	6.79
中部地区	山西	5.56	5.91	6.18	6.11	6.31	6.45
	安徽	7.15	7.48	7.64	7.88	8.14	8.37
	江西	6.64	7.10	7.48	7.65	8.02	8.35
	河南	7.11	7.28	7.78	8.04	8.38	8.78
	湖北	6.85	7.05	7.33	7.65	7.94	8.26
	湖南	6.74	6.86	7.18	7.39	7.62	7.89
西部地区	内蒙古	5.89	5.91	6.15	6.27	6.40	6.58
	广西	5.71	5.90	6.20	6.17	6.33	6.49
	重庆	7.26	7.40	7.87	8.14	8.46	8.84
	四川	6.95	7.30	7.23	7.56	7.78	7.95
	贵州	4.94	5.40	5.56	5.56	5.79	5.92
	云南	5.57	5.82	6.04	6.06	6.23	6.38
	西藏	0.29	1.63	1.36	0.38	0.85	0.95
	陕西	4.71	4.82	5.66	5.65	6.02	6.50
	甘肃	4.58	4.82	4.88	4.98	5.12	5.23
	青海	3.29	3.54	3.45	3.25	3.24	3.15
	宁夏	5.10	5.44	5.78	5.94	6.25	6.55
	新疆	4.87	5.04	5.23	5.12	5.21	5.27
东北地区	辽宁	7.56	7.97	8.31	8.76	9.20	9.65
	吉林	6.20	6.55	6.99	7.09	7.42	7.73
	黑龙江	5.61	5.76	6.07	6.11	6.29	6.47

注：（1）樊纲，王小鲁，朱恒鹏.中国市场化指数——各地区市场化相对进程2011年报告［M］. 北京：经济科学出版社，2011；（2）2010—2011年的市场化指数是根据2006-2009年市场化指数的取值，采用趋势预测法计算而得。

主要参考文献

[1] 安树民,张世秋.论中国环境保护投资的市场化运作[J].中国人口·资源与环境,2004(4).

[2] 曹洪军,刘颖宇.我国环境保护经济手段应用效果的实证研究[J].理论学刊,2008(12).

[3] 陈劲,刘景江,杨发明.绿色技术创新审计实证研究[J].科学学研究,2002(1).

[4] 陈璇,淳伟德.环境绩效、环境信息披露与经济绩效相关性研究综述[J].软科学,2010(6).

[5] 邓丽.环境信息披露、环境绩效与经济绩效相关性的研究——基于联立方程的实证分析[D].重庆:重庆大学,2007.

[6] 樊纲,王小鲁,朱恒鹏.中国市场化指数——各地区市场化相对进程2011年报告[M].北京:经济科学出版社,2011.

[7] 范从来,袁静.成长性、成熟性和衰退性产业上市公司并购绩效的实证分析[J].中国工业经济,2002(8).

[8] 韩强,曹洪军,宿洁.我国工业领域环境保护投资效率实证研究[J].经济管理,2009(5).

[9] 郝颖,刘星,林朝南.大股东控制下的资本投资与利益攫取研究[J].南开管理评论,2009(2).

[10] 郝颖,刘星.大股东控制下的股权融资依赖与投资行为研究——基于行为财务视角[J].商业经济与管理,2009(10).

[11] 何丽梅,侯涛.环境绩效信息披露及其影响因素实证研究——来自我国上市公司社会责任报告的经验证据[J].中国人口·资源与环境,2010(8).

[12] 胡海青,李建,张道宏.环保投资与经济增长的协整及因果关系检验——基于1981—2005年的数据分析[J].科技进步与对策,2008(7).

[13] 胡曲应.环境绩效评价国内外研究动态述评[J].科技进步与对策,2011(10).

[14] 胡新婷.论企业环保投资财务效率的影响因子及提升对策[J]. 湖南财政经济学院学报,2012(12).

[15] 花贵如,刘志远,许骞.投资者情绪、企业投资行为与资源配置效率[J]. 会计研究,2010(11).

[16] 黄德春,刘志彪.环境管制与企业自主创新——基于波特假设的企业竞争优势构建[J]. 中国工业经济,2006(3).

[17] 颉茂华,刘向伟,白牡丹.环保投资效率实证与政策建议[J]. 中国人口·资源与环境,2010(4).

[18] 颉茂华.企业环保投资决策方法研究——模糊层次分析法[J]. 金融教学与研究,2009(5).

[19] 李卫宁,陈桂东.外部环境、绿色管理与环境绩效的关系[J]. 中国人口·资源与环境,2010(9).

[20] 林毅夫,李志赟.政策性负担、道德风险与预算软约束[J]. 经济研究,2004(2).

[21] 林震岩.多变量分析:SPSS的操作与应用[M]. 北京:北京大学出版社,2007.

[22] 刘立秋,刘璐.区域环保投资DEA相对有效性分析[J]. 天津大学学报,2000(2).

[23] 刘星,曾维维,郝颖.产品市场竞争与企业投资行为——来自中国上市公司的经验证据[J]. 生产力研究,2008(5).

[24] 刘亚军,陈国绪.对资源基础理论的再认识——几个基本概念的澄清及企业成长的新解释[J]. 科技管理研究,2008(11).

[25] 陆旸,郭路.环境科兹涅茨倒U型曲线和环境支出的S型曲线:一个新古典增长框架下的理论解释[J]. 世界经济,2008(12).

[26] 吕峻,焦淑艳.环境披露、环境绩效和财务绩效关系的实证研究[J]. 山西财经大学学报,2011(1).

[27] 马中东,马斌,陈莹.机会追求型环境战略对企业竞争力的影响[J]. 经济纵横,2010(5).

[28] 毛如柏.中国环境法制建设对环保投资和环保产业的影响[J]. 北京大学学报:哲学社会科学版,2010(2).

[29] 沈红波,谢越,陈峥嵘.企业的环境保护、社会责任及其市场效应[J]. 中国工业经济,2012(1).

[30] 沈能.环境效率、行业异质性与最优规制强度——中国工业行业面板数据的非线性检验[J]. 中国工业经济,2012(3).

[31] 孙俊.当代西方政府绩效与绩效管理理论研究综述[J]. 宁波党校学报,2005(4).

[32] 唐国平,李龙会.股权结构、产权性质与企业环保投资[J]. 财经问题研究,2013(3).

[33] 唐欣.基于模糊层次分析的企业循环经济经营绩效评估研究[J]. 中小企业管理与科技,2010(12).

[34]　王成秋.投资效率研究[D]. 天津:天津财经大学,2004.

[35]　王建明.环境信息披露、行业差异和外部制度压力相关性研究[J]. 会计研究,
　　　2008(6).

[36]　王金南,逯元堂,吴舜泽,等.环保投资与宏观经济关联分析[J]. 中国人口·资源
　　　与环境,2009(4).

[37]　王京芳,王露,曾又其.企业环境管理整合性架构研究[J]. 软科学,2008(1).

[38]　王淑红,龙立荣.绩效管理综述[J]. 中外管理,2002(9).

[39]　谢丽霜.西部生态环境建设投资的效率风险及其化解[J]. 统计与决策,2007(12).

[40]　徐红琳.绩效管理的理论研究[J]. 西南民族大学学报:人文社科版,2005(2).

[41]　徐建蓉.企业环境改造战略模型研究[J]. 生产力研究,2008(10).

[42]　徐磊.中国上市公司的投资行为及效率研究[D]. 上海:上海交通大学,2007.

[43]　颜伟,唐德善.基于DEA模型的中国环保投入相对效率评价研究[J]. 生产力研
　　　究,2007(4).

[44]　杨德锋,杨建华.环境战略、组织能力与竞争优势——通过积极的环境问题反应
　　　来塑造组织能力、创建竞争优势[J]. 财贸经济,2009(9).

[45]　杨东宁,周长辉.企业环境绩效与经济绩效的动态关系模型[J]. 中国工业经济,
　　　2004(4).

[46]　杨竞萌,王立国.我国环境保护投资效率问题研究[J]. 当代财经,2009(9).

[47]　杨俊,邵汉华,胡军.中国环境效率评价及其影响因素实证研究[J]. 中国人口·
　　　资源与环境,2010(2).

[48]　叶建芳,赵胜男,李丹蒙.机构投资者的治理角色——过度投资视角[J]. 证券市
　　　场,2012(5).

[49]　尹希果,陈刚,付翔.环保投资运行效率的评价与实证研究[J]. 当代财经,2005(7).

[50]　袁明,周明山.投资建设项目审计关注点[J]. 中国审计,2007(16).

[51]　袁志刚,邵挺.国有企业的历史地位、功能及其进一步改革[J]. 学术月刊,2010(1).

[52]　张成,陆旸,郭路,等.环境规制强度和生产技术进步[J]. 经济研究,2011(2).

[53]　张国富.中国资本配置效率行业产业影响因素的实证研究[J]. 中央财经大学学
　　　报,2010(10).

[54]　张红军,王学军,刘岚君.中国环境保护投资效益和效益评价体系的建设[J]. 管
　　　理世界,1995(2).

[55]　张雪梅,万骞."绿色奥运"为北京环保投资带来的启示[J]. 生态经济,2010(4).

[56]　赵丽丽,李秀莲,孙志梅.论开辟企业环境业绩评价研究新视角[J]. 财会月刊:
　　　下旬刊,2011(2).

[57]　赵领娣,巩天雷.浅谈企业环境战略制约因素[J]. 中国标准化,2003(12).

[58]　钟朝宏.中外企业环境绩效评价规范的比较研究[J]. 中国人口·资源与环境,

2008(4).

[59] AINSWORTH W M,SMITH N I.Making it happen: managing performance at work[M]. Sydney: Prentice Hall,1993.

[60] AL-NAJJAR B,ANFIMIADOU A.Environmental policies and firm value[J]. Business Strategy and the Environment, 2012, 21(1): 49-59.

[61] AL-TUWAIJRI S A,CHRISTENSEN T E, HUGHES K E.The relations among environmental disclosure, environmental performance, and economic performance: a simultaneous equations approach [J] . Accounting, Organizations and Society, 2004, 29(5): 447-471.

[62] ARORA S, CASON T N.Why do firms voluntary to exceed environmental regulation? Understanding Participation in EPA's 33/50 Program[J]. Land Economics,1996,72(4):413-432.

[63] BAKER W E, SINKULA J M.Environmental marketing strategy and firm performance: effect on new product performance and market share[J]. Journal of the Academy of Marketing Science,2005,33(4):461-475.

[64] BANERJEE S B.Managerial perceptions of corporate environmentalism: interpretations from industry and strategic implications for organizations[J]. Journal of Management Studies,2001,38(4):489-513.

[65] BANSAL P, ROTH K.Why companies go green: a model of ecological responsiveness [J] . Academy of Management Journal, 2000, 43 (4): 717-736.

[66] BARNEY J B.Strategic fact or markets :expectations, luck and business strategy[J]. Management Science,1986,32(10):1231-1241.

[67] BENNEDSEN M, WOLFENZON D.The balance of power in closely held corporations[J]. Journal of Financial Economics,2000,58(1-2):113-139.

[68] BERNARDIN H, BETTY R W.Performance appraisal: assessing human behavior at work[M]. Boston: Kent Publishers,1984.

[69] BULAN L T.Real options, irreversible investment and firm uncertainty: new evidence from U. S Firms [J] . Review of Financial Economics, 2005,14(3-4):255-279.

[70] BURNETT R D,HANSEN D R.Eco-efficiency: defining a role for environmental cost management[J]. Accounting, Organization and Society, 2008, 33 (6): 551-581.

[71] CHARLTON W T.Industry and liquidity effects in corporate investment and cash relationships[J]. The Journal of Applied Business Research, 2002,

18(1):75-85.

[72] CHRISTMANN P. Effects of "best practices" of environmental management on cost advantage: the role of complementary assets [J]. Academy of Management Journal,2000,43(4):663-680.

[73] CLARKSON M. A stakeholder framework for analyzing and evaluating corporate social performance[J]. Academy of Management Review,1995, 20(1):92-117.

[74] CORBETT C J. Evaluating environmental performance using statistical process control techniques[J]. European Journal of Operational Research, 2002,139(1):68-83.

[75] CORMIER D, MAGNAN M. Corporate environmental disclosure strategies: determinants, costs and benefits[J]. Journal of Accounting, Auditing & Finance, 1999 , 14(4):429-451 .

[76] CORTAZAR G, SCHWARTZ E S, SALINAS M. Evaluating environmental investments: a real options approach[J]. Management Science, 1998, 44 (8):1059-1070.

[77] CRONQVIST H, NILSSON M. Agency costs of controlling minority shareholders [J]. Journal of Financial and Quantitative Analysis , 2003, 38(4):695-719.

[78] DASGUPTA S, LAPLANTE B. Pollution and capital markets in developing countries [J]. Journal of Environmental Economics and Management, 2001,42(3):310-335.

[79] DINDA S A.Theoretical basis for the environmental Kuznets Curve [J]. Ecological Economics,2005,53(3):403-413.

[80] DOWELL G, HART S, YEUNG B. Do corporate global environmental standards create or destroy market value? [J]. Management Science , 2000,46(8), 1059-1074.

[81] EARNHART D, LIZAL L. Effects of ownership and financial performance on corporate environmental performance [J] . Journal of Comparative Economics,2006,34(1):111-129.

[82] FREEMAN R E. Strategic management: A stakeholder approach[M]. UK: Pitman Press,1984.

[83] GRAY W B, DEILY M E. Compliance and enforcement: air pollution regulation in the U. S. steel industry [J] . Journal of Environmental Economics and Management,1996,31(1):96-111.

[84] GUENSTER N, BAUER R, DERWALL J, et al. The economic value of corporate eco-efficiency[J]. European Financial Management, 2011, 17 (4): 679-704.

[85] HARTS L, AHUJA G. Does it pay to be green? An empirical examination of the relationship between emission reduction and firm performance. [J]. Business Strategy and the Environment , 1996(5):30-37.

[86] HART S. A natural resource-based view of the firm [J]. Academy of Management Review,1995,20(20):986-1014.

[87] HENRIQUES I, SADORSKY P. The relationship between environmental commitment and managerial perceptions of stakeholder importance[J]. Academy of Management Journal,1999,42(1):87-99.

[88] HOH H, SCHOER K, SEIBEL S. Eco-efficiency indicators in German Environmental Economic Accounting [J]. Statistical Journal of the UN Economic Commission for Europe. 2002(19):41-52.

[89] HUGHES S B, ANDERSON A, GOLDEN S. Corporate environmental disclosures: are they useful in determining environmental performance? [J]. Journal of Accounting and Public Policy,2001,20(3):217-240.

[90] INGRAM R W , FRAZIER K B.Environmental performance and corporate disclosure[J]. Journal of Accounting Research,1980,18(2):614-622.

[91] IRALDO F, TESTA F, FREY M. Environmental and competitive performance? The case of the Eco-management and Audit Echeme(EMAS) in the European Union[J]. Journal of Cleaner Production, 2009, 17(16): 1444-1452.

[92] ISO—14031.Environmental Management—Environmental Performance Evaluation Guidelines [S] .ISO,1999.

[93] JENSEN M C, MECKLING W H. Theory of the firm: managerial behavior, agency costs and ownership structure[J]. Journal of Financial Economics, 1976,3(4):305-360.

[94] KAPLAN M W. Organizational responses to environmental demands: opening the black box[J]. Strategic Management Journal,2008,29(10): 1027-1055.

[95] KLASSEN R D, MCLAUGHLIN C P. The impact of environmental management on firm performance[J]. Management science, 1996, 42(8): 1199-1214.

[96] KLASSEN R, WHYBARK D. The impact of environmental technologies on

manufacturing performance[J]. Academy of Management Journal, 1999,42 (6):599-615.

[97] PORTA R,FLORENCIO L S,SHLEIFER A. Corporate ownership around the world[J]. The Journal of Finance,1999,54(2):471-517.

[98] LIU CHIA YING, WU CHI HSIN. Environmental consciousness, reputation and voluntary environmental investment[J]. Australian Economic Papers, 2009,48(2):124-137.

[99] LUKEN R,ROMPAEY F V. Drivers for and barriers to environmentally sound technology adoption by manufacturing plants in nine developing countries [J]. Journal of Cleaner Production,2008,16(1):67-77.

[100] MADSEN P M. Does corporate investment drive a "Race to the Bottom" in environmental protection? A reexamination of the effect of environmental regulation on investment[J]. Academy of Management Journal,2009,52 (6):1297-1318.

[101] THE JAPANESE ENVIRONMENT AGENCY.Environmental Performance Indicators Guideline for Organizations [R].[S.1.]:MOE,2003.

[102] OTLEY D. Performance management: a framework for management control systems research[J]. Management Accounting Research, 1999, 10 (4): 363-382.

[103] PORTER M E, LINDE C. Toward a new conception of the environment competitiveness relationship[J]. Journal of Economic Perspectives,1995,9 (4): 97-118.

[104] REINHARDT F. Down to earth,applying business principles to environment management[M]. Boston:Harvard Business School Press,2000.

[105] ROLAND W, SCHOLZ , ARNIM W.Operational eco - efficiency comparing firms' environmental investments in different domains of operation[J]. Journal of Industrial Ecology,2005,9(4):155 - 170.

[106] RUMELT R P. How much does industry matter? [J] . Strategic Management Journal,1991, 12(3):167-185.

[107] RUSSO M V, FOUTS P A. A resource - based perspective on corporate environmental performance and profit ability[J]. Academy of Management Journal,1997, 40(3):534-559.

[108] SCOTT D F, MARTIN J D. Industry influence on financial structure [J]. Financial Management,1975,4(1):67-73.

[109] SHAMEEK K, MARK A C.Does the market value environmental

performance? [J]. The Review of Economics and Statistics, 2001,83(2): 281-289.

[110] SHARFMAN M P,FERNANDO C S. Environmental risk management and the cost of capital[J]. Strategic Management Journal,2008,29(6):569-592.

[111] SHARMA S.Managerial interpretations and organizational context as predictors of corporate choice of environmental strategy[J]. Academy of Management Journal,2000,43(4):681-697.

[112] SHARMA S, VREDENBURG H. Proactive corporate environmental strategy and the development of competitively valuable organizational capabilities[J]. Strategic Management Journal,1998,19(8):729-753.

[113] SHLEIFER A, VISHNY R W. Politicians and firms[J]. The Quarterly Journal of Economics, 1994, 109(4): 995-1025.

[114] SHLEIFER A,VISHNY R W. Survey of corporate governance[J]. Journal of Finance,1997,52(2):737-783.

[115] SINKIN C, WRIGHT C J, BERNETT R D. Eco-efficiency and firm value[J]. Journal of Accounting and Public Policy, 2008, 27(2): 167-176.

[116] TILLEY F.Small-firm environmental strategy: behavioral and resource-based perspectives[C]. Academy of Management Best Conference Paper,2005.

[117] VELIYATH R. Business risk and performance: an examination of industry effects[J]. Journal of Applied Business Research,1996,12(3):110-117.

[118] VERBEKE A, BOWEN F, SELLERS M. Corporate environmental strategy: extending the natural resource-based view of the firm[C]. Academy of Management Best Conference Paper,2006.

[119] WAGNER M. The porter hypothesis revisited: a literature review of theoretical models and empirical tests [D]. [S.1.]:University Lueneburg, 2004.

[120] WORLD BUSINESS COUNCIL FOR SUSTAINABLE DEVELOPMENT . Measuring Eco-efficiency—a Guide to Reporting Company Performance [R].[S.1.]:WBCSD,2000.

[121] WHEELER D, MARIA S. Including the stakeholders: the business case[J]. Long Range Planning,1998,31(2):201-210.

[122] WU XUE PING,WANG ZHENG. Equity financing in a Myers-Majluf Framework with private benefits of control[J]. Journal of Corporate Finance,2005,11(5): 915-945.

[123] WURGLER J. Financial markets and the allocation of capital[J]. Journal of

Financial Economics,2000,58(2):187-214.

[124] ZHANG BING, BI JUN, YUAN ZENG WEI, et al.Why do firms engage in environmental management?[J]. An Empirical Study in China,Journal of Cleaner Production,2008,16(10):1036-1045.

[125] WERNERFELT B.A resource - based view of the firm [J]. Strategic Management Journal,1984,23(2):107-204.

索 引